人-組織匹配對金融服務業員工創造力影響研究：
以和諧型工作激情為中介變量

楊仕元　岳龍華　

S 崧燁文化

摘　要

　　本書的主要目標是對人-組織匹配（person-organization fit）、和諧型工作激情（harmonious work passion）和員工創造力（employee's creativity）三者之間的關係進行理論和實證研究，並在此基礎上探討主管自主支持感（perceived supervisory autonomy support）和組織創新支持感（Perceived organizational support for creativity）對上述關係的調節作用，最後根據實證結論對人力資源管理實踐提出意見和建議。

　　本書將上述研究問題進一步轉化為：第一，研究人-組織匹配與員工創造力之間的關係。這一關係的研究以Lewin的「場論」和Schneider的「吸引—選擇—摩擦」理論為基礎，從人境互動的角度，闡述了員工行為的產生是個人特徵和環境特徵共同作用的結果，並說明了在員工和組織相互選擇的過程中，人員會越來越同質化，這種同質化，會帶來日漸明晰的組織環境特徵和某種組織氛圍，而組織氛圍反過來可以影響員工的態度和行為。在此基礎上，研究探索了人-組織匹配是否可以提升員工的創造力，並進一步探索了「動態匹配」對員工創造力的影響。第二，研究和諧型工作激情與員工創造力之間的關係。以自我決定論為基礎，研究探索了和諧型工作激情是否會對員工的創造力產生影響。第三，探討和諧型工作激情在人-組織匹配與員工創造力之間的仲介作用。對這一關係的闡述以Deci和Ryan的自我決定論以及Greguras（2009），Liu和Chen（2011）的實證研究為基礎。根據Greguras（2009）的研究，人-組織匹配可以帶來人類的三種基本心理需求：自主感、勝任感和歸屬感的滿足。三種基本心理需求的滿足可以引起人類不同層次的動機的滿足，而動機的滿足可以引起人類認知、情感、行為的變化。本書依據這一邏輯，探索了和諧型工作激情在人-組織匹配各個維度與員工創造力之間的仲介作用。第四，以自我決定論和組織支持理論為基礎，研究探討了主管自主支持感是否會調節人-組織匹配與員工和諧型工作激情之間的關係，以及組織創新支持感是否會調節和諧型工作激情與員工創造力之間的關係。

對上述命題的實證研究以金融服務業員工為樣本。這是因為，隨著信息技術的發展和知識的爆炸性增長，知識密集型的服務業成為發展的主流。金融服務業是知識密集型服務業的重要組成部分，是現代經濟的核心，它的發展程度經常被視作知識密集型服務業發展水平的典型代表。從統計比例來看，在金融服務業，具有創新性的企業比例高達58%，而製造業和傳統服務業平均水平分別是54%和46%。而在研究創新這一問題上，本研究選取的角度為「員工創造力」。這是因為，創新是企業維持生存發展和競爭優勢的必然要求，而員工創造力正是組織創新的源泉。無論哪種創新，所有基礎均來自個人創造力。創新的結果是由個人延伸至團隊，最后延伸至組織。

　　研究採用文獻分析、深度訪談和問卷調查的方法，深入訪談了金融服務業人員20人，收集到金融服務業員工問卷樣本764份，並採用SPSS和AMOS軟件對以上數據進行了分析，最后得出了如下結論：①人-組織匹配對員工創造力具有顯著正向影響（$\beta = 0.77$，Sig. $= 0.000$）。一致性匹配（$\beta = 0.38$，Sig. $= 0.000$）和要求-能力匹配（$\beta = 0.54$，Sig. $= 0.000$）對員工創造力具有直接顯著的正向影響。需求-供給匹配對員工創造力的影響在0.05水平上不顯著。②人-組織匹配對和諧型工作激情具有顯著正向影響（$\beta = 0.85$，Sig. $= 0.000$），需求供給匹配（$\beta = 0.60$，Sig. $= 0.000$），要求能力匹配（$\beta = 0.36$，Sig. $= 0.000$），對員工和諧型工作激情有直接顯著正向影響。一致性匹配對員工創造力的影響在$P=0.05$水平上不顯著。③研究結果顯示，和諧型工作激情對員工創造力（$\beta = 0.78$，Sig. $= 0.000$）具有顯著正向影響。④和諧型工作激情在人-組織匹配與員工創造力之間起仲介橋樑作用，仲介效應占總效應的51.3%，和諧型工作激情在要求能力匹配與員工創造力之間起仲介作用，仲介效應占總效應的41%。⑤主管自主支持感無論強弱，人-組織匹配對員工和諧型工作激情的影響沒有明顯差異。⑥組織創新支持感在人-組織匹配、和諧型工作激情、員工創造力之間起調節作用。

　　本研究的理論意義在於：①從人-組織互動角度來研究創造力，為解釋員工創造力的產生提供了新的思路。②有利於厘清變革發展背景下人-組織匹配影響員工創造力的機制。③拓展了和諧型工作激情這一構念在中國情境下的應用。④探索了人-組織匹配、員工和諧型工作激情以及員工創造力關係之間的調節因素。本研究的實踐意義在於：①解釋了人力資源管理的重要實踐：「人-組織匹配」對員工創造力的影響。②力圖解釋員工「和諧型工作激情」的激發及其有效產出問題。③探索了主管自主支持和組織創新支持的重要作用。④從人力資源管理視角，建議人力資源管理實踐者在人力資源管理的不同階段和環節實現人-組織的不同匹配，建議組織員工為了適應社會發展，需要加強

自身職業生涯規劃並終身學習。

本研究的主要創新點是：

（1）本研究深入闡述了變革背景下靈活性與互動性對員工創造力的影響機理。從人–組織匹配的視角來研究員工創造力，體現了學術界研究創造力的新視角：從人與環境的互動角度研究員工創造力。然而，已有的研究主要關注的是人–組織匹配與創造力之間的直接關係，較少關注其內在作用過程和機理的研究。本研究基於自我決定論，嘗試以和諧型工作激情為仲介變量來研究這一黑箱，並最終驗證了和諧型工作激情的仲介作用，揭示了變革背景下金融服務業員工對靈活性與互動性的要求，解釋了人–組織匹配通過影響員工和諧型工作激情來激發和提升員工創造力這一過程，豐富了對匹配理論和創造力理論的研究。

（2）本研究檢驗了和諧型工作激情結構維度在中國的適用性。工作激情（work passion）這一名詞在中國報刊雜誌以及各個企業的企業文化中出現的頻率極高，然而，對其進行實證測量的研究幾乎沒有。國內的研究幾乎都是定性研究，分析層面主要集中在對員工的激情特質、企業家創業激情的定性描述。本研究將 Vallerand 的成熟量表引入國內，對和諧型工作激情進行測量，在金融服務業驗證了這一量表在中國企業員工中的適用性，並且發現，該量表在中國仍然是單維度概念，具有良好的信度和效度。這一研究發現可以為后續對「工作激情」感興趣的研究者提供一定的參考價值。

（3）本研究驗證了組織創新支持感在和諧型工作激情和員工創造力之間的調節作用。本研究驗證了員工感知到的組織創新支持能夠增強員工和諧型工作激情與員工創造力之間的關係。這說明，工作激情產生之後的「無序的」積極行為需要組織氛圍的引導，這樣員工行為才能朝組織追求的目標邁進。員工的和諧型工作激情產生之後，需要組織文化氛圍和規章制度來引導員工的「激情」朝有利於組織的方向發展，使員工由激情帶來的積極工作行為與組織所期望的績效結果達到匹配。組織應該讓員工有「組織支持創新」「組織獎勵創新」這樣的感知，這樣才會有效地引導員工的和諧工作激情與組織所追求的目標即創新匹配，從而達到激發和提升員工創造力的目的。

關鍵詞：金融服務業；人–組織匹配；和諧型工作激情；員工創造力；主管自主支持感；組織創新支持感

Abstract

In the era of knowledge economy, innovation is an important source for individuals, businesses, and even entire countries to gain a competitive advantage. The macro state wishes turn into an innovative country from a manufacturing country, and the enterprises want to keep their own survival and growth through innovation. Clearly, in the process of innovation, the individual is the player of organizational innovation, and individual creativity is the main force to promote the innovation of organizations and countries. However, the fact is that we need innovation, state; enterprises have also invested a lot of software and hardware facilities to create the conditions for innovation, but the full innovation boom we expect did not come. Therefore, it is a headache important problems that how to stimulate creativity and innovation behavior of staff in the realistic context.

The financial services industry is the core of modern economy and the leading industry of the national economy, so that it is a very important significance that the efficiency of the financial operation and the degree of coordination with the economy for the healthy development of the national economy. For a long run, the relationship on development of the financial services and economic growth has always been a hot topic of concern of economists. Nearly 30 years, in financial services industry the wave of innovation sweeping the globe, from the statistical point of view, the proportion of innovative enterprises in the financial services industry, rise to 58%, while the average of the manufacturing and services, respectively, 54% and 46%, financial the service sector plays an increasingly important role in the innovation system. At the opening of the 18th National Congress of the Communist Party of China (CPC), Hu Jintao stressed that ｢the modern market system, speed up the reform of the fiscal and taxation system, deepen the reform of the financial system, improve financial supervision, promote financial innovation and maintain financial stability.｣ This means that the financial services industry will continue in the future development of innovative positions. Therefore, to study the issue of employee's creativity for the financial services industry, it is of great significance.

WorkPassion has always been considered to be closely related with the positive output (e. g., Anderson, 1995; Boyatzis, 2002; Bruch & Ghoshal, 2003; Chang, 2000; Gubman, 2004; Klapmeier, 2007), and is important premise of employee's creativity (Liu and Chen, 2011). But how to stimulate the work passion of the staff, especially the harmonious work passion, to bring the organization look forward to the positive output, almost all organizations concerned with the problem. Obviously, from the perspective of human resources management, the person- organization fit is obviously an important reason to bring a harmonious passion for the work. Only the full realization of employee's value and consistency of organizational culture, basic skills and organizational requirements with the consistency and the organization providing employees with material and spiritual foundation of its needs, can fully mobilize staff's harmonious work passion, so as to raise the creativity.

In order toresearch the above problems in practice, on the theory of self-determination, this paper explores the relationship between person-organization fit, harmonious work passion and creativity, and takes into account the context variables. Research methods used are literature analysis, in-depth interview and questionnaire survey, in-depth interviews with 20 people of the financial services industry, the financial services industry staff questionnaire collected 764 samples, and using SPSS and AMOS software to carry on the analysis to the above data, the conclusions are as follows:

(1) Person-organization fit has a significant positive effect on employee's creativity ($\beta = 0.77$, Sig. = 0). Congruence ($\beta = 0.38$, Sig. = 0) and demands-abilities fit ($\beta = 0.54$, Sig. = 0) has a direct and positive impact on employee's creativity. Need-supply fit's effect on employee's creativity is not significant at $P = 0.05$ lev. (2) Harmonious work passion has a significant positive effect on person-organization fit ($\beta = 0.85$, Sig. = 0). The Need-supply fit ($\beta = 0.60$, Sig. = 0) and demands-abilities fit ($\beta = 0.36$, Sig. = 0) have a significant positive effect on employee's harmonious work passion. Congruence has no significant effect on employee's creativity at the $P = 0.05$ lev. (3) The results show that harmonious work passion has a significant positive effect on employee's creativity ($\beta = 0.78$, Sig. = 0.000). (4) The mediate effect test of harmonious work passion is that harmonious work passion partial

mediates the relationship between person-organization fit and employee's creativity (5) The perceived organizational support for creativity plays a moderated mediator role among the person-organization fit, harmonious work passion and employee's creativity.

Practical significance of this research lies in:

(1) This research finds the wide application of fit in the practice of human resource management and the path of fit how to influence the organization effective output; (2) Under the background of knowledge economy, the wide concern on creativity and innovation behavior of country, social and organization; (3) How to stimulate employees' harmonious work passion and their effective output; (4) From the perspective of HRM, HRM practitioners should make different methods to deal with different person-organization fit on different stages of HRM. In order to adapt the social development the staff need to strengthen their own occupation career planning and 「lifelong learning」.

The theoretical significance of this study is:

(1) To explorehow to enhance employee's creativity from the interaction between staff and organizations; (2) To clarify the mechanism of people-organizations fit how to effect employees' creativity; (3) To define harmonious work passion, to measure it and do some empirical research in Chinese context; (4) To investigate context elements among variables through introducing these mediators.

The research's innovation points lie to:

(1) This paper verified the 「harmonious work passion」 scale's adaptability in Chinese context, and explored the antecedent variables that lead to employees emerging 「harmonious work passion」.

First of all, through the pre-survey and sample data collection, the paper verified the one-dimensional structure of the harmonious work passion as well as adaptability in the Chinese context.

Second, the relationship between harmoniouswork passion and employee creativity is undoubtedly a clear relationship. Because of this, the corporate culture of many companies contains the connotation of 「passion」, and many companies hope to recruit a staff with passion and vitality. The research findings show these fit between those employees and jobs is an important source of harmonious passion. This reminds managers, in practice of HRM, that they should pay attention to improve the fit between work and employees, and to prolong harmonious passion, and to bring employees' creativity.

（2）Based on self-determinism theory, the paper explores mechanism that the people-organization fit how to affect employee's creativity through harmonious work passion. Very little research has been to explore the 「black box」 that the person-organization fit how to affect employee's creativity. Many scholars have verified the mediating role of the three basic needs between the people-organization fit, staff emotions, work attitudes and work behavior, and get some positive results. However, almost no scholars directly research the relationship between person-organization fit and motivation variable that is a direct consequence of the three psychological needs. I think that: on the one hand the research about mediating mechanisms fills blank of the research; the other hand, the research builds a bridge between person-organization fit and creativity and innovative behavior.

（3）To explore the context factors between the person-organization fit and autonomous motivation. The majority of researchers research the relationship between autonomous motivation (mainly internal motivation) and staff creativity or innovation behavior. Most research results show that when the participants experienced a high level of internal motivation, their products will be more creativity. However, some studies show that this relationship is a weak, complex, and even uncorrelated. So I believe that the relationship between autonomous motivation and employee's creativity may be affected by some certain moderators. With joining the perceived organizational support for creativity, I found that the variable does moderate the relationship between harmonious work passion and employee's creativity, which is an important innovation in this study.

Keywords: Financial services industry; Person-organization fit; Harmonious work passion; Employee's creativity; Perceived supervisory autonomy support; Perceived organizational support for creativity

目　錄

1　導論 / 1

  1.1　研究背景 / 1

    1.1.1　現實背景 / 1

    1.1.2　理論背景 / 5

  1.2　研究意義 / 9

    1.2.1　理論意義 / 9

    1.2.2　實踐意義 / 11

  1.3　研究的主要內容 / 12

  1.4　研究方法和技術路線 / 13

    1.4.1　研究方法 / 13

    1.4.2　研究階段和技術路線 / 14

  1.5　本研究的篇章結構 / 15

  1.6　研究創新 / 16

2　理論基礎與文獻綜述 / 18

  2.1　理論基礎 / 18

    2.1.1　場論 / 18

    2.1.2　吸引、選擇、摩擦（ASA）理論 / 18

    2.1.3　自我決定論 / 20

2.1.4　組織支持理論 / 24

2.2　人-組織匹配相關研究綜述 / 25

　　2.2.1　人-組織匹配的含義及主要概念辨析 / 25

　　2.2.2　人-組織匹配的測量 / 29

　　2.2.3　人-組織匹配的結果變量 / 32

　　2.2.4　評析 / 36

2.3　創造力相關研究綜述 / 37

　　2.3.1　創造力的含義 / 37

　　2.3.2　有關創造力的主要理論 / 40

　　2.3.3　創造力的測量 / 42

　　2.3.4　創造力的前因變量 / 43

　　2.3.5　評析 / 49

2.4　和諧型工作激情相關研究綜述 / 50

　　2.4.1　激情的含義 / 50

　　2.4.2　和諧型工作激情的含義來源及理論基礎 / 51

　　2.4.3　和諧型工作激情的測量 / 56

　　2.4.4　和諧型工作激情的前因變量與結果變量 / 60

　　2.4.5　評析 / 65

2.5　組織創新支持感相關研究綜述 / 67

　　2.5.1　組織創新支持感的含義 / 67

　　2.5.2　組織創新支持感的測量 / 68

　　2.5.3　組織創新支持感相關研究 / 68

2.6　主管自主支持感 / 68

　　2.6.1　主管自主支持感的內涵 / 68

　　2.6.2　主管自主支持感的相關研究 / 69

2.6.3　主管自主支持感的測量 / 70

2.7　文獻綜述小結 / 70

3　研究設計 / 74

3.1　研究的理論基礎和模型 / 74

3.1.1　研究的理論基礎 / 74

3.1.2　研究的模型 / 75

3.1.3　研究變量符號的設定 / 76

3.2　研究假設的提出 / 77

3.2.1　人-組織匹配與員工創造力之間的關係假設 / 77

3.2.2　人-組織匹配與和諧型工作激情之間的關係假設 / 79

3.2.3　和諧型工作激情與創造力之間的關係假設 / 81

3.2.4　和諧型工作激情在人-組織匹配與員工創造力之間的仲介作用假設 / 82

3.2.5　組織創新支持感的調節作用假設 / 84

3.2.6　主管自主支持感的調節作用假設 / 86

3.2.7　研究假設匯總 / 87

3.4　小結 / 88

4　研究方法與數據分析 / 89

4.1　深度訪談法 / 89

4.1.1　訪談的目的與對象 / 89

4.1.2　訪談內容 / 90

4.1.3　訪談資料的整理與結果分析 / 91

4.2　問卷調查法 / 93

4.2.1　關鍵概念及相關量表簡介 / 93

4.2.2　調查問卷的編制 / 98

4.2.3　研究對象的選擇／98

　　　4.2.4　預調研／98

　4.3　共同方法偏差的檢驗／114

　4.4　大樣本的數據收集與處理／115

　　　4.4.1　大樣本抽樣／116

　　　4.4.2　樣本情況／117

　　　4.4.3　正式量表的信度和效度檢驗／119

　　　4.4.4　驗證性因子分析和組合信度／121

　4.5　本章小結／131

5　數據分析與假設檢驗／132

　5.1　描述性統計分析／132

　5.2　人口統計特徵的方差分析／134

　5.3　人–組織匹配對員工創造力影響的假設檢驗／145

　　　5.3.1　人–組織匹配與員工創造力的關係／145

　　　5.3.2　人–組織匹配與和諧型工作激情的關係／147

　　　5.3.3　和諧型工作激情與員工創造力之間的關係／149

　　　5.3.4　和諧型工作激情在人–組織匹配與員工創造力之間的仲介作用／150

　5.4　調節效應檢驗／156

　　　5.4.1　有仲介的調節模型和有調節的仲介模型／156

　　　5.4.2　主管自主支持感的調節作用檢驗／160

　　　5.4.3　組織創新支持感的調節作用檢驗／161

　5.5　研究假設檢驗結果匯總／162

6　結論與展望／164

　6.1　研究結論與討論／164

6.1.1　驗證了和諧型工作激情量表在中國的適應性 / 165

　　6.1.2　人-組織匹配是員工創造力的重要前因變量 / 166

　　6.1.3　人-組織匹配是員工和諧型工作激情的重要前因變量 / 168

　　6.1.4　和諧型工作激情是員工創造力的重要前因變量 / 169

　　6.1.5　和諧型工作激情在人-組織匹配與員工創造力之間起

　　　　　仲介作用 / 170

　　6.1.6　組織創新支持感在和諧型工作激情和員工創造力之間起

　　　　　調節作用 / 170

　　6.1.7　人口統計變量對相關變量及其維度的影響 / 171

6.2　研究結論對管理實踐的啟示 / 172

　　6.2.1　人-組織匹配對雇傭過程的影響 / 172

　　6.2.2　人-組織匹配對員工創造力影響的進一步探討 / 174

　　6.2.3　優化人-組織匹配,提升員工和諧型工作的激情和創造力 / 176

6.3　研究局限和展望 / 183

　　6.3.1　研究局限性 / 183

　　6.3.2　研究展望 / 184

參考文獻 / 185

附錄 / 208

致謝 / 214

在讀期間科研成果 / 216

1 導論

1.1 研究背景

1.1.1 現實背景

隨著信息技術的發展和知識的爆炸性增長，人類社會逐漸從工業社會邁向知識和信息的服務型經濟社會，知識密集型的服務業成為發展的主流。知識密集型服務業與傳統的產業集合，已經廣泛滲透到了服務業的各個領域，其對整個社會的貢獻指數呈現不斷上升的趨勢。據統計，美國和英國超過 30% 的服務業增加值都是由「國標標準產業分類」中的 ISIC8 類（金融、保險、房地產和商業服務）貢獻的，而知識密集型服務業是構成 ISIC8 的關鍵部分。可見，知識密集型服務業在社會經濟發展中越來越重要。

金融服務業，是知識密集型服務業的重要組成部分，是現代經濟的核心，是國民經濟的先導產業，對一國經濟的發展起著關鍵的支配作用，它的發展程度經常被視作知識密集型服務發展水平的典型代表。[1] 長期以來，金融服務的發展與經濟增長的關係一直都是經濟學家關注的熱點話題。Schumpeter 早在 1912 年就提出，較發達的金融體系有利於降低交易成本和信息成本，影響投資決策、儲蓄水平以及技術創新，進而促進經濟增長。約翰·格力等在 20 世紀 60 年代就提出了金融能夠將儲蓄轉化為投資從而提高社會生產力水平。Hugh T. Patrick 也論證了金融體系在提高存量資本和新增資本配置效率以及加速資本累積中的作用。關於中國金融服務的發展與經濟增長的相關關係，國內

---

[1] Dopico L G, Wilcox J A. Openness, profit opportunities and foreign banking [J]. Journal of International Financial Markets, Institutions and Money, 2002, 12 (4): 299-320.

學者也進行了深入研究並得出了積極結論。① 從統計數據可以看出，中國的金融服務業呈現繁榮發展的態勢。據統計，截至 2011 年年底，中國銀行業共有法人機構 3,800 家，從業人員達 319.8 萬人。《中國證券業發展報告（2012）》數據顯示，截至 2011 年 12 月底，全國共有證券公司 109 家，全部證券公司淨資產規模合計為 6,303 億元，同比增加 11.28%。2011 年證券公司註冊從業人員數達到 261,802 人。保險業的市場主體也在不斷擴大。截至 2011 年年末，全國共有保險公司 126 家，全國實現保費收入 1.43 萬億元，十年間保險業務的平均增長速度超過 20%，遠高於同期國內生產總值的增長水平，是國民經濟中發展最快的行業之一。同時，伴隨中國經濟的強勁發展和持續穩定增長以及資本市場的逐步完善，中國資本市場同樣呈現出強勁增長態勢。今後的十年，可能是中國風險投資「由弱到強」、飛速發展的「黃金十年」。目前來看，投資中國市場的高回報率已經使得中國成為全球資本最為關注的戰略要地。

在行業飛速發展的背景下，金融服務業創新浪潮席捲全球。從統計比例來看，在金融服務業，具有創新性的企業比例高達 58%，而製造業和服務業平均水平分別是 54% 和 46%②，金融服務業在創新系統中發揮著愈來愈重要的積極作用。同時，自 1978 年以來，中國金融服務業競爭日趨激烈，市場競爭的加劇和國際化的進一步發展使金融服務業面臨新的創新挑戰。③ 2005 年至今，保險公司數量增加了 50% 以上，但是仍然有很多保險公司還在等待新成立批准；銀行業方面，股份制商業銀行迅速崛起，競爭日趨白熱化（李偉等，2008）；證券基金業客戶交易佣金下降也成為趨勢，各家公司只好在多元化上下功夫。自 2006 年年底開始，中國金融市場已進入全面開放階段，外資金融企業開始通過服務創新來參與競爭，著力開發中國金融市場高端服務（巴曙松等，2004）。從國際經驗看來，創新對金融企業競爭優勢提升意義非凡（Drew，1995）。麥肯錫季刊（2007）在調查了全球金融企業高管後指出：創新目前是金融企業的競爭戰場，要提高金融企業實現長期和短期目標的能力，必須進行金融服務創新。超過 60% 的金融企業願意在創新上投入更多人力物力，而超過 70% 的金融企業已將創新列為公司最重要戰略。黃雋（2007）認為：中國金融企業已經開始從「資本競爭」階段躍遷至「創新競爭」階段。

---

① 何德旭，王朝陽．金融服務與經濟增長：美國的經驗及啟示 [J]．國際經濟評論，2005，02：33-37．

② Miles I, Andersen B, Boden M, et al. Service production and intellectual property [J]. International Journal of Technology Management, 2000, 20 (1): 95-115.

③ 陶顏．金融服務模塊化創新：過程機理與創新績效 [D]．浙江：浙江大學，2011．

從國家的宏觀政策上來看，2012年11月8日胡錦濤同志在十八大報告中強調，「要加快完善社會主義市場經濟體制和加快轉變經濟發展方式。健全現代市場體系，加快改革財稅體制，深化金融體制改革，完善金融監管，推進金融創新，維護金融穩定。」[1] 現階段金融服務監管機構的改革以及政府著力對金融服務業創新的推進，也意味著金融服務業在未來的發展中仍將是創新的重要陣地。

可見，對金融服務企業而言，創新是企業維持生存發展和競爭優勢的必然要求，而員工創造力正是組織創新的源泉。一個組織如果不具備創新能力，而其競爭者卻具有創新能力時，必然會導致該組織在競爭中失敗。Hipp & Grupp (2005) 強調員工的創造力是企業創新能力的重要組成部分[2]。實際上，越來越多的學者認為員工才是創新的主力，如果能夠向員工提供足夠培訓，並為他們提供支持創新的氛圍和環境，員工會變成最富潛力的創新者和變革家。很顯然，創新不是「高新」，任何企業的每個員工都能創新，創新存在於企業經營管理的每個環節和細節。Woodman 等 (1993)[3] 認為無論哪種創新，所有基礎均是來自個人的創新。創新的結果是由個人延伸至團隊，最后延伸至組織。Amabile (1988)[4] 認為員工創新是企業創新的基礎，員工創新直接關係企業的生存和發展。因此，員工創造力和創新行為是組織創新的源泉和起點，是組織持續發展的根本動力。從系統的觀點來看，企業創新能力的提高不僅依賴於政府的政策制度保障，也依賴於企業內部創新文化、員工感知到的創新支持和每個員工的創造力。雖然目前金融服務業既有政府政策制度的支持，很多企業在資金、設備等硬件設施上也進行了巨大的投入，但是管理者所期望的「全員創新熱潮」並沒有到來。因此，如何激發員工的創造力，實現全員創新，成為企業急待解決的重要問題。

組織創新的基礎和來源是員工創造力，員工創造力的來源又是什麼呢？在現實中，我們會發現有很多因素在影響員工創造力的產生和提升。首先是員工的個體特徵，包括員工的人格特質、認知風格、智力因素等，會影響員工的創造力。其次是工作特徵，尤其是工作本身的複雜性、挑戰性和自主性會影響員工的創造

---

[1] 十八大報告強調：完善金融監管 推進金融創新 [M/OL]. 北京：中國監察報，2012 [2012-11-09]. http://finance.ifeng.com/money/insurance/hydt/20121109/7275272.shtml.

[2] Hipp C, Grupp H. Innovation in the service sector: The demand for service-specific innovation measurement concepts and typologies [J]. Research policy, 2005, 34 (4): 517-535.

[3] Woodman R W, Sawyer J E, Griffin R W. Toward a theory of organizational creativity [J]. Academy of management review. 1993, 18 (2): 293-321.

[4] Amabile T M. A model of creativity and innovation in organizations [J]. Research in organizational behavior. 1988, 10 (1): 123-167.

力。再次是工作環境，如組織文化、組織創新氛圍，組織的人力資源管理實踐等，會對員工創造力產生影響。最後是個體與情境的交互作用也會對員工創造力產生影響，如員工與組織匹配的程度、員工所能獲得的社會資本，等等。

當前，組織面臨的環境不斷變化，變革可能是每一個組織都不得不面臨的選擇。在組織需要變革的時候，組織的員工是否能適應新的工作任務、工作團隊、組織環境，對組織的發展和創新具有重要意義。在這種情況下，個體與所在組織的兼容就變得越來越重要。同時，時代變遷，人們也越來越追求在組織中是否能找到自己職業發展平臺，因而離職和人員流動也變得越來越頻繁。正因為如此，人-組織匹配由於既從組織角度考慮員工價值觀與組織文化的一致性，又從員工角度考慮員工技能、需求與組織要求及供給之間的關係，對人-組織關係的靈活性和互動性關注，使得人-組織匹配順理成章地成為當前研究創造力的一個重要的前因變量，成為組織行為學領域研究的熱點問題之一。

在人力資源實踐中，為了獲得企業所需的良好績效結果，比如創造力，企業在不斷地提高組織與員工的「匹配」，不管是在招聘環節，還是在人員配置環節，企業都需要充分考慮員工與組織的「匹配」問題。從組織的角度來說，希望通過使員工與組織達到「匹配」而提升員工的工作激情來促使員工提升創造力；從員工自身角度來說，組織盡力為其提供的「匹配」環境恰好可以滿足其KSAs與組織要求之間的匹配，使員工更加喜愛自己的工作，並且組織通過文化氛圍的營造使員工內心感到愉快與和諧，這樣就很容易使員工處在一種被工作和環境所共同激勵的狀態，產生「和諧的工作激情」。同時，金融服務很多企業還普遍面臨著正式制度的缺失以及內部管理制度不完善的情況，這時候，員工往往更依賴個人的特定關係，特別是能直接提供資源和機會的直接主管，因而，主管支持感會對員工的心理和行為產生很大的影響（袁勇志等，2010）。在工作中，當員工感覺到自己可以勝任工作並希望放手去實施，而自己的想法和行為卻經常被主管束縛難以施展的時候，員工已有的工作激情也會消失殆盡。因而，主管對員工自主性的支持與否，既會對員工的工作激情產生影響，也會對員工的創造力產生影響。

那麼，員工的和諧型工作激情產生之後，是不是就一定能夠帶來員工創造力的提升呢？實際上，員工工作激情是否能夠用在組織所期望的方面，需要組織文化氛圍和規章制度，來引導員工的「激情」朝有利於組織的方向發展，使員工由激情帶來的積極工作行為與組織所期望的績效結果達到「匹配」。而如果追求創新的組織能夠讓員工有「組織支持創新」「組織獎勵創新」這樣的感知，那麼，這樣就會有效地引導員工的和諧工作激情與組織所追求的目標即

創新匹配，從而達到激發和提升員工創造力的目的。

以上問題，都是以金融服務業為背景，在激發員工創造力的過程當中存在的實際問題。那麼，人-組織匹配、員工和諧型工作激情、員工創造力以及員工感知到的主管自主支持和組織創新支持之間究竟有沒有關係？是什麼樣的關係？匹配究竟能否帶來員工創造力的提升？是否能夠帶來員工和諧工作激情的提升？是否真的對組織的創新具有積極的意義呢？這樣一些在現實中看似理所當然而缺乏理論總結的疑問，就成為本書研究的現實背景。

1.1.2 理論背景

國外學者在教育學和心理學領域對個體創造力的研究取得了豐富的成果，但在組織行為學領域，學者們對員工的創造力的研究是在近二十年才開始的。進入 21 世紀以來，越來越多的研究者開始關注個體層次的創新問題，對個體創造力的研究日益成為組織行為學領域中研究的熱點。

從目前的研究來看，員工創造力主要受到個體特徵，工作特徵以及環境特徵的影響，通過個體認知、動機以及情感等個體心理狀態仲介變量，最終轉化為個體創造力。員工創造力的整個機制和過程，如圖 1-1 所示，其中虛線箭頭部分表示目前為止研究較少的內容。

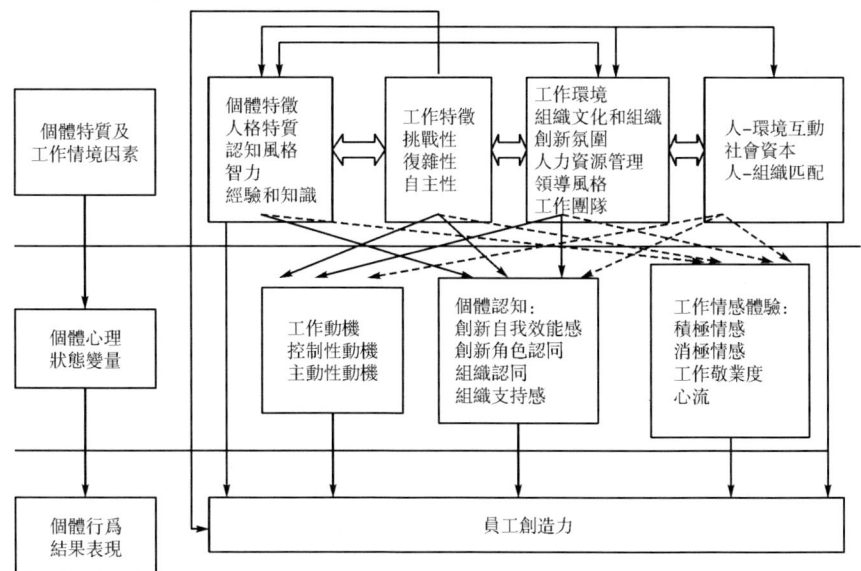

圖 1-1　員工創造力的研究框架

資料來源：本研究整理

由以上的研究可以看出，過去五十年對創造力的研究主要集中在對個體特徵與創造力關係的研究上。因為人格特質很多時候是難以操控和改變的，因而，目前對員工創造力的研究，雖然也考慮人格特質，但往往是將人格特質與工作特徵、組織環境進行綜合考慮來考察員工的創造力和創新行為。從目前的特質研究來看，主要有兩個方面的研究值得注意：第一，單獨從個人特質層面的研究，主動性人格目前獲得了較多關注（Ashford & Black 1996；Crant 2000；Kim, et al. 2005；Tae-Yeol Kim, 2009, 2010），其得出的結論也基本一致，就是主動性人格與員工創造力正相關。第二，情境變量對目標取向與創造力之間關係影響的跨層次研究也是目前的一個研究熱點。

創造力不僅受到個體特徵的影響，也受到個體所在環境的影響（Amabile, 1988；Joo, 2007；Kanter, 1988；Oldham & Cummings, 1996；Tesluk, Farr, & Klein, 1997；Shalley, 1995）。Amabile（1996）認為工作環境會影響創造力的頻率和程度。Csikszentmihalyi（1996）認為，通過改變環境來增強人們的創造力比試圖激發人們創造性的思考來增加創造力更加有效。當個體被內部動機驅動的時候，他們最具有創造力（Amabile, 1988；Csikszentmihalyi, 1996）。

從目前的研究來看，人-組織互動通過員工的心理狀態變量影響員工創新行為是一個缺乏研究卻重要的方向。這方面的前因變量主要有人-組織匹配和社會資本。關係與社會網路與創新之間的關係成為一個熱點，Subramaniam 和 Youndt（2005）認為社會資本是創新的基石。有大量的研究者研究了兩者之間的關係（Burt, 2004；Cross & Cummings, 2004；Fleming, Mingo, Chen, 2007；Obstfeld, 2005；Rodan & Galunic, 2004；Uzzi & Spiro, 2005）。研究的層次既有國家、地區、城市的層次，也有組織、業務單元、項目團隊以及個體層次。其中，從目前實證文獻來看，組織層次與個體層次社會資本與創新之間的關係研究是最多的。從研究的維度上講，研究者基本根據 Nahapiet 和 Ghoshal（1998）年的劃分，將社會資本劃分為結構維度、關係維度和認知維度。從社會資本與創造力和創新行為的關係來看，結構維度與創新之間的研究是最多的。結構維度的研究又主要集中在自我網路規模、結構洞、結點強度以及中心性上。

對員工創造力的研究，研究者顯然不是從單一因素來解釋員工的創造力，而是綜合考慮了不同影響因素之間的交互作用。研究者主要從個體特徵、工作特徵、工作環境以及人與環境的互動，以及相關因素的交互影響入手，通過員工的心理狀態變量的仲介作用，來研究員工創造力的產生。研究的重點，也從以前的個體、工作特徵為主擴展到以環境和人與環境的互動對員工創造力的影響為主。而對仲介變量的選取，工作動機和個體心理狀態變量一直是研究的熱點和重點。

同樣，在人力資源管理理論和實踐中，匹配（fit）是一個非常重要的概念。因為要求匹配，我們從招聘選拔開始便尋找與企業文化和價值觀一致的員工，從人員配置環節我們又要追求人-工作、人-團隊的匹配。但是，對一個追求創新的組織來講，這種匹配尤其是高度的匹配能否激發員工的創造力，給組織帶來創新的活力呢？從以往文獻的研究來看，人-組織匹配總是可以帶來諸多的積極效果，如員工滿意度的提高，離職率的降低等。人-組織匹配對員工創造力影響有一些代表性的研究，其實證結論是不一樣的。有些研究結論表明匹配可以帶來員工創造力和創新行為的提升，而有些研究卻發現，從一段較長的時間看，組織追求高匹配會帶來人員同質性的增加，而同質性往往被認為是創新的障礙。從研究結果的比較來看，絕大部分研究者得出的結論是人-組織匹配對員工創造力和創新行為有顯著正向影響（Angela M，Farabee，2011；Choi，2004；Choi & Price，2005；Lipkin，1999；Livingstone，Nelson，Barr，1997）。

對人-組織匹配與員工創造力之間的關係研究，大部分的研究還停留在研究人-組織匹配與創造力之間的直接關係的階段，較少研究其仲介機制。但是近年來，一些研究者已經開始積極探索人-組織匹配對一些組織期望的績效結果的仲介機制的解釋。

從國內文獻來看，楊英（2011）的博士論文，選用心理授權作為仲介變量，並經實證檢驗，表明心理授權在人-組織匹配與員工創新行為之間具有部分仲介作用。也有研究者對人-組織匹配與態度、行為、認知變量的關係進行了研究，如韓翼、劉競哲（2009）對來自企業的439個有效樣本的實證研究發現，工作滿意度在個人-組織匹配、組織支持感影響離職過程中起完全仲介的作用。陳衛旗、王重鳴（2007）考慮內部整合與人際預測的仲介作用，檢驗了人與職務、組織匹配對員工工作滿意感和組織承諾的效應，結果表明，人-職務、人-組織匹配對員工工作滿意感和組織承諾有顯著的積極效應，內部整合起完全仲介作用，而人際預測僅對人-職務匹配對員工工作滿意感的效應起部分仲介作用。可見，目前對人-組織匹配與創造力、創新行為之間關係的研究還有很大的空間。

國外對人-組織匹配影響員工創造力的仲介機制主要集中在人-組織匹配對工作滿意度，組織績效，組織承諾，組織公民行為等結果變量的研究上。本研究在整理相關文獻的時候發現，在研究人-組織匹配與情感、認知、行為的關係中，Greguras（2009）以自我決定論為基礎，驗證了三種心理需求滿足自主感、關係感和勝任感在人-組織匹配與工作績效和感情承諾的關係中起仲介

作用。Cable（2004）以社會認同理論為基礎，以留職傾向、工作滿意度和組織認同為仲介變量，研究了價值觀一致性與員工態度之間的關係。從 Greguras（2009）的研究來看，基於自我決定論的研究，從人類需求的基本問題出發來探討研究人-組織匹配與情感、行為和認知之間的關係，確實是一個新的思路。從 Cable（2004）的研究可以看出，以工作滿意度和組織認同為仲介來研究價值觀一致性與員工態度之間的關係，也是一條可行的研究路徑。

在仲介的選取過程中，Vallerand（2003，2008）等依據自我決定論提出的「和諧型工作激情」引起了本研究的注意。目前，對工作激情的研究主要來自於兩條脈絡。第一，從人類動機入手研究工作激情。在積極心理學領域，Vallerand 等人開始尋找導致人們快樂並且能夠使效率最大化的因素，他們感覺到對活動的「激情」正是他們認為能帶來這種積極性活動的因素（Vallerand，2012）。Vallerand（2003）基於「自我決定論」在「活動激情」的基礎上提出的「工作激情」，並將其定義為：工作激情是指個人喜歡自己的工作，認為其重要，並願意投註大量時間和精力的強烈心理傾向。自我決定論對人類動機領域的研究表明，存在自主性內化和控製性內化兩種類型的動機內化過程（Deci et al.，1994；Sheldon，2002；Vallerand et al. 1997），他們認為，兩種不同的動機內化過程會帶來兩種不同的「激情」：自主性內化帶來的是和諧型激情和控製性內化帶來的是強迫型激情。第二，在「敬業度」（Engagement）基礎上提出的「工作激情」。Zigarmi 等（2009，2011）認為，目前獲得極大關注的「敬業度」研究，不管是在含義、測量，還是在理論與實踐的對接上，都存在很大問題，於是，他們開始嘗試提出一個新的名詞「工作激情」來對現有關於「敬業度」的研究，尤其是理論和實踐研究的對接進行整合，並基於現有關於「敬業度」的文獻和社會認知理論構建了一個「工作激情模型」。之后，Zigarmi 等又對其中的主要變量進行了操作性定義和測量，該理論模型得到了實證支持。Zigarmi 在其研究中明確指出，其研究的「工作激情」與 Vallerand 提出的「和諧型工作激情」在本質上是一致的。將「和諧型工作激情」用於人-組織匹配和員工創造力之間的仲介機制，以及「和諧型工作激情」在中國情境下的定義、測量和實證，都是值得研究的重要主題。

1.2 研究意義

1.2.1 理論意義

（1）從人-組織互動角度來研究創造力，為解釋員工創造力的產生提供了新的思路。

人-組織匹配是近年來非常引人關注的一個研究概念，而員工創造力則是目前研究的熱點問題。以往的研究往往單方面從人或者組織的角度來研究員工創造力，而人-組織匹配則是從人與組織互動的角度來研究員工的創造力。從目前研究來看，人-組織匹配對員工創造力的影響引起了不少研究者的注意，但目前並無一致結論，因此本文希望通過實證研究來探索人-組織匹配及其三種匹配形式與員工創造力之間的關係。

根據 ASA 模型，人與環境的互動會帶來文化、氛圍的形成以及人-組織的匹配，伴隨著這種匹配，也會帶來人員同質性的提高。探討人-組織匹配影響員工創造力和創造力的路徑，就形成了兩種觀點，一種觀點是：文化、價值觀、能力、行為等的一致性，尤其是如果一開始形成的就是創新型氛圍，這種文化和氛圍給也具備這種特質的員工帶來良好的心理感受，從而帶來員工創造力和創新行為的改善（楊英，2011；Angela M. Farabee，2011；Choi，2004；Choi & Price，2005；Lipkin，1999；Livingstone，Nelson，Barr，1997））。另外一種觀點認為：匹配會帶來同質性的提高，而同質性不利於員工創新行為，因為，相似的心智模式很可能會阻礙發散性思維，而發散性思維可以提高個體創造力（Basadur，Wakabayashi& Graen，1990；Mumford & Gustafson，1988）。同時，也有一些研究已經表明，異質性可以提高員工的創新能力（Shin & Zhou，2007；Zhou & Shalley，2011；Granovetter，1973；Milliken，Bartel，Kurtzberg，2003；West，2001）。如 Shin 和 Zhou（2007）發現團隊成員的專業異質性與團隊創造力正相關。

因此，基於現實需要探討人-組織互動對員工創造力的影響，從理論研究的角度來看，具有重要的意義。

（2）有利於厘清變革發展背景下人-組織匹配影響員工創造力的機制

在變革發展的背景下，個體與所在組織的兼容變得越來越重要。人-組織匹配由於對人-組織關係的靈活性和互動性的關注，使得其順理成章地成為帶來員工創造力的一個重要因素。對該問題的研究，不僅可以為人力資源管理實

踐提供追求「匹配」的理論基礎，引入「和諧型工作激情」作為仲介變量來解釋員工創造力的產生，驗證人力資源實踐投入與員工創造力產出之間的仲介橋樑作用，也可以加深對員工創造力產生機制的理解，為企業追求匹配，營造良好的組織創新氛圍提供依據。

(3) 拓展了和諧型工作激情這一構念在中國情境下應用

有不少研究對工作激情與各種積極產出的關係進行了研究（Anderson, 1995；Boyatzis 等, 2002；Bruch & Ghoshal, 2003；Chang, 2000；Gubman, 2004；Klapmeier, 2007）。一些研究者認為，對企業成長（Baum & Locke, 2004；Baum 等, 1998；Baum 等, 2001），幸福感（Marc-André, 2011；Burke & Fiskenbaum, 2009），創業成功（Cardon, 2008；Cardon 等, 2009；Cardon 等, 2005），創新（Bennis, 2004；Liu & Chen, 2011；蔡玉華, 2009；陳芳倩, 2005），績效（Joan, 2011；遊茹琴, 2008；Perttula, 2004），個人職業成功（Hill, 2002；Marques, 2007；Neumann, 2006）來說，工作激情是一個積極要素。從國外研究來看，很多研究者開始顯示出對「工作激情」的研究「激情」。從國內研究來看，我們能看到各種報刊雜誌和勵志書籍中關於如何激發員工工作激情的結論多如牛毛，然而，令人驚訝的是，對於「工作激情」這個重要的主題，卻鮮有相關實證研究。這充分說明，「工作激情」是一個雖然重要卻沒有被充分重視的研究主題。無論是對工作激情含義的界定、測量還是實證研究方面，目前都非常匱乏。對該變量的研究，無疑可以為國內後續的研究者提供借鑑。因此，對該概念不論是對其含義的情景化界定、測量，還是實證研究，均具有重要的理論意義。

(4) 探索了人-組織匹配、員工和諧型工作激情以及員工創造力關係之間的調節因素

根據前期研究所獲得的文獻和訪談資料，人-組織匹配對員工工作激情的影響會受員工感受到的直接主管對他們自主性支持的影響，尤其是在層級較為明顯的金融服務等行業，主管自主支持感會影響匹配與員工動機之間的關係。和諧型工作激情究竟能否最終轉化為創造力，主要有兩個變量，一是員工能力，如專業能力、工作經驗、自我效能感等變量的影響，二是員工的期望和感受到的組織氛圍，主要有組織創新氛圍，組織創新支持感以及組織創新價值感等變量。本研究根據自我決定論加入了主管自主支持感並根據組織支持理論加入了組織創新支持感這兩個變量作為模型的調節變量，基於理論、文獻以及訪談，本研究探索了主管自主支持感和組織創新支持感的調節作用，這對后續的研究具有一定的參考價值。

1.2.2 實踐意義

(1) 解釋了人力資源管理的重要實踐：「人-組織匹配」對員工創造力的影響

人-組織匹配是人力資源管理和實踐中一個重要概念。從戰略人力資源管理實施環節來說，我們要求人力資源戰略目標與企業戰略目標相匹配，人力資源各職能目標與人力資源戰略的匹配以及各職能目標之間的匹配。同時，對匹配的認可及其重要性的強調使得我們從招聘選拔開始便尋找與企業文化和價值觀一致的員工，從人員配置環節我們要追求人-工作，人-主管，人-團隊的匹配。然而，匹配是否真能帶給企業所追求的諸多重要結果如員工創造力，高的員工組織承諾，低的離職率，以及高的員工和諧型工作激情，這在實踐中是大家關注的重要話題。幾乎所有人力資源理論和實踐都在討論匹配對組織，員工的重要作用和意義。正是基於匹配在組織中大量運用的現實背景，本研究開始真正思考如下兩個問題：匹配能帶來組織和領導者所期望的積極效果嗎？匹配是如何帶來這些效果的？尤其是對目前大家的關注的「創造力」問題，「匹配」與其的關係究竟如何？「匹配」又是如何影響創造力的呢？這是本研究想要解決的主要問題。

(2) 力圖解釋員工「和諧型工作激情」的激發及其有效產出問題

我們可以看到各種報刊雜誌和勵志書籍中關於如何激發員工工作激情的結論多如牛毛，如 Richard Boyatzis（2002）在《重新喚起你的工作激情》中指出：一個優秀的員工，最重要的素質不是能力，而是對工作的激情。2004年10月《商業周刊》調查全球 200 位大企業領導人，排名第一的特質就是激情。工作激情歷來被認為與積極產出有密切關係（Anderson, 1995; Boyatzis, McKee, & Goleman, 2002; Bruch & Ghoshal, 2003; Chang, 2000; Gubman, 2004; Klapmeier, 2007），正因為如此，組織希望能夠激發員工激情，從而為組織帶來有利結果。在此背景下，本研究希望對如何激發員工工作激情，以及工作激情所能帶來的積極結果做一些探索。

(3) 探索了主管自主支持感和組織創新支持感的重要作用

在中國轉型經濟背景下，中國企業還普遍面臨著正式制度的缺失以及內部管理制度不完善的情況，尤其是在層級制度明顯的組織中，中國企業員工可能更依賴於個人的特定關係，特別是能直接提供資源和機會的直接主管。因而，主管自主支持感會對員工的心理和行為有很大的影響（袁勇志等，2010）。Gagen 和 Deci（2005）發現，領導自主支持會提升員工的自主的工作動機，

Liu 和 Chen（2011）則發現，組織和團隊的對員工的自主性支持以及員工的自主性導向可以提高員工的和諧型工作激情，是和諧型工作激情的直接前因變量。當主管支持下屬，關心下屬的感受與需要時，會提升下屬的自我決定感，會引起他們對工作的興趣（Oldham & Cummings，1996）。

同樣，在實踐中，為了激發員工的創造力和創新行為，中國很多企業在物質資本上進行了巨大投入，但是並未得到管理者們所期望的結果——「全員創新熱潮」，甚至他們還要面對員工創新「生在淮南則為桔，生在淮北則為枳」的尷尬現象。比如一些在本企業被認為「沒有什麼能力」的研發人員，在企業得不到重視跳槽到其他公司後，不久就可以研發出新產品或取得技術突破；但是，本企業花費大力氣和金錢從他處引來的「研發骨幹」多年來卻無所建樹。員工缺乏創造力的背後，根本原因不完全在於資金、設備、場地等硬件設施，而是缺乏自主、寬鬆、鼓勵冒險與試錯的創新氛圍，這才是創新人才所需要企業為其提供的良好的「創新軟環境」。沒有這種環境，員工即使有再強的和諧型工作激情和內在動機，可能都是短暫的，更別提將自主性動機轉化為創造力。顯而易見，組織對創新的支持、組織創新氛圍是重要的促進員工創造力提升和創新成功的重要因素。

1.3 研究的主要內容

本研究依據理論和實證文獻，提出了人-組織匹配、和諧型工作激情和員工創造力之間關係的理論模型。

本研究主要研究人-組織匹配與員工創造力之間關係的中間機理，在這一過程中，重點研究內容為仲介變量-和諧型工作激情。同時，依據理論和實踐，本研究還提出將主管自主支持感作為人-組織匹配與和諧型工作激情之間關係的調節變量，組織創新支持感作為和諧型工作激情和員工創造力之間的調節變量，具體框架如圖 1-2 所示。

具體研究內容主要包括以下幾個方面：

（1）探索人-組織匹配與員工創造力之間的關係；
（2）驗證和諧型工作激情對人-組織匹配和員工創造力的仲介影響機制；
（3）厘清人-組織匹配不同維度對仲介變量不同維度之間的具體影響路徑；
（4）檢驗主管自主支持感對人-組織匹配和員工創造力之間關係的權變

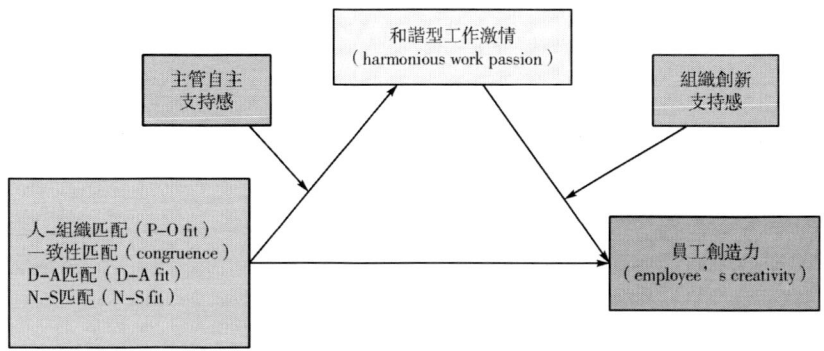

圖 1-2　人-組織匹配與員工創造力效應機制模型

作用；

（5）檢驗組織創新支持感對和諧型工作激情與員工創造力之間關係的權變作用；

（6）結合上述實證結論提出指導企業旨在提高員工創造力的人力資源管理建議。

1.4　研究方法和技術路線

1.4.1　研究方法

（1）文獻研究法

文獻研究法指通過對文獻的搜集、整理、鑑別和研究，形成對事實科學認識的方法。本研究在確定研究框架的初始階段，主要採用文獻研究方法作為突破口，通過大量詳細查閱國內外文獻，尋找研究的熱點和趨勢，並發現現有研究中的不足之處，形成了本書的研究問題：人-組織匹配是否對員工創造力有積極影響？工作激情是否對創造力有積極影響？如何提升員工工作激情尤其是和諧型工作激情？帶著這些問題，本研究構建了自己的整體研究框架。

（2）深度訪談法

深度訪談法（In-depth Interview）作為一種定性研究技術，在社會科學研究中是一種十分有用的方法。深度訪談法通過研究人員與被研究者的接觸交流，請求被研究對象抽出他們的寶貴時間和精力來參與訪談，由研究人員引導主題，並最終獲得受訪者關於某些問題看法和見解。在進行深度訪談之前，研

究者需要設計一份訪談大綱作為訪談的提綱和基本框架，其內容應當包括自己的具體研究目的和內容。並且在訪談過程中可以根據實際情況靈活處理訪談的順序和問題。Rubin 和 Rubin（1995）認為，深度訪談的優點在於它不僅賦予採訪者，也給予受訪者一定的自由來共同探討研究的中心問題①。如果受訪者允許，最好能夠對訪談內容進行錄音，這些資料可以幫助研究者日後進行分析和進一步研究。

本研究採用深度訪談的目的主要是為了廓清金融服務業員工對人-組織匹配、和諧型工作激情、強迫型工作激情、主管自主支持感和組織創新支持感等幾個概念的理解是否與研究設計中的概念有所出入，並驗證模型在現實中的合理性。

(3) 問卷調查法

問卷調查法指的是用書面形式間接獲取研究資料的一種調查方法。問卷調查法實用性主要體現在以下幾個方面：首先，問卷法是最快速有效的收集數據的方法；其次，如果量表的信效度高，樣本數量大，研究人員容易收集到高質量的研究數據；再次，調查成本低廉；最后，問卷調查對被調查者的干擾較小，比較容易得到被調查企業和員工的支持（陳曉萍等，2008）。因此，問卷調查法是目前管理學定量研究中最為常用的方法之一。

1.4.2 研究階段和技術路線

本研究分以下四個階段來進行：

第一，文獻研究階段。對相關文獻進行收集、總結、分析和比較，對實際問題進行思考和總結，發現人力資源實踐與理論中可能存在的衝突和問題，結合當前研究熱點，提出本研究的研究問題。

第二，理論模型和假設的構建階段。在文獻分析和實踐思考、訪談的基礎上，針對存在的問題，確定研究思路和方向，提出理論模型和相關假設。

第三，問卷設計和選擇與數據收集階段。選擇成熟量表，進行本土化情景化；然后，進行問卷的發放和回收。

第四，數據分析階段。對收集到的樣本進行相關的統計分析，進行信度和效度的檢驗，並使用 SPSS17.0 和 AMOS17.0 統計根據逐一驗證本研究提出的理論模型與各項假設。

---

① Herbert J, Rubin, Irene S, Rubin. Qualitative Interviewing: The Art of Hearing Data [M]. Thousand Oaks, CA: Sage Publications, Inc. 1995.

在整個研究構思和研究過程中，本書主要遵循以下基本技術路線（如圖 1-3所示）

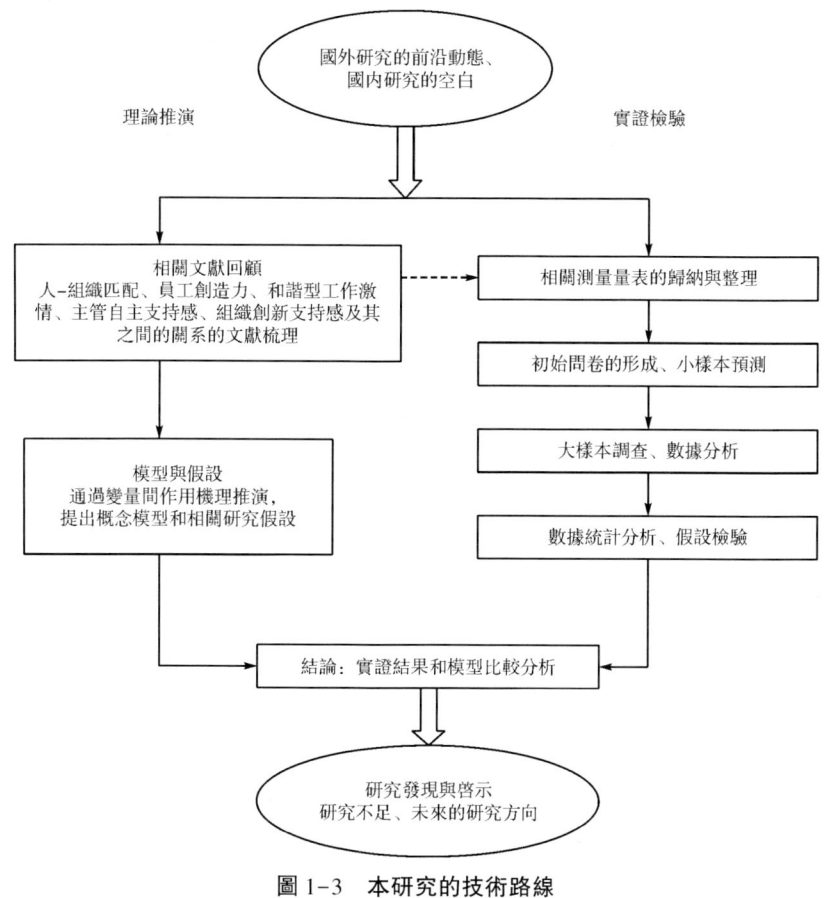

圖 1-3　本研究的技術路線

1.5　本研究的篇章結構

在揭示人-組織匹配對員工創造力影響機理問題上，本書基於自我決定論進行分析和提出假設，並且以金融服務業員工為樣本進行實證，研究主要從以下幾個方面展開：①根據文獻研究和自己的研究目的，從一致性匹配、要求-能力匹配和需求-供給匹配三個維度來定義人-組織匹配；②依據 George 和 Zhou 的研究，以單維度定義員工創造力；③研究人-組織匹配的三個維度對員

工創造力是否產生顯著影響；④對和諧型工作激情作為人−組織匹配與員工創造力之間的仲介進行驗證，探求其作為仲介變量是否顯著；⑤從單維角度定義組織創新支持感，驗證其在和諧型工作激情與員工創造力之間的調節作用；⑥從單維角度定義主管自主支持感，驗證其在人−組織匹配與員工和諧型工作激情之間的調節作用。圍繞以上內容本文通過以下六章進行論述。

第一章：導論。闡述新形勢下以金融服務業員工為樣本，研究員工−組織匹配與員工創造力之間關係的現實背景與理論背景，提出研究目的並在此基礎上闡明該研究對理論和實踐的意義，最後提出本研究的創新之處以及本研究的主要研究結構。

第二章：文獻綜述。本章內容詳細對人−組織匹配、員工創造力以及員工和諧型工作激情、主管自主支持感、組織創新支持感的概念、維度、測量進行了研究述評，並對這三者之間的關係進行了文獻研究。文獻研究表明，本研究理論研究模型有詳實的文獻基礎和實踐土壤。

第三章：本章內容主要依據相關理論以及實證文獻基礎來提出假設。在第二章文獻綜述的基礎上，提出了本文的研究模型和相關研究假設。

第四章：主要研究方法與數據分析。首先，對樣本的情況進行描述性統計，並對所使用的數據分析方法進行簡述；其次，在研讀文獻基礎上，認真揣摩國內國外對同一問題表述方式的差異，翻譯各種變量的測量量表；最後，對每一個量表通過預調研和正式調研數據進行信度和效度的檢驗。

第五章：假設檢驗與結果討論。首先，利用 SPSS17.0 對數據進行統計分析、相關分析和預處理；其次，利用 SPSS17.0 和 AMOS17.0 等統計軟件，通過多元迴歸分析和結構方程模型，來驗證和諧型工作激情對「人−組織匹配與員工創造力」的仲介機制，並具體檢驗所提出的各項假設。

第六章：結論與展望。本章對研究所得到的主要結論以及創新進行總結，根據研究結論對企業如何通過具體的人−組織匹配實踐來提升員工和諧型工作激情以及員工創造力提出合理化的管理建議，最後分析研究中存在的不足、今後進一步研究的方向。

1.6 研究創新

（1）本研究結合金融服務業特點，引入和諧型工作激情作為仲介變量，構建了人−組織匹配對員工創造力的作用模型，深入闡述了變革背景下靈活性

與互動性對員工創造力進行影響的機理。

人-組織匹配的視角來研究員工創造力，體現了學術界研究創造力的新視角：從人與環境的互動角度研究員工創造力。然而，已有的研究主要關注的是人-組織匹配與創造力之間的直接關係，較少關注其內在作用過程和機理的研究。本研究基於自我決定論，嘗試以和諧型工作激情為仲介變量來研究這一黑箱，並最終驗證了和諧型工作激情的仲介作用，揭示了變革背景下金融服務業員工對靈活性與互動性的要求，解釋了人-組織匹配通過影響員工和諧型工作激情激發和提升員工創造力這一過程，豐富了對匹配理論和創造力理論的研究。

（2）本研究檢驗了和諧型工作激情結構維度在中國的適用性。

「工作激情」這一名詞在中國報刊雜誌以及各個企業的企業文化中出現的頻率極高，然而，對其進行實證測量的研究幾乎沒有，國內的研究幾乎都是定性研究，分析層面主要集中在對員工的激情特質、企業家創業激情的定性描述。本研究將 Vallerand 的成熟量表引入國內，對和諧型工作激情進行測量，在金融服務業驗證了這一量表在中國企業員工中的適用性，並且發現，該量表在中國仍然是單維度概念，具有良好的信度和效度。這一研究發現可以為后續對「工作激情」感興趣的研究者提供一定的參考價值。

（3）本研究驗證了組織創新支持感在和諧型工作激情和員工創造力之間的調節作用。

本研究驗證了員工感知到的組織創新支持能夠增強員工和諧型工作激情與員工創造力之間的關係，這說明，工作激情產生之後的「無序的」積極行為需要組織的氛圍的引導，這樣員工行為才能朝向組織所追求的目標邁進。員工的和諧型工作激情產生之後，需要組織文化氛圍和規章制度來引導員工的「激情」朝向有利於組織的方向發展，使員工由激情帶來的積極工作行為與組織所期望的績效結果達到「匹配」。組織應該讓員工有「組織支持創新」，「組織獎勵創新」這樣的感知，這樣就會有效地引導員工的和諧工作激情朝向與組織所追求的目標：創新的「匹配」，從而達到激發和提升員工創造力的目的。

2 理論基礎與文獻綜述

2.1 理論基礎

2.1.1 場論

Lewin（1951）提出的場論（Field Thoery）提出了「人」與「環境」相互依賴相互影響並最終影響人的行為的看法。該理論為我們理解個體行為提供了重要的理論基礎。Lewin認為，人所處的環境由一組相互依賴的因素所構成，而人的行為是人與環境相互作用的結果，他提出了一個著名的行為公式：

B=f（P，E）

其中B代表的是個體的行為，P代表的個體特徵，E代表的是個體所處的環境，f是指的函數。這個公式明確表達除了個體行為是個體特徵與環境相互作用的結果，無論是個體特徵還是環境因素作為一個獨立要素時都無法很好地解釋人的行為的變化，而應該將兩者結合起來進行考慮。

該理論既是人–組織匹配的理論基礎，又是人–組織匹配影響員工創造力的理論基礎。

2.1.2 吸引、選擇、摩擦（ASA）理論

ASA（attraction、selection、attrition）模式是支持Lewin的假設以及認知心理學皮亞杰的發展心理學影響而發展出的理論架構（Schneider，1987）。員工與組織間的吸引、選拔、磨合這三個相互關聯的動態過程是理解員工行為及組織運作的關鍵。如圖2-1所示。

ASA模型主要由四個部分組成：吸引（attraction）、選擇（selection）、摩

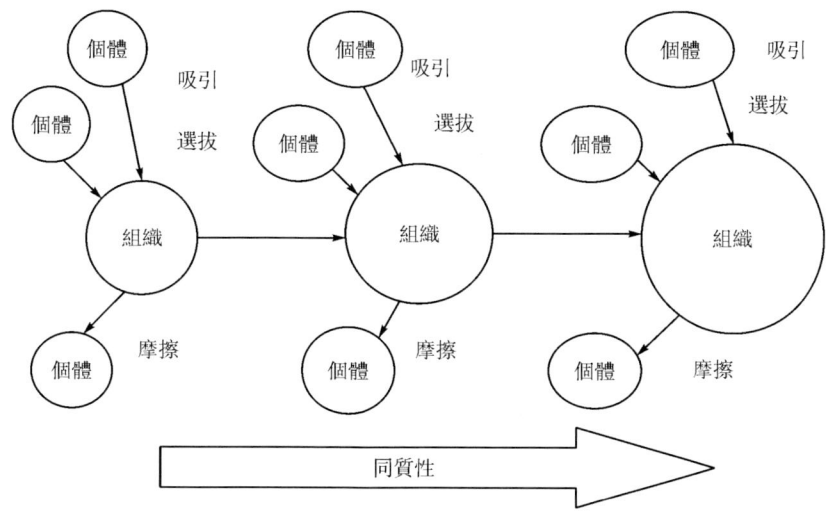

图 2-1　ASA 动态过程图
资料来源：根据 Tomoki Sekiguchi① （2004） 研究整理

擦 （attrition） 和目标 （goals）。目标决定什么样的人会被特定的环境所吸引选择并留下，通常由环境中的开创者所决定。环境中的人拥有的特质和能力，决定了环境的活动类型，同时决定了吸引个体的环境吸引力。最开始，个体被不同环境所吸引，通过组织的选拔，留在该环境中。如果个体不适应环境，便会与环境产生摩擦，会自愿或者非自愿地离开环境。最后留在环境中的人一般来说在兴趣、价值观、能力、行为等方面都会具有同质性，以至于他们看起来是非常相似的。同质的员工又会带来日渐明晰的组织环境特征并形成某种组织氛围，这种氛围会反过来影响员工态度和行为，决定员工去留 （Schneider，1987；Schneider 等，1995）。可见，ASA 模型展示了员工与组织环境相互作用的过程，提醒人们要从个体和组织两方面去关注 P-O 匹配的效果。

根据 ASA 模型，人与环境的互动会带来文化、氛围的形成，尤其是如果一开始形成的就是创新型氛围，这种文化和氛围会给也具备这种特质的员工带来良好的心理感受，从而带来员工的创造力，其相互影响如图 2-2 所示。

---

① Sekiguchi T. Toward a dynamic perspective of person-environment fit [J]. Osaka keidai ronshu，2004，55 （1）：177-190.

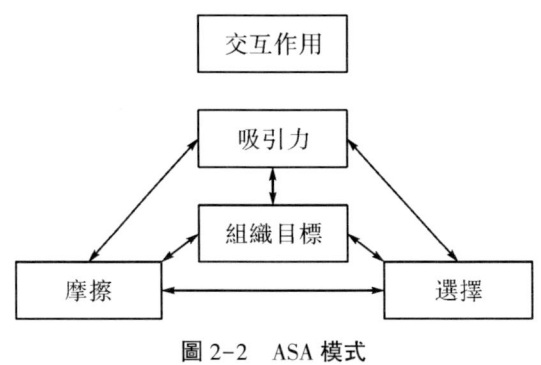

图 2-2 ASA 模式
资料来源：根据 Schneider[1]（1987）研究整理

2.1.3 自我决定论

动机一直是心理学研究的焦点问题。早期研究将动机分成内在动机和外部动机两种相互独立的动机。Ryan 和 Deci 等首次提出了自我决定理论（Self-Determination theory, SDT; Deci & Ryan, 1985; Ryan & Deci, 2000），它是 20 世纪 80 年代在积极心理学背景下发展起来的一种认知动机观。积极心理学关注个体力量和积极产出，将研究重点放在促进个体力量和优点的人格和社会因素之上。自我决定论将人类动机视为一个动态连续体，从无动机到内在动机之间，并依据自主程度对动机类型进行了详细划分，还从基本心理需求的角度探讨了如何促进外在动机的内化。自我决定理论在医疗、宗教、政治、学校教育、家庭教育、组织行为学等各个实践领域得到了广泛应用。

Deci 认为，自我决定不只是个体的能力，而且是个体的需要。人们都具有内在的自我决定的倾向，这种倾向引导人们从事感兴趣的、有益于能力发展的活动，从而实现与社会环境的灵活适应。刘海燕（2003）等认为：「自我决定是一种关于经验选择的潜能，是在充分认识个人需要和环境信息的基础上，个体对行动所做出自由的选择。该理论认为人是积极的有机体，具有先天的心理成长和发展的潜能。」自我决定理论强调自我在动机过程中的能动作用，重视个体的主动性与社会情境之间的辩证关系。自我决定理论的核心问题是区分自主性动机和控制性动机，并研究两种不同动机的个体调整过程和行为结果。

（1）自我决定连续体

Deci 等人在该理论中定义了自主动机（autonomous motivation）：当个体从

---

[1] Schneider B. The people make the place [J]. Personnel Psychology, 1987: 445.

事活動是因為興趣，受到自我意識的高度支配時，這種動機稱為自主動機；當個體在外界壓力和控制下從事活動時，他們受控製性動機（controlled motivation）的支配，與自主性動機和控製性動機這兩種有意識的動機相對的是缺乏意識的「去動機」或者翻譯為「無動機」（amotivation）（Gagne and Deci, 2005）。SDT 通過確定行為所屬的不同調節方式進而判斷其內在化程度，提出了自我決定連續體（self-determination continuum），如圖 2-3 所示，表示當外界刺激發生變化時，自我決定程度由低到高，行為調整方式的變化過程，其中去動機是最低程度的自我決定，而內在動機是最高程度的自我決定。

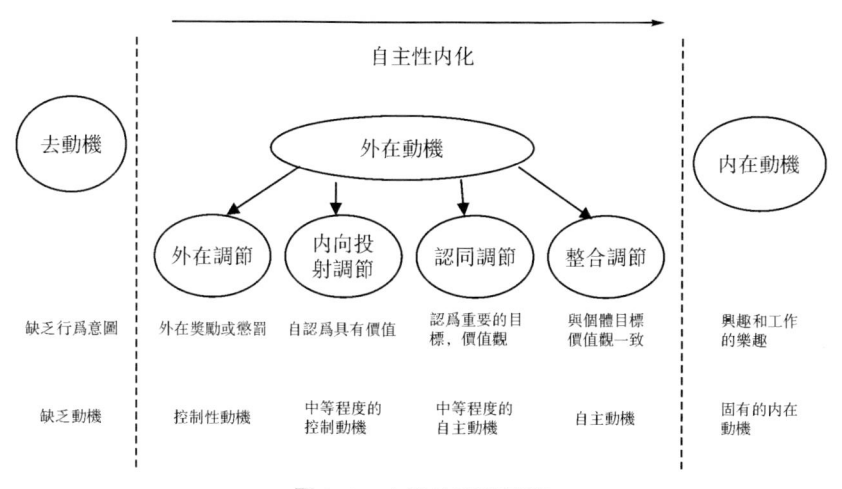

自主性內化

去動機　　外在動機　　　　　　　　　　　內在動機

外在調節　內向投射調節　認同調節　整合調節

缺乏行為意圖　外在獎勵或懲罰　自認為具有價值　認為重要的目標、價值觀　與個體目標價值觀一致　興趣和工作的樂趣

缺乏動機　控製性動機　中等程度的控製動機　中等程度的自主動機　自主動機　固有的內在動機

圖 2-3　自我決定連續體

資料來源：譯自 Deci 和 Ryan.[①]（2000）的研究

當個體受外在報酬的刺激，行為上會產生外在調節（externally regulated）的過程，外在調節屬於典型的控製性動機。在這種過程中，工作或活動本身是獲得結果的工具，如：我工作是因為上級的監督；內在化是指個體將自我價值觀以及態度納入自我行為調整的過程中，行為不完全依靠外在刺激才發生。SDT 認為個體行為從控製性動機向自主性動機轉化的過程就是外在行為調整內在化的過程。根據自主性程度由弱到強可以分為內向投射（introjection）、認同（identification）調節和整合（integration）調節。內向投射調節是指個體從事某項工作或者活動是因為內在規則的要求，如：我工作是希望自己看起來是努力的；當個體從事工作是基於認同自己的價值觀和自我選擇的目標時，行為

---

① Deci E L, Ryan R M. The「what」and「why」of goal pursuits: Human needs and the self-determination of behavior [J]. Psychological inquiry, 2000, 11 (4): 227-268.

2　理論基礎與文獻綜述 ┊ 21

屬於認同調節，如：醫護人員因為認同自我的職業要求而對患者負責，因此從事並非出於自己興趣的護理工作，其行為屬於認同調節，在這種狀態下，由於他們的行為和個人目標以及個人身分更加一致，個體會感受到更大的自由度；當個體將他人認同、自我價值觀和興趣加以整合時，屬於整合調節，如：醫護人員不僅將認真對待病人當作職業要求，也當作自我工作和生活的一部分。

總之，自我決定理論把動機分為自主性動機、控製性動機、無動機。外在調節和攝入型外部動機常被看作是控製性動機（controlled motivation）。內在動機和內化了的外部動機被稱作自主性動機（autonomous motivation），指個體受到活動本身的興趣所激勵，或者受到已經認同或整合了的價值規律的支配。

(2) 動機內化過程及結果–內外在動機多層次模型（hierarchical model of intrinsic and extrinsic motivation）

Vallerand 利用 Deci 和 Ryan 的自我決定論，使用內外在動機多層次模型繼續了動機是如何被決定，以及會產生何種結果的討論。理論認為動機主要由總體因素、脈絡因素和情境因素引起三種基本心理需求：勝任感，關係感和自主感的滿足，從而導致動機的產生，並最終產生認知、情感以及行為性結果（Vallerand，2000）。如圖 2-4 所示。

第一，動機層次。

根據動機的穩定程度可以劃分為總體層次（global level）、社會情境層次（social contextual level）、特定事件層次（situational level）三個層次的動機，每個層次的動機都包括無動機、外在動機和內在動機三種形式。

a. 總體層次（或人格層次）指個體追求不限於特定目標。它指的是一種廣泛的性格傾向。總體層次動機呈現內在動機、外在動機或無動機狀態，是個體動機最為穩定的層次。

b. 社會情境層次（或生活領域層次）是個體動機受到具體情境領域的相關社會因素影響而產生的（如學習動機，人際動機和娛樂動機）。所謂社會情境，指「人類活動的某一具體領域」。社會情境水平上的個體動機會受到具體情境領域的相關社會因素的影響。目前，研究者最關注的領域主要是教育、娛樂和人際關係領域。另外，在體育運動、政治、非政府組織等各領域，研究者都制做了相應的量表用以測量個體在具體領域中活動的動機水平。動機層次處於中等程度的穩定狀態。

圖 2-4　內外在動機多層次模型

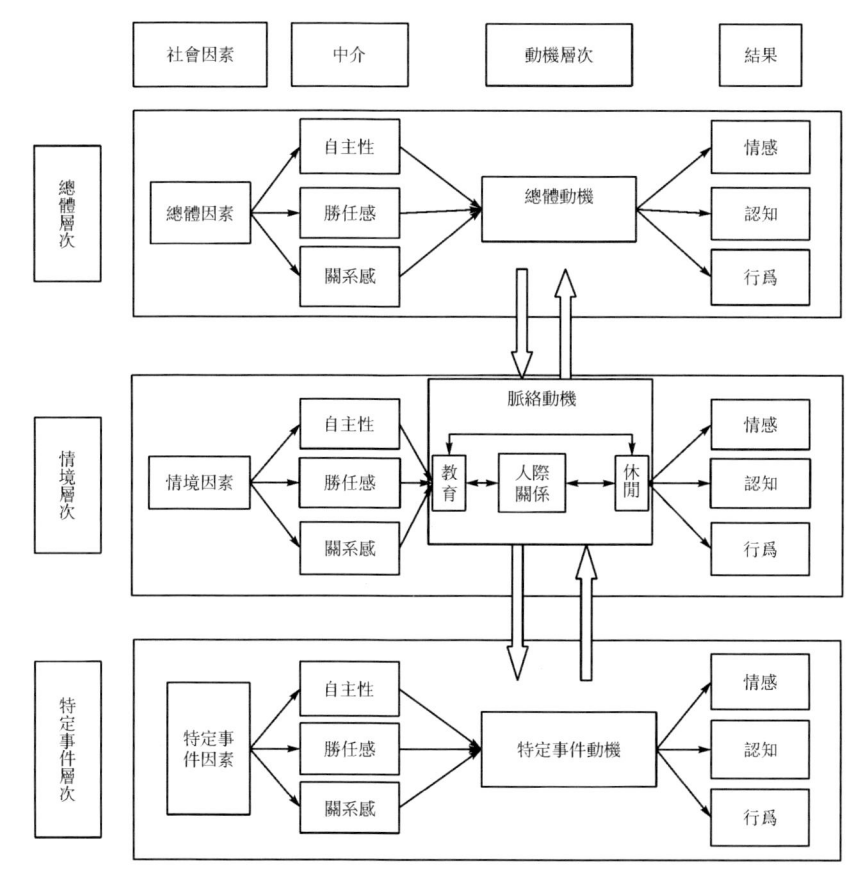

資料來源：譯自 Vallerand (2000) 的研究[①]

c. 特定事件層次（或狀態層次）指在某種特定情境下產生的個體動機，極易受到環境的影響而發生改變（如為了應付考試而讀書），是穩定性最低的一種動機層次。

第二，動機的影響因素及產生的結果。

a. 特定層次的個體動機受社會因素的影響：人的因素（他人評價）；非人的因素（指令、計劃）。

總體層次影響因素指的是對個體一生成長過程中起影響作用的因素（如父母和家庭環境對個人成長的影響）；社會情境層次影響因素指的是對個體某

---

① Vallerand R J. Deci and Ryan's self-determination theory: A view from the hierarchical model of intrinsic and extrinsic motivation [J]. Psychological Inquiry, 2000, 11 (4): 312-318.

一領域行為產生重要影響的因素（如教師對學生學習動機的影響）；特定事件層次影響因素指的是個體從事某一具體活動時的影響因素（個體進行獨唱表演時受到觀眾的歡迎）。

b. 社會因素通過對個體三種基本需求的滿足對個體動機產生影響。

SDT認為個體存在三種先天的心理需求，分別為自主需求（autonomy）、關係需求（relatedness）和勝任需求（competence）。自主需求是指個體對行為具有選擇、遵循個人意願的內在渴望，希望在行為中感受心理上的自由（Broeek, 2008; Deci & Ryan, 2000）和不受限制，並對自我的行為和決策擁有選擇權。關係需求是指個體內生地具有希望與他人建立關係，實現組織意願，在與其他人接觸的過程中感受到關愛的需求。勝任需求是指個體希望在工作中感受到對工作環境和工作結果的掌控。當影響個體動機的外在情境提供個體自主感、勝任感和關係感這些需要的滿足時，可以更加有效地激發個體的動機。

c. 特定層次的動機受到上一層動機層次的影響。

總層次動機對社會情境層次動機有重要影響；社會情境層次動機對特定事件層次動機產生重要影響；同樣，下一層次動機也會對上一層次動機產生影響。

根據以上理論基礎可以推斷出：人-組織匹配——三種基本心理需求的滿足-動機-行為，因此自我決定論是本研究整體模型的理論基礎。

2.1.4 組織支持理論

1986年，Eisenberger提出了組織支持感（perceived organizational support, POS）的概念，用以表示員工對組織是否重視其貢獻和是否關注其幸福的總體感受。組織支持的理論基礎是社會交換理論，該理論認為，人與人之間的本質關係是社會交換關係，交換的內容既可以是物質的也可以是非物質的。當員工感覺到組織對其關心、支持時，會受到鼓舞和激勵，往往會給組織更多的積極回報，如好的工作表現。

以往學者的研究強調的是員工對組織的忠誠，是一種從下而上的承諾；而組織支持感強調組織對員工的承諾，是一種自上而下的承諾。員工首先感受到組織如何對待他們，然後這種感受影響到員工心理，最後影響到員工行為。根據互惠原則，高的組織支持感會通過三種機制加強員工的情感承諾（Stinglhamber and Vandenberghe, 2003）。首先，組織支持感會使員工產生幫助組織實現目標的義務感，使得員工對組織有更高的情感承諾，並更加努力地工作。其

次，組織支持感會通過滿足員工的社會情感需要而提升情感承諾，如滿足員工的自尊、認可與歸屬需要，這種情感的滿足使得員工對組織有強烈的歸屬感和認同感。最后，組織支持感會產生積極的情緒體驗，由此帶來更高的情感承諾。Avolio（2005）的研究發現，人際關係和社會、組織支持感會直接影響個體的積極心理結果，促進個體的心理潛能的挖掘。

組織支持理論為我們研究員工心理和行為提供了有價值的視角。因為員工是社會人，組織要想員工提高工作績效，表現出組織期望的行為，就必須給他們更多的關心與支持。

本研究中，員工感知到的組織創新支持會對員工的心理和行為產生影響，因而員工會表現出組織所期望得到的行為。這一理論為引入和諧型工作激情和員工創造力之間的調節機制打下了理論基礎。

2.2 人–組織匹配相關研究綜述

當前，組織面臨的環境不斷變化，變革可能是每一個組織都不得不面臨的選擇。在組織需要變革的時候，組織的員工是否能適應新的工作任務、工作團隊、組織環境，對組織能否發展具有重要意義。在這種情況下，個體與所在組織的兼容就變得越來越重要。同時，隨著時代變遷，人們也越來越在意是否能在組織中找到自己職業發展的平臺，因而離職和人員流動也變得越來越頻繁。正因為如此，人–組織匹配由於其既從組織角度考慮員工價值觀與組織文化的一致性，又從員工角度考慮員工技能、需求與組織要求及供給之間的關係，其對人–組織關係的靈活性和互動性的關注，使得人–組織匹配順理成章地成為當前組織行為學領域研究的熱點問題之一。

2.2.1 人–組織匹配的含義及主要概念辨析

2.2.1.1 人–組織匹配的含義

P–O 匹配源自互動心理學觀點（Chatman，1991）。近年來，人–組織匹配（person-organization fit）吸引了研究者和管理實踐者的關注。「匹配」意味著和諧，而人們相信和諧總是美好的，從人力資源管理的角度來說，我們很自然地認為，員工與組織會對組織和個人產生諸多積極的效應，也因此，「匹配」在人力資源管理的諸多環節中成為了最為核心的部分。人與組織匹配的內涵發展主要經歷了三個階段。早期的匹配觀點認為人與組織在價值觀方面的一致性

即代表了雙方匹配的水平（O'Reilly, Chatman, & Caldwell, 1991），Muchinsky 和 Monahan（1987）將兩種觀點進行整合認為匹配包含一致性（supplementary）和互補性（complementary）兩種類型，並對其進行了細緻的區分。同時，Edward（1993）認為人與組織匹配是個人需求與組織供給（needs-supplies）以及工作要求與個人能力（demands-abilities）的匹配。Kristof（1996）整理了這些概念範疇，將人與組織（代表環境）匹配概念解釋為相似性匹配和互補性匹配模型。相似性匹配的含義為個體的基本特徵（人格、價值觀、目標及態度）與組織的基本特徵（氛圍、價值觀、目標及規範）之間的一致性程度（如箭頭 a 所示）。互補性匹配的含義為組織（個體）的需求被個體（組織）的供給所滿足，它包括兩個方面：一是組織提供資源與機會滿足個體的需要（如箭頭 b 所示）；二是個體為完成工作任務消耗時間、經驗等來滿足組織的需要（如箭頭 c 所示）。Kristof 對人-組織匹配的概念模型如圖 2-5。

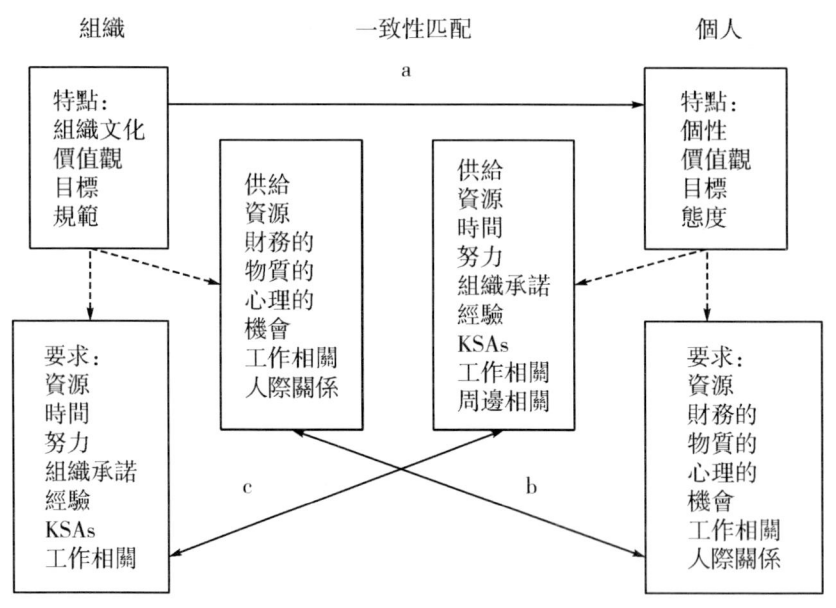

圖 2-5　Kristof 人-組織匹配整合框架模型[1]

基於此，Kristof（1996）將個人與組織匹配定義歸納為：①個人與組織至少有一方可以滿足另一方的需求；②個人與組織之間有類似的特質；③以上兩

---

[1] Kristof A L. Person-organization fit: An integrative review of its conceptualizations, measurement, and implications [J]. Personnel psychology, 1996, 49 (1): 1-49.

者都具備。但是，根據以上定義來衡量人與組織之間匹配程度，會需要相當長時間的努力才可能將人與組織的匹配建構起來，因此，Kristof（1996）根據過去學者的探索，將人-組織匹配的探索分為了四大方向：

（1）個人價值觀與組織價值觀具有一致性（Boxx, Odom, Dunn, 1991; Harris, Mossholder, 1996; Judge, Cable, 1997; Meglino, Ravlin, Adkins, 1989; O_Reilly, Chatman, Caldwell, 1991）;

（2）個人目標與組織目標具有一致性（Vancouver, Schmitt, 1991）;

（3）個人的偏好與組織系統的結構能夠相互契合（Bretz, Ash, Dreher, 1989）;

（4）個人的人格特質與組織氣氛的相互契合（Christiansen, Villanova, Mikulay, 1997）。

Cable（2002）的研究試圖將 Kristof 的概念延伸並理清，認為在人與組織匹配的概念中，除相似性匹配外，互補性匹配的概念應再細分成兩個概念：個人需求與組織供給（needs-supplies）以及工作要求與個人能力（demands-abilities）的匹配。概念發展過程及最后觀點的整合可以通過圖2-6所示。

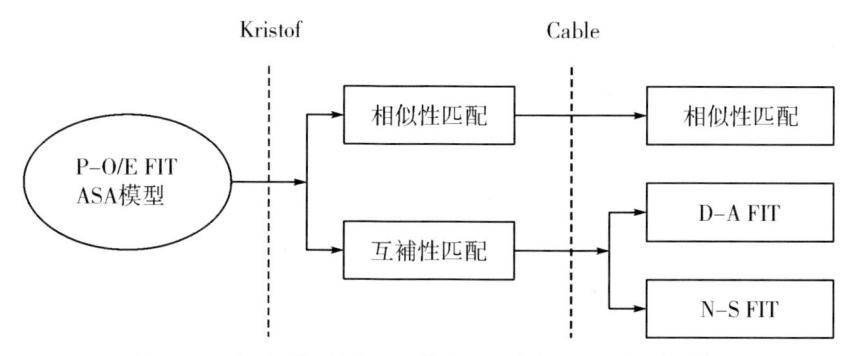

圖 2-6　人-組織/環境匹配的各種概念解釋及其理論聯繫

資料來源：據 Kristof（1996），Cable[①]（2002）研究整理

目前，在實證研究中主要採用的操作性概念有兩類：

（1）一維模型（O'Reilly, Chatman, Caldwell, 1991）

一維模型指的是在做測量的時候只是用組織文化和員工價值觀的一致性作為人-組織匹配的測量標準。這些學者認為，價值觀的匹配是匹配中最核心的部分。

---

① Cable D M, DeRue D S. The convergent and discriminant validity of subjective fit perceptions [J]. Journal of applied psychology, 2002, 87（5）: 875.

（2）三維模型（Kristof, 1996；Cable, 2002）

三維模型指的是用三個維度來測量人-組織匹配，包括組織文化與價值觀的一致性（congruence），需求-供給匹配（needs-supplies Fit，指的是工作所提供給員工的物質和精神滿足與員工需求、期望的匹配），要求-能力匹配（demands-abilities Fit，指員工的知識、技能和能力與工作的要求匹配）。認可三維模型的學者認為三維模型才能反映人-組織匹配的全貌，具有更強的解釋力。

由以上分析可以看出，目前對人-組織匹配概念問題的研究仍然存在較大問題。第一，人-組織匹配的邊界問題。人-組織匹配是一個人與組織互動的過程，根據目前研究，人-組織匹配包含個人價值觀與組織文化匹配以及人-工作匹配兩個主要部分，而不包含人-職業匹配，人-團隊匹配以及人-管理者匹配等幾種組織中重要的匹配關係，劃分這種界限的理論依據何在？第二，從操作性概念上來講，如果將人-組織匹配直接定義為個人價值觀與組織文化的匹配，那麼，在進行測量時，使用一致性匹配便無可厚非，但是，當Cable等將概念擴展到三維之後，幾乎全部的研究者都將人-工作匹配作為人-組織匹配的一部分，選擇增加這一部分的依據是什麼，似乎也有待理論解答。本研究基於文獻和深度訪談所獲得的和諧型工作激情前因變量，選用的是人-組織匹配的三維模型。

2.2.1.2 主要相關概念辨析

人與環境交互影響的文獻在管理學文獻中已經出現了一百多年（Ekehammer, 1974；Lewin, 1935；Murray, 1938；Parsons, 1909；Pervin, 1968），並在互動論的背景下出現了人-環境匹配（person-environment Fit）的概念，人與環境的匹配被廣泛定義為個體與工作環境的相容性。正是由於該定義的簡單化，又有幾種不同類型的匹配獲得了關注，分別是人-職業的匹配，人-組織匹配，人-工作的匹配，人-團隊的匹配，這幾個概念與人-組織匹配既有區別又有聯繫。

（1）人-職業的匹配

人-職業匹配（person-vocation Fit）指的是人的個性特徵與職業性質相一致。人-職業匹配包括職業選擇理論和工作調節理論。職業選擇理論認為應當將人們的興趣愛好與職業選擇結合起來（Holland, 1985；Parsons, 1909；Super, 1953），而工作適應理論（Dawis & Lofquist, 1984；Lofquist & Dawis, 1969）則強調職業環境滿足員工的需求時，員工就會產生適應和滿意度。可見，人-職業匹配主要強調的是人的個性特徵與職業及其職業環境的匹配，而

本文定義的人-組織匹配主要包括個人價值觀與組織文化的匹配和人與工作的匹配兩個方面。

(2) 人-工作匹配 (person-job fit)

人-工作匹配指的是具體的任務及工作要求與人的知識技能的一致性 (Cable & Derue, 2002)。Edwards (1991) 認為人-工作匹配 (person-job Fit) 包括兩種基本的匹配：要求-能力匹配 (D-A Fit) 和需求-供給匹配 (N-S Fit)。人-工作匹配是一個比人-職業匹配內涵更為狹窄的概念，其工作任務和要求較之職業和職業環境要求更為具體，人-工作匹配相當於人-組織匹配中的一組變量，人-組織匹配的概念通常包含人-工作匹配。人-工作匹配強調的是人與特定任務之間的關係，人-組織匹配強調的是人與組織之間的整體關係。

(3) 人-團隊匹配 (person-group fit)

人-團隊匹配關注的是個體與其工作團隊人際關係的相容性 (Judge & Ferris, 1992; Kristof, 1996; Werbel & Gilliland, 1999)。人-團隊匹配的研究主要集中在團隊或整個組織中某個部分內部人際關係相容性的研究，其中團隊目標、價值觀、人格的一致性會影響團隊的行為與結果。匹配主要研究的並不是團隊的異質性和同質性問題，而是團隊相容性。人-職業匹配以及人-工作匹配主要集中研究個體層面的匹配，而人-組織匹配主要考察人與整個組織的匹配度。

(4) 人-主管匹配 (person-supervisor Fit)

人-主管匹配主要考察的是工作環境中個體與個體之間的關係。個體與個體關係研究最多的主要是主管及其下屬的關係，即個人與主管的匹配問題 (Adkins, Russel et al., 1994; Van Vianen, 2000)。人-主管匹配的研究主要包括領導者-追隨者價值觀的一致性，目標一致性以及主管-下屬個性相似性等方面的問題，其與目前人-組織匹配主要關注的價值觀匹配和工作匹配有較大差別。

2.2.2 人-組織匹配的測量

2.1.2.1 測量方法

Kristof (1996) 將人-組織匹配歸納為兩種測量方式：直接測量 (direct measurement) 和間接測量 (indirect measurement)。直接測量指的是直接詢問受試者與環境匹配的程度，強調的是受試者對是否匹配的主觀認知與判斷，以此方式得到的匹配度稱為主觀匹配 (subjective fit)。間接測量是指以比較的方

式，分別測出個人特性與環境特性，再選取適當的匹配指標來計算匹配的程度。間接測量又可以分成兩種方式：個體測量和交叉測量，間接個體測量得到的匹配結果被稱為主觀匹配（perceived fit），而間接交叉測量得到的匹配結果被稱為客觀匹配（objective fit）或者真實匹配（actual fit）。本書對測量方式及其優缺點進行了歸納，如圖2-7所示：感知匹配的直接測量就是簡單地要求評價者對於個體自身和組織之間存在著什麼程度的匹配做出評價，如「我的價值觀和公司的價值觀相符合」。

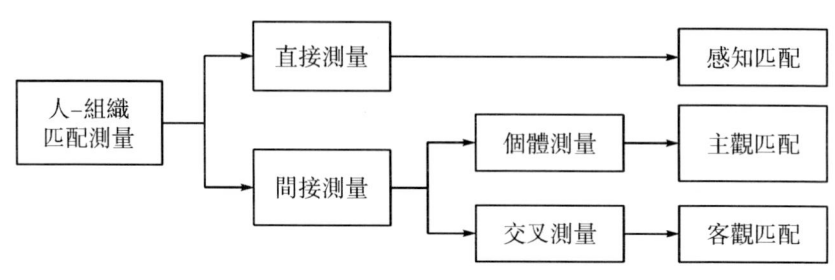

圖 2-7　人-組織匹配的測量

資料來源：本研究根據 Kristof（1996）研究整理

主觀匹配是指個體先就某一方面給出自己的價值評價，然后判斷組織目前這一方面的具體情況，再將這兩者進行比較分析。如問題通常設計為：「你認為什麼是有價值的?」以及「你所在的公司認為什麼是有價值的?」等類似的問題，然后使用目前比較流行的 Q 分類方法、差異分數以及多項迴歸分析計算問題的答案之間的相似性，從而得出匹配的程度判斷。

跨層面的間接測量（客觀匹配）是指將個體對組織的某些特徵進行評價，然后再讓不同的人對同樣的組織特徵進行評價，然后對兩者的評價進行比較分析。如個人評價「我所期望的公司是注重團隊工作和合作的」以及人力資源部主管或者其他高管評定「這家公司注重團隊工作和合作」。

表 2-1　　　　　　　　人-組織匹配測量特徵的評價

測量方式	測量層次	主客觀程度	操作	優點	缺點
直接測量	個體	感知匹配	直接詢問被試者對匹配程度的感知	操作簡單；測量與個人主觀感受相關變量	無法對個人因素和環境因素的獨立效應做出評價

表2-1(續)

測量方式	測量層次	主客觀程度	操作	優點	缺點
間接測量	個體	主觀匹配	要求被試者同時從個人期望和組織現實做判斷，計算兩次評定分數的差值絕對值或者相關係數	操作簡單；區分了人與環境的個體效應	主觀性強，易產生各種偏差
	交叉	客觀匹配	要求一組被試者（通常是員工）從個人期望進行評價，另一組被試者（通常是管理者）從組織現實角度評價，計算兩次評定分數的差值絕對值或者相關係數	較客觀地測量實際匹配情況；區分人與環境的獨立效應；避免主觀效應	操作複雜；組織特徵數據能否由個體合成有爭議

資料來源：根據唐源鴻等①（2010），Kristof（1996）研究整理

　　從目前的研究來看，直接測量和間接測量中的個體測量由於簡單易用，為廣大研究者青睞。本研究選用感知匹配的直接測量方式，因為本研究的仲介變量-工作激情屬於個體動機性變量（Liu&Chen，2011），Edwards（1993）和Verquer等（2003）認為，感知匹配的直接測量能夠顯示出人與組織匹配和個人層面變量之間的顯著相關性。

2.2.2.2　測量

　　由於人-組織匹配近些年在研究領域的流行，有不少研究者從各自的研究角度開發量表對該問題進行了研究，目前常用量表的使用總結如表2-2所示。

　　本研究選用Cable和Derue（2002）的量表對人-組織匹配進行測量，理由有二：第一，從本研究對人-組織匹配的定義來看，該量表恰好包含本研究想要探討的三個維度，與研究意圖十分切合。第二，該量表經國內國外研究者廣泛採用，具有良好的信度和效度。

---

① 唐源鴻，盧謝峰，李珂.個人-組織匹配的概念，測量策略及應用：基於互動性與靈活性的反思[J].心理科學進展，2010，18（11）：1762-1770.

表 2-2　　　　　　　　　　人與組織匹配的測量

	研究者	測量維度、題項
一維模型	Quinn 等（1983，1991）Harris & Mossholder（1996）	競爭價值模型（competing values model）用「競爭價值模型」的兩個維度「靈活性-控制」，「內部取向-外部取向」組合而成的四種價值取向分別為：人際關係；開放系統；理性目標；內部過程。每種價值取向 7 個問題，共 28 個題項
	陳衛旗等（2007）	陳衛旗等將 Quinn 等將量表依據中國情境篩選出 16 個題項。人際關係（α=0.89）；開放系統（α=0.76）；理性目標（α=0.72），內部過程（α=0.70）
	O'Reilly，Chatman，& Caldwell，（1991）	組織文化概述量表（organizational culture profile；OCP）將 54 個特徵分別讓員工及組織中的管理人員採用 Q 分類方法排序，然后求出兩串序列的 Spearman-Brown 相關係數，此系數就是衡量人-組織匹配度的指標
	Ravin&Meglino（1987）	相對重要量表（comparative emphasis scale；CES）測量四種工作價值觀：成就取向、幫助、誠實、公平，共有 48 個行為描述句組成 24 個配對，讓被試者選擇他們認為在工作中應該加強的行為以及代表租住特徵的行為，最后按照這四種價值觀被選到的次數排序並計算兩串序列的相關係數，得到人-組織匹配的指標
三維模型	Cable&Derue（2002）	Cable 和 Derue 測量了三組變量：價值觀一致性（values congruence）（α=0.92），N-S 匹配（α=0.93）和 D-A 匹配（α=0.84），每組變量有三個題項，共九個題項
	Resick 等（2007）	Resick 等認為 P-E 匹配包含了 P-O 匹配，N-S 匹配以及 D-A 匹配三組變量，分別用 5 個題項測量 P-O 匹配（α=0.94），4 個題項測量 N-S 匹配（α=0.92），4 個條目測量 D-A 匹配（α=0.72）

資料來源：本研究整理

2.2.3　人-組織匹配的結果變量

對人-組織匹配前因變量的研究主要集中在兩個方面，一個是組織對員工的招聘和選拔環節，另外一個是員工社會化過程（Chatman，1991）。而對人-

組織匹配結果變量的研究，在文獻中，個人-組織匹配已經被驗證出和員工績效（Kolenko & Aldag, 1989），組織認同（Saks & Ashforth, 1997），組織承諾（Vancouver & Schmitt, 1991），工作滿意度（Taris & Feij, 2000），壓力（French, Caplan & Harrison, 1982），缺勤率（Saks & Ashforth, 1997）參與度（Kolenko & Aldag, 1989），離職意願（Cable & Judge, 1996），離職（O'Reilly, Chatman & Caldwell, 1991）顯著相關。從國內外人-組織匹配研究的結果變量的研究來看，百分之九十的結果變量集中在工作滿意度，組織承諾以及離職意向和個人績效這四個變量的研究。另外也有少量結果變量如敬業度、壓力、創造力、組織公民行為等。

2.2.3.1 態度結果變量

（1）工作滿意度

從國外研究來看，工作滿意度是研究最多的結果變量之一。在較早的研究中，Rosman 和 Burke（1980）以男性服飾零售業的售貨員為樣本，測量受試者引以為傲的能力和工作要求是否匹配，結果發現越匹配的人滿意度越高。Kolenko 和 Aldag（1989）的研究也發現，匹配度越高的人對工作越滿意，如管理、薪酬等。Caldwell 和 O'Reilly（1990）發現工作匹配與工作滿意度正相關。Cable 和 DeRue（2002）將人-組織匹配，需求-供給匹配以及要求-能力匹配置於人-環境匹配的框架下，其研究發現，人-組織匹配與組織層面的結果變量相關，如組織認同，組織公民行為以及人員流動決策等。而需求-供給匹配則與工作相關的結果變量相關，如工作滿意度，職業生涯滿意度以及職業承諾等。Resick 等（2007）也發現人-組織匹配與工作滿意度顯著正相關。從國內研究看，趙慧娟、龍立榮（2009）的實證研究發現需求-供給匹配對工作滿意度預測效應最大，價值觀一致性匹配對工作滿意度具有一定影響，要求-能力匹配對工作滿意度沒有顯著作用。從目前研究得出的結論來看，人-組織匹配與工作滿意度一般呈現正相關的關係。

（2）組織承諾

Blau（1987）就研究了人-環境匹配對於工作捲入和組織承諾的預測作用，結果發現人-環境匹配對工作捲入具有較強的預測作用而對組織承諾卻沒有預測作用。在后續的研究中，因為對人-工作匹配採用的測量方式不同，研究中得到的結論也具有一定的差異性。但是，大部分的研究表明，人-組織匹配與組織承諾具有顯著相關性。Kristof（1996）等的研究發現，人-組織匹配和工作滿意度、組織承諾之間具有強正相關，而和離職傾向之間的相關性中等。Vancouver & Schmitt（1991）發現管理階層和教師的目標匹配度以及教師和其

他同事的目標匹配度越高，教師對組織的承諾也越高。Cable 和 Judge（1996）發現人-組織匹配與組織承諾相關，而人-工作匹配與組織承諾不相關。O'Reilly（1991）則發現價值觀的匹配與規範承諾正相關，與工具性承諾不相關。Heather Z. Lyons 等（2006）以非裔美國人為樣本發現環境匹配對滿意度和留任意圖具有較強的解釋力。Gary J. Greguras 等（2009）以 163 個全職員工和他們的管理者為樣本，收集了三個不同時期的數據，研究了環境匹配（包括人-組織匹配，人-團隊匹配和要求-能力匹配）對員工承諾和工作績效的影響，結果發現，三種匹配對工作績效均有顯著影響，但人-組織匹配對員工的情感承諾影響最大，不同類型的匹配可以預測不同的態度和行為。Corine Boon 等（2011）以 412 名員工為樣本研究了人-組織匹配在人力資源管理實踐和組織承諾，組織公民行為之間的仲介作用，發現人-組織匹配起部分仲介作用。Annelies E. M.（2011）等以臺灣 360 組員工-管理者數據位樣本，研究了人-組織匹配和人-主管匹配對組織承諾的影響，發現員工-主管匹配通過主管承諾的仲介作用影響組織承諾，而人-組織匹配直接影響組織承諾。從國內研究來看，魏鈞和張德（2006）研究證實了不同維度上的個人與組織匹配對組織承諾、組織公民行為、工作滿意度、離職意願均有顯著的預測力。王震和王萍（2009）通過對 6 家高科技公司 157 名員工的研究，發現人-組織匹配對員工的工作投入、組織公民行為和組織承諾均有顯著影響，一致性匹配對員工工作和組織方面的態度和行為都有顯著影響，要求-能力和需求-供給匹配對員工與工作相關的態度和行為有較強的預測力。這一研究與 Cable 等的研究結論較為一致。

　　（3）離職意圖

　　國內外的研究表明，人與組織匹配對員工離職意圖具有較好的預測作用。O'Reilly（1991）的研究表明價值觀是否匹配是影響員工流動的主要因素，根據價值觀匹配情況可以有效地預測兩年內員工的離職傾向。Cable 和 DeRue（2002）的研究也發現個體與組織價值觀一致性可以有效降低個體離職意願。Donald P. Moynihan（2007）研究發現人-組織價值匹配與員工的離職傾向負相關。Winfred Arthur 等（2006）的研究發現人-組織匹配與離職之間有正相關的關係，並且，人-組織匹配對離職的影響通過若干態度變量起作用，工作滿意度、組織承諾以及離職意願都在人-組織匹配與離職行為之間起部分仲介作用。Maureen L. Ambrose 等（2008）的研究發現人-組織道德匹配與高水平的員工滿意度，組織承諾以及低水平的員工離職傾向相關。Nancy Da Silva（2010）的研究發現員工對於組織戰略匹配的感知可以預測他們的組織承諾和

以及留任意圖。John P. Meyer（2010）運用奎因的競爭價值模型，運用多項式迴歸分析方法發現文化的匹配與情感承諾和留任意圖顯著正相關。Bangcheng Liu 等（2010）在中國情境下研究了公共部門 259 名員工，結果發現人-組織匹配可以很好地預測工作滿意度和離職意願，並且，工作滿意度在人-組織匹配和離職意願關係中起完全仲介作用。Corine Boon 等（2011）研究了人-工作匹配在人力資源管理實踐和員工滿意度，離職意向之間的仲介作用，發現人-工作匹配起部分仲介作用。王忠、張琳（2010）研究發現人-組織匹配對工作滿意度有顯著正向影響，對員工離職意向有顯著負向影響。

2.2.3.2 個體行為結果變量

（1）個體績效和組織公民行為

人-組織匹配對工作績效有積極預測作用（Cable & DeRue，2002；Kristof-Brown et al.，2005；Lauver & Kristof-Brown，2001）。Hoffman 和 Woehr's（2006）分析發現感知的人-組織匹配對任務績效積極相關。Gary J. Greguras 等（2009）以 163 個全職員工和他們的管理者為樣本，收集了三個不同時期的數據，研究了環境匹配（包括人-組織匹配，人-團隊匹配和要求-能力匹配）對工作績效的影響，發現三種匹配對工作績效均有顯著影響。人-組織匹配對個體績效的預測能力，目前並無定論，但是為什麼這樣一個明顯可以改善員工態度的變量在某些研究中不能帶來個體績效的提升，確實是一個值得研究的問題。但是，人-組織匹配對工作績效的影響，不同的研究者也有不同的研究結論。Winfred Arthur 等（2006）的分析發現，實際上，人-組織匹配與工作績效只是呈現一種較弱的相關關係，加入工作滿意度，組織承諾以及離職意願為仲介變量後，儘管人-組織匹配與這三個變量都顯著相關，但這三個態度變量仍然只具有部分仲介作用，人-組織匹配對工作績效的預測力是有限的。Belén Bande Vilela 等（2008）通過對西班牙公司 122 位銷售員-主管配對數據的研究，發現人-組織匹配通過工作滿意度和組織承諾兩個仲介變量影響組織公民行為，組織公民行為會影響主管對銷售員的喜愛以及對銷售員的績效評估。

（2）創造力和創新行為

從國內外的研究來看，目前只有少量的研究（Angela M. Farabee，2011；Choi，2004；Choi & Price，2005；Lipkin，1999；Livingstone，Nelson，Barr，1997；王震等，2011；楊英等，2011）對人-組織匹配與員工創造力之間的關係進行了研究。從人與組織互動的角度對員工創造性進行研究的文獻並不多，但大多數研究得出的結論是匹配會帶來員工創新行為的增多和創造力的增強，只有少數結論認為（Angela M. Farabee，2011）員工與具有內部性且控製性的

組織文化的匹配，會降低員工的創新能力。

綜上所述，可以看出對人-組織匹配的結果變量的研究呈現以下特點：第一，早期的研究多集中在對三個態度變量：工作滿意度，組織承諾以及離職意願的研究上，且結論多表明，人-組織匹配與工作滿意度，組織承諾顯著正相關，與離職意願顯著負相關。第二，近年的研究結果變量主要是行為變量，如工作績效、組織公民行為、創造力、創新行為等，在研究過程中，往往將以前的工作滿意度，組織承諾和離職意願、敬業度、工作捲入等態度變量作為仲介變量使用。第三，單純對人-組織匹配的研究減少，研究主要集中在人-組織價值匹配，人-組織道德匹配，人-主管匹配或者人-團隊匹配等更為細化的內容，或者，將其中幾種匹配視為人-環境匹配的重要內容，研究人-環境匹配與各種結果變量之間的關係，這與人-組織匹配概念界定的模糊不無關係。第四，有部分學者對人-組織匹配和人-工作匹配的調節或者仲介作用進行了研究（Min‒Ping Huang 等，2005；Huo‒Tsan Chang 等，2010；Corine Boon 等 2011）。

2.2.4 評析

人-組織匹配仍然是目前管理學研究的一個熱點問題，但是從文獻梳理來看，還存在一些明顯的問題，需要研究者進行更進一步的探索。

（1）概念和測量問題

對人-組織匹配的定義直接影響到其測量，而從目前的研究來看，對其概念的定義仍然是五花八門。有些學者直接將個人價值觀與組織文化的一致性視為人-組織匹配，而當採用價值觀一致性匹配概念時，某些研究者在研究時又特意指明是組織文化的匹配；還有某些研究者直接採用人-環境匹配概念，將人-組織匹配以及要求-能力匹配作為同層次變量。如此種種，在實證研究中，目前最常用的測量方法是組織文化與價值觀一致性匹配的一維模型和匹配的三維模型，但對人-組織匹配的定義及其測量的多樣化，仍然迫切需要有更加規範和一致的對人-組織匹配的定義和測量。

（2）在人與組織匹配的應用方面，某些研究者已經指出，根據 ASA 理論，隨著時間的增加，組織內人員同質性會越來越強，而這種同質性，對組織創新等重要結果變量會有消極作用。所以未來的研究，不但應該關注匹配對個體態度以及行為變量的益處，也應該站在組織層面，探討怎樣的匹配，才是一種較佳的匹配，既可以使員工因為匹配而提高其工作效率，也應該考慮匹配帶來的同質性問題對員工、組織創新、組織變革等的影響。

（3）對人-組織匹配前因和后果變量的探索

對人-組織匹配的前因變量探索非常少，主要集中在人力資源實踐的招聘選拔環節以及員工的社會化過程兩個方面，至於這兩者之間的長期動態作用，並沒有相關研究對其進行探索。從結果變量來看，不同的學者對人-組織匹配對員工態度變量的預測性的研究有很大一致性，但是，應該看到的是，對行為變量如工作績效，員工創造力以及組織創新等組織關心的「輸出」問題，人-組織匹配的解釋力仍然很弱。究其原因之一就是缺乏對創新及一些「優質」結果變量的中間機理的探討，這也是本書寫作的目的之一。

2.3 創造力相關研究綜述

創造力是目前備受關注的研究課題，其重要性遍及應用性遍及每一個研究領域，很多學者都曾經提出，幾乎每種工作都需要員工具有創造力（Shalley等，2000；Unsworth，2001），而且，創造力的激發已經成為日常工作的一部分（Prabhu等，2008）。

2.3.1 創造力的含義

2.3.1.1 創造力的含義

「創新力」（creativity）又被翻譯為「創造性」「創新性」「創造力」「創新」等。「creativity」一詞源自於拉丁文「Creatus」，意思是「製造或製作」或按字面解釋為「生長」（Piirto，1992，陳昭儀等譯）；《韋氏大辭典》中的解釋有「賦予存在」（to bring into existence），具有「無中生有」（make out of nothing）或「首創」（for the first time）的意思。心理學界對創造力的研究開始於1950年，當時擔任美國心理學會會長的Guilford發表其就職演說，號召對創造力進行研究，從此創造力的研究在心理學界受到重視。Rhodes（1961）分析了近50種創造力的定義，認為「創造四P」可涵蓋創新性的定義。「創造四P」是指：①創造者（person）；②歷程（process）；③產品（product）；④環境（place）。創造被看成一個涵蓋創造個體的人格特質，心理歷程，創造的產品及創造個體與環境互動的整體，創造力的研究焦點漸由個體的建構朝向其他因素方面的擴展。Sternberg和Lubart（1999）整理歸納了創新性的重要取向，認為創造力的產生依賴多種因素的整合，這些因素包括個人、環境和社會文化的因素，創造力的產生，需要個人屬性與其他各項環境因素整合而成。本研究根

據以上觀點，對創造力的定義進行了總結歸納，主要有三種觀點（Khazanchi, 2005）：第一，根據創造性個體的人格特質來定義創新性。第二，基於創造性過程來定義創造性。第三，基於產品特性和結果來定義創新性。主要定義見表 2-3。

表 2-3　　　　　　　　　　　創造力的定義

研究角度	具體定義	研究者
創造者角度	創造力是指人們特有的能力，換句話講，心理學家所要研究的問題就是創造性人格的問題	Guilford（1950）
	自我實現的創造力直接從人格中產生，做任何事情都有創新的傾向	Maslow（1959）Meadow；Parnes（1959）
	創造性人格傾向包含冒險性、挑戰性、好奇心和想像力等	Rookey（1977）
	創造力思考與右腦密切相關	Dave（1979）
	創造力是左右兩腦交互作用的結果	Garrett（1976）；Katz（1978）
過程的角度	創造過程包含準備期、醞釀期、豁朗期和驗證期	Wallas（1926）
	創造性問題解決過程：發現事實，發現問題，發現構想，發現解決方案，接受所發現的解決方案	Parnes（1967）
	創造思考是一系列過程：包括覺察問題的缺陷、知識的鴻溝，要素的遺漏，進而發現困難，尋求答案，提出假設，驗證及再驗證假設，報告結果	Torrance（1969）

表2-3(續)

研究角度	具體定義	研究者
結果角度	創造是個體產生新觀念或者產品	Guilford（1986）
	員工在工作中產生新穎的、有用的事物或想法，比如提供新的產品、服務、製造方法以及管理過程等	Amabile（1987）
	評價創造性產品的三個標準有：新穎性，解釋性，精進與整合	Beaemer&Treffinger（1980）
	創造性產品必須具有獨特性和有用性兩大特徵	Mayer（1999）
	創造力就是產生新穎的、有原創性的或是重要且有用的產品、想法或是流程	Oldham&Cummings（1996）
	認為員工創造性就是新的、有潛在價值的想法的產生，這種想法與新的產品或服務、新的生產方法、新的管理流程有關	zhou&George（2001）
整合性的觀點	從認知、理性到幻覺、非理性的連續體，應以整合性的態度加以看待	Gowen（1972）
	創造力是個體在支持的環境下結合敏感、流暢、變通、獨創、精進等特性，透過思考的過程，對事物產生分歧性的觀點，賦予事物獨特新穎的意義，使自己和別人獲得滿足。	陳龍安（1984）

資料來源：本研究整理

綜合以上對創造力的定義來看，創造力既涉及個人能力，又包括個體進行思考的過程，人格特質的行為表現，對成果的評估分析，也有學者主張創造力是整體綜合性的評估，但整體而言創造力主要強調的產生新奇而有用的想法（Shalley，Zhou，Oldham，2004）。從目前的研究來看，因為從結果角度理解創造力可以直接通過評估創新成果和創新水平來評估個體創造力，在測量上更加方便，因而大多數學者更加傾向從結果的角度來界定創造力。從結果角度來定義創造力具有兩個基本特點：第一，新穎或者獨創性（novel or original）；第二適用或者有用性（useful）（Oldham & Cummings，1996）。本研究認同從結果角度來定義創造力的觀點，認為創造力就是指新穎的、有用的想法和點子的產生和提出。

（2）創造力與創新（innovation）的區別

創造力與創新這兩個名詞的區分經常使人感到困擾，實際上，兩者之間在含義上有明顯的不同。

第一，對創造力與創新的含義的區別，Amabile（1996）在整合相關研究結果之後認為，創造力主要指個體在任一領域內，所產生的新奇而有用的概念；而創新指的是員工在組織內，將創意付諸成功的實踐和行為。west（2002）強調創造力是新想法的產生，而創新則著重應用，主要是新想法在實踐中的應用，創造力強調想出新的東西，而創新強調實施新的東西；薛靖（2006）將創新分為兩個階段，首先是新想法的產生——創造力，然後是新想法的實施——創新。由此可見，創造力的重點在於新穎的觀念或構想的產生，而創新的重點在於創造性構想的實踐。

第二，從層次上來說，創造力的產生一般發生在個人和團隊層次（有時候個人也有創新行為），但是創新大多發生在組織層次甚至行業層次（Ford, 1996；Oldham, 1996）。

2.3.2 有關創造力的主要理論

有關創造力的主要理論包括：Amabile 的創造力成分理論、Sternberg & Lubart 的投資理論、Csikszentmihalyi（1988，1996，2000）的系統理論取向、Gardner（1993）的互動論以及 Scott 和 Bruce 的個體創新行為理論，如表 2-4 所示。

表 2-4　　　　　　　　　　　創造力的主要理論

理論	學者	主要內容
創造力成分理論	Amabile（1983，1988，1996）	創造力包括「工作動機」「領域相關知識和能力」「創造力相關技能」三項要素所產生的結果。后來其修正成分模型，加入了「社會環境」成分。此模式運作的時候，共分為五個步驟：問題或者任務的確認、準備、反應產生、反應確認與溝通、結果。強調支持的社會環境會主要通過直接影響內在動機從而影響創造歷程，同時，外部動機對創造力也有一定的作用。此外，產品的創意要透過環境的襯托才能顯現出來，產品或者可以觀察的反應才是創造力的最終證明

表2-4(續)

理論	學者	主要內容
創造力系統理論	Csikszentmihalyi（1996，1999，2000）	Csikszentmihalyi 根據質性的個案訪談研究結果提出的「系統模式」（system model）。Csikszentmihalyi 認為創造力無法獨立於社會、歷史與文化之外，那是因為所謂的創造力並沒有辦法由一個人單獨完成，強調創造力的發生是「個人（person）」「領域」（domain）「學門」（field）等三個子系統交互作用的結果。「個人」從某一領域吸收資訊，並通過個人的認知歷程，人格特質和動機等，將這些資訊加以衍生轉化。「學門」是屬於某一領域的社會組織，由掌控或者影響領域的守門人（就學術界而言，期刊的編輯委員，負責審查計劃的教授們等）所組成，對於新產品和觀點進行評鑒。「領域」是創造力的必要元素，同時也是一種文化象徵的系統，通過保存和傳達創意作品流傳給下一代
創造力互動論	Gardner（1993）	依據「創造力系統理論」而提出的模式，強調「個人」「他人」「工作」三者之間互動的重要性。有創造力的「個人」是能經常性地解決問題，產生產品，或者能在某一專業領域中定義新問題的人。「他人」可能是家庭成員，同僚或者競爭對手，而「工作」是指學科領域中的相關象徵系統。同時，創造者的智能，個人特質，社會支持和領域中的機會，會影響產生創造力的專業領域
投資理論	Sternberg&Lubart（1999）	Sternberg 將創造力定義為「當一個產品很新穎（novel），恰當（appropriate）時，我們說這是一個有創意的產品。所以新穎和恰當為創意的兩個必要條件。除了新穎和恰當兩個必要條件之外，我們認為品質（quality）和重要性（importance）對創造力來說也是重要的。」他認為創造力是一種買低賣高的行為，買低就是追尋探究人們未知或是被打入冷宮卻具有成長潛力的想法，而賣高則是創意者在面對抗拒時，仍能夠堅持到底並且將其創意或作品賣高，然後向前推進再以買低的原則研究新穎或不受歡迎的觀念。他認為創造力是個人運用整合自身所擁有的六種資源，分別為：智力（綜合、分析、情境適應能力），知識思考風格（行政型、立法型、司法型、整體型、局部型），人格（自我能效、克服障礙的意志、忍受模糊、承擔風險），動機（內在動機，工作導向動機）和環境（支持、反饋）

表2-4(續)

理論	學者	主要內容
個體創新行為模型	Scott&Bruce（1994）	Scott 和 Bruce 對影響個體創新行為的因素進行了整合，提出了個體創新行為的假設模型，認為個體的創新行為是多方面因素相互作用的結果。他們提出的影響路徑有兩條，一是領導（領導成員交換、領導角色期望），工作團隊（團隊成員交換）和個體屬性（直覺型問題解決風格；系統型問題解決風格）直接影響個體的創新行為；二是領導，工作團隊以及個體屬性通過創新心理氛圍（創新支持、資源供應）影響個體創新行為。實證研究結果表明，領導—成員交換、領導角色期望和創新支持對創新行為有顯著的正向影響，系統型問題解決風格對創新行為有顯著的負向影響，團隊—成員交換、資源供應對創新行為沒有影響，創新支持在領導—成員交換和創新行為中起到了仲介作用

資料來源：根據徐靜雯[①]（2009）研究整理

2.3.3 創造力的測量

從目前的研究來看，對員工創造力的測量主要採用的以下兩個量表：Zhou 和 George 的創造力量表以及 Tierney 等（1999）的量表。Zhou 和 George（2001）在 Scott 和 Bruce（1994）的創新行為量表基礎上開發了創造力量表，包括13個條目；Tierney 等（1999）在文獻回顧和員工訪談的基礎上，開發了一個包含9個條目的6點式 Likert 量表，詳細內容如表2-5所示：

表2-5　　　　　　　　創造力的主要測量表

研究者	條目
Zhou & George（2001）（a=0.96）	經常提出新的方法來實現工作目標； 會提出新的實用的方法來改進工作績效； 尋求新的服務方式、技術或者產品創意； 會提出新方法來提高工作效率； 本人是一個很有創造力想法的人； 願意承擔風險； 會鼓勵並支持別人新的想法； 在工作中有機會就會展示自己的創造力； 會為了實現新計劃制訂的詳細的計劃和進度表； 經常會有新的、創造力的想法； 會提出創造力的解決方式來解決問題； 經常會有解決問題的新方法； 會向別人推薦採用新的方法來完成工作任務

[①] 徐靜雯. 大學生人境適配度和創造行為之相關研究 [D]. 臺北：臺灣師範大學，2009.

表2-5(續)

研究者	條目
Tierney（1999） （a=0.95）	在工作中展示原創性； 勇於冒險採用新想法做工作； 發現現存方法或設備的新用途； 解決讓別人感到困難的問題； 產生解決問題的新想法或方法； 識別新產品或工藝的新機會； 作為創造力的優秀典型； 產生對所在領域而言革命性的想法

資料來源：本研究根據 Zhou&George[①]2001 年和 Tierney[②]1999 年的研究整理

2.3.4 創造力的前因變量

2.3.4.1 個體特徵

過去五十年對創造力的研究主要集中在對個體特徵與創造力關係的研究上。與創造力相關的個體層面的變量主要包括人格特質（Eysenck，1993；1995；Feist，1998；1999；Gough，1979；Peterson & Carson，2000），認知風格（Baron & Harrington，1981；Jabri，1991；Kirton，1976），智力（Gardner，1993；Roe，1976；Sternberg & Lubart，1995；Sternberg & O'Hara，1999），經驗和知識（Amabile，1983；Bailin，1988；Hayes，1989；Kulkarni & Simon，1988；Weisberg，1986；1988；1993）

影響創造力的個人因素中人格特質占據了相當大的分量，早期對於創造力人格特質的總結主要包括自主、自信、冒險、智力、才能以及堅毅和堅持等一些特質。但人格特質很多時候是難以操控和改變的部分，因而，目前對員工創造力的研究，雖然也考慮人格特質，但往往是將人格特質與工作、組織環境進行綜合考慮來考察員工的創造力。從目前的特質研究來看，主要有兩個方面的研究值得注意：第一，單獨從個人特質層面的研究，主動性人格目前獲得了較多關注。主動性人格指個體採取主動行為影響周圍環境的一種穩定傾向性，因為工作主動性對個體和組織成功來講都是關鍵性變量（Ashford & Black 1996；Crant 2000；Kim et al. 2005），因而有一些學者開始研究主動性人格與創造力之間的關係（Tae-Yeol Kim，2009，2010），其得出的結論也基本一致，就是主動性人格與員工創造力正相關。第二，情境變量對目標取向與創造力之間關係

---

① Zhou J, George J M. When job dissatisfaction leads to creativity: Encouraging the expression of voice [J]. Academy of management journal, 2001, 44 (4): 682-696.

② Tierney P, Farmer S M, Graen G B. An examination of leadership and employee creativity: The relevance of traits and relationships [J]. Personnel psychology, 1999, 52 (3): 591-620.

影響的跨層次研究也是目前的一個研究熱點。目標取向反映的是個體在特定情境下對成就追求的目標偏好，Vande Walle（2003）將目標取向分為證明績效、學習目標和迴避績效取向三種目標取向模式。證明績效取向的個體非常關注自己的績效是否能超越他人，並且希望向他人證明自己的能力。學習目標取向的個體關注個人能力發展，喜歡接受具有挑戰性的目標，並願意通過努力工作提高自身技能和能力，在遇到困難時能夠堅持並尋找方法有效地解決問題。迴避績效取向的個體一般會關注避免較差的工作績效表現，避免暴露自己的能力不足而導致別人對自己的負面評價。Hirst 等（2009）對目標取向，團隊學習行為以及個體創造力進行了一個跨層次研究，研究發現個體學習取向與團隊學習行為存在非線性關係：團隊學習行為水平較高的團隊，當個體具備較高水平的學習取向時，學習取向和創造力之間的正相關關係會減弱。而個體的取向證明僅僅當團隊學習行為高的時候與創造力正相關。后續研究中，Hirst 等（2011）基於臺灣 95 個團隊的 330 名雇員的調查，考察了官僚情境下（集中化和形式化）目標取向和個體創造力之間的關係，發現在低集中化的組織中，學習目標導向與個體創造力強正相關，避免績效取向與創造力弱負相關。在低形式化的組織中，證明績效取向與創造力正相關。Gong 等（2009）研究了員工學習取向，變革型領導與員工創造力之間的關係后發現：員工學習取向、變革型領導與員工創造力正相關且員工創新效能感起仲介作用。王豔子、羅瑾璉（2011）發現，學習目標取向對員工創新行為產生正向影響；迴避績效取向對員工創新行為產生負向顯著影響；證明績效取向對員工創新行為產生正向顯著影響；知識共享在學習目標取向與員工創新行為關係中起部分仲介作用。

2.3.4.2　情境變量

創造力不僅受到個體特徵的影響，也受到個體所在環境的影響（Amabile, 1988; Joo, 2007; Kanter, 1988; Oldham & Cummings, 1996; Tesluk, Farr, Klein, 1997; Shalley, 1995）。Amabile（1996）認為工作環境會影響創造力的頻率和程度。Csikszentmihalyi（1996）認為，通過改變環境來增強人們的創造力比試圖激發人們創造性的思考來增加創造力更加有效。當個體被內在動機驅動的時候，他們最具有創造力（Amabile, 1988; Csikszentmihalyi, 1996）。某些時候環境因素會減弱內在動機而增強外部動機，比如吸引個體對獎賞的注意力（Collins & Amabile, 1999）。總結起來，主要有以下幾個方面：第一，工作特徵。對工作要素的研究主要集中在工作挑戰性、複雜性以及工作的自主性上（Amabile, 1988, 1996; Hackman & Oldham, 1980; Kanter, 1988; Oldham & Cummings, 1996; West & Farr, 1989; Liu & Chen, 2011）。Deci, Connell, Ryan（1989），Hackman 和 Oldham（1980）指出，具有高水平的自主性、技能

多樣性、認同感、重要性以及反饋的複雜性和挑戰性的工作，與一般簡單常規工作相比，可以帶來高水平的動機和創造力。同時，領導風格、工作團隊、人力資源管理、組織創新氛圍等變量也是常用的情境變量。

2.3.4.3 個體-環境互動與創新

（1）社會資本與創新

關係與社會網路與創新之間的關係成為一個熱點，Subramaniam 和 Youndt （2005）認為社會資本是創新的基石。有大量的研究者研究了兩者之間的關係 （Burt，2004；Cross & Cummings，2004；Fleming 等，2007；Obstfeld，2005；Rodan & Galunic，2004；Uzzi & Spiro，2005）。研究的層次既有國家、地區、城市的層次，也有組織、業務單元、項目團隊以及個體層次。其中，從目前實證文獻來看，組織層次與個體層次社會資本與創新之間的關係研究是最多的。從研究的維度上講，研究者基本根據 Nahapiet 和 Ghoshal （1998）年的劃分，將社會資本劃分為結構維度、關係維度和認知維度。從社會資本與創造力和創新行為的關係來看，結構維度與創新之間的研究是最多的。結構維度的研究主要集中在自我網路規模、結構洞、結點強度以及中心性上。見表 2-6 所示：

表 2-6　　　　　　社會資本與創新研究結論總結

社會資本	要素	對創造力的影響	調節變量
結構維度	網路規模	正相關	智力資本 成本
	結構洞	與觀點提出正相關； 與協調和觀念實施負相關。	智力資本 （知識/背景的異質性） 創新任務的本質 成本
	關係強度	正相關	內部/外部關係 智力資本 （知識/背景的異質性） 成本
	中心性	與外部網路交互作用	內部/外部關係 創新的類型
關係維度	信任	正相關	信任的類型
	規則	正相關	創新的階段
認知維度	共享願景	當不存在其它社會資本變量的時候正相關	

資料來源：根據 Zheng W（2008）整理[①]

---

① Zheng W. A social capital perspective of innovation from individuals to nations: Where is empirical literature directing us? [J]. International journal of management reviews, 2008, 12 (2): 151-183.

（2）人-組織匹配與創造力

從目前的研究來看，人-組織互動通過員工的心理狀態變量影響員工創造力是一個缺乏研究卻重要的方向。這方面的前因變量主要有人-組織匹配和社會資本，人-組織匹配與員工創造力之間的關係研究在第三章有詳細的論述。

2.3.4.4 個體心理狀態變量

（1）動機

①內在動機

動機，尤其是內在動機，是研究個體創造力的一個重要變量。研究環境變量對個體創造力的影響，主要是通過環境變量對個體內在動機、情感狀態等心理狀態變量的影響來實現的（Amabile，1996；Shalley 等，2004）。

Amabile 等（1994，1996）已經證明內在動機有益於創造力。Amabile 和 Gryskiewicz（1987）發現，內在動機是大多數從事研發的研究人員產生創新的最重要的原因，這種動機是受問題挑戰性的吸引而激發的「個人激情」而不是靠財富、贊譽或其他的外部激勵所激起，與員工的個人的價值觀有著直接的聯繫。而外部動機則往往被認為對創新有阻礙作用。研究者主要識別了三種內在動機帶來創新的心理機制。第一，情感理論學者認為，當員工受到內部驅動的時候，他們會體驗積極情感（Silvia，2008），積極情感通過拓寬認知信息範圍和對更廣範圍觀點的吸收，以及通過區別觀點和關係鼓勵認知靈活性，從而提升員工的創造力（Amabile 等，2005；Fredrickson，1998）。第二，自我決定論認為，當員工受到內在動機激勵的時候，他們的學習好奇心和興趣會增強他們的認知靈活性，承擔風險的意願以及對複雜性的開放態度，刺激他們提出新觀點及解決問題的方法（Gagne' & Deci，2005；see also Amabile，1979，1996）。第三，不管是情感理論學家還是自我決定論都認為，內在動機可以通過促進員工對工作的堅持從而提升其創造力，內在動機可以促使員工在工作上花費更多的時間、精力和持續的努力（Fredrickson，1998），也能促使員工堅持具有挑戰性、複雜性以及不熟悉的工作任務（Gagne' & Deci，2005）。

從實證研究來看，將內在動機作為情境變量與員工創造力和創新行為的研究非常之多，大部分的研究者得到的結論是當參與者經歷高水平的內在動機的時候，他們的產品會被認為更富有創造性（Amabile，1979；Koestner, Ryan, Bernieri & Holt，1984；Shin & Zhou，2003；Zhang，2010）。然而，仍然有些研究顯示這兩者之間的關係呈現弱的，複雜的甚至是不相關的狀態（Amabile，1985；Amabile 等，1986；Eisenberger & Aselage，2009；Shalley & Perry-Smith，2001）。

从理论推理上讲，内在动机应该可以带来员工创造力，而从实证研究来看却不尽然，因此，研究者尝试在这两者之间加入调节变量进行进一步研究，如 Grand 和 Berry（2011）研究了内在动机和创造力之间的关系，在这两者关系中引入了一个调节变量换位思考（perspective taking），换位思考由员工的亲社会动机（prosocial motivation）引起，它可以鼓励员工提出新的有用的观点。研究发现，亲社会动机加强了内在动机和创造力排名之间的关系，而换位思考在亲社会动机对内在动机和创造力关系的调节作用中起到了仲介作用。另一方面，其他研究者也在尝试采取不同的心理和情感变量作为仲介变量来研究情境变量与创造力之间的关系。

②和谐型工作激情

工作激情是近几年才兴起的一个研究领域，Vallerand 将工作激情根据内化方式的不同分为和谐型工作激情与强迫型工作激情。对和谐型工作激情与员工创造力之间的研究开始被很多研究者重视。

对其他相近概念与创造力关系的研究，还有如对工作投入（work engagement），Zhang 和 Bartol（2010a）的研究发现，员工对创造性过程的投入，对员工创造力的提升有重要作用；在另外一个研究中，Zhang 和 Bartol（2010b）发现，员工对创造性过程的投入，与员工的整体绩效呈倒「U」型的关系，而创新绩效在员工创造力过程投入和整体绩效关系中起部分仲介作用。

心流也是近些年来兴起的情感状态变量，高铭志（2010）的研究发现，个人进入心流的状态会正向影响创造力的表现程度。蔡静芬（2010）研究了工作资源，团队心流和团队创造力之间的关系，发现团队进入心流的程度会对团队创造力的表现产生正向影响。王梓涵（2008）研究了工作资源要求模式对员工创造力的影响，也是以创造性心流经验为仲介变量，结果发现创造力心流经验影响员工创造力，而工作要求和工作资源通过创造力心流的间接效果影响员工的创造力。

（2）个体认知

个体对自我创新能力的认知以及对组织支持创新的环境认知会影响他们的创造力。个体认知对个体创造力的产生是一个有重要影响的变量。个体认知变量对创造力和创新行为的影响目前主要有四个变量：创新自我效能感、创新角色认同、组织认同以及组织支持感。

①创新自我效能感

创新自我效能感指的是个人感觉到自己有能力产出创造力的成果（Tierney & Farmer，2002）。以前的研究结果表明，创新自我效能感既与员工创造力绩

效相聯繫（Choi，2004；Gong et al.，2009；Jaussi et al.，2007；Shin & Zhou，2007；Tierney & Farmer，2002，2004，2011），同時也與員工創造性的工作捲入相聯繫（Carmeli & Schaubroeck，2007）。研究表明，創新自我效能感通常還作為不同個體和情境要素以及員工創造力績效之間的仲介變量（Liao 等，2010；Gong et al.，2009；Shin & Zhou，2007）。Tierney 等（2011）還提出，增強員工的創新角色認同和創新期望感知可以增強員工的創新自我效能感，創新自我效能感的增強會帶來創造力績效的提升。創新自我效能感在目前的研究中，是經常被用到的一個仲介變量。同時，目前因為團隊創造力研究的興起，也經常使用「集體效能感」作為情境變量與團體創造力的仲介變量。如 Zhang，Tsui 等（2011）研究發現「集體效能感」在變革型領導、權威型領導和團隊創造力之間起仲介作用。

②創新角色認同和組織認同

角色認同是指個體認同外界社會的角色期望，能夠自願自主地按角色期望的要求行事。Farmer 等（2003）研究了創新角色認同與員工創造力之間的關係，發現創新角色認同可以在一定程度上預測員工創新績效。還有部分學者研究了領導、團隊、組織以及社會認同與員工創造力之間的關係。Kark 等（2003）的研究發現，社會認同在變革型領導和自我效能感以及集體效能感的關係中起仲介作用。而諸多研究表明，自我效能感和集體效能感與個體或者團隊的創造力密切相關（Gong et al.，2009，Zhang 等，2011）。Hirst 等（2009）發現團隊認同可以激發員工的創造力，從而帶來創造力績效。Cohen–Meitar（2009）的研究表明，組織認同和積極心理體驗在工作意義與員工創造力之間起到仲介作用。還有一些學者將創新角色認同等認同變量作為調節變量使用。Wang 和 Cheng（2010）的研究發現創新角色認同調節仁慈型領導與員工創造力之間的關係。Wang 和 Rode（2010）研究了變革型領導與員工創造力之間的關係，發現其直接關係不顯著，同時引入了創新氛圍，對領導的認同以及創新氛圍與領導認同的交互作用作為調節變量。結果發現，變革型領導、創新氛圍與領導認同三方交互影響與員工創造力相關。

③組織支持感和主管支持感

許多研究者認為支持性的組織環境可以鼓勵員工的創造力績效（Shalley et al.，2004）。組織創新支持感指的是員工對於組織激勵、尊重、獎勵、認可創造力的程度的感知（Scott & Bruce，1994；Zhou & George，2001）。組織對創新的支持感有時候也被叫做「創造力氛圍」（Scott & Bruce，1994），是員工創新績效的直接前因變量（Zhou & George，2001）。組織支持感可以加強員工的內

在動機使之參與創造力行為，提出新的觀點。同時，組織支持感還可以影響員工承諾（Masterson et al.，2000）以及工作捲入和工作認同（Cropanzano，Howes，Grandey 和 Toth，1997），這些都能導致員工在工作中更有主人翁精神（Siegel & Kaemmerer，1978）。同時，組織支持感還與工作相關的積極情感密切相關（Rhoades & Eisenberger，2002），具有主人翁精神並且能從工作中感到樂趣的人很可能體驗更高水平的內在動機，花費更多的時間和精力參與創造力行為（Amabile，1996；Oldham & Cummings，1996）。Khazanchi 和 Masterson（2011）的研究發現組織支持感與新觀點的宣傳推廣，尤其是向上推廣正相關。De Stobbeleir 等（2011）的研究發現組織創新支持感與創新績效正相關。George 和 Zhou（2007）採用石油服務公司的數據，發現當主管為創造力提供支持性環境的時候，當積極情感高時，消極情感與創造力之間有強正相關關係；在主管支持的環境下，當積極情感和消極情感都高時，員工的創造力最強。同時，研究提供了三種可以替換的主管支持性環境：提供發展性反饋、展現內部公平、信任。這個研究表明，在主管支持性環境下，不管積極情緒還是消極情緒，都對創造力有積極作用，這說明，支持創造力的組織環境是一個非常重要的情境變量。

（3）工作情感

工作情感（workplace affect）是一個寬泛的概念，它包括人們在工作中的各種情緒（emotion）體驗與心境（mood）狀況（James 等，2004）。積極情感（positive affect）與消極情感（negative affeet）是研究者對情感劃分的兩個主要維度，每一維度下又包括多種具體的情緒與心境（Diener & Emmons，1984）。

在對創造力預測變量的研究中，情感狀態是其中研究非常廣泛的預測變量之一（Isen & Baron，1991；Mumford，2003）。情感狀態通常會作為情境變量和人格特質變量與創造力關係的仲介狀態變量（George & Zhou，2002；Carnevale & Probst，1998；Madjar & Oldham，2002）。但是目前為止，積極情感和消極情感與創造力之間的關係仍然存在爭議。一方面，已經有大量的研究證實了積極情感可以促進員工創造力（Forgas，2000；Hirt，1999；Isen，Daubman，Nowicki，1987）；另一方面，某些研究得到的結論卻發現，積極情感會阻礙創造力而消極情感卻會提升創造力（George & Zhou，2002；Kaufmann & Vosburg，2002）。Kaufmann（2003）認為，研究者應該採取權變觀點來看待這個問題：情境特徵和條件很可能是情感-創造力之間的調節變量。

2.3.5 評析

目前對創造力的研究仍然是研究的熱點之一，對員工創造力的研究，研究

者主要從個體特徵、工作特徵、工作環境以及人與環境的互動，以及相關因素的交互影響等方面入手，員工的心理狀態變量的仲介作用導致員工創造力的產生。研究的重點，也從以前的個體、工作特徵為主擴展到以環境和人與環境的互動對員工創造力的影響為主。而對仲介變量的選取如工作動機和個體心理狀態變量一直是研究的熱點和重點。

2.4　和諧型工作激情相關研究綜述

　　Richard Boyatzis（2002）在《重新喚起你的工作激情》中指出：一個優秀的員工，最重要的素質不是能力，而是對工作的激情。2004年10月商業周刊調查全球200位大企業領導人，排名第一的特質就是激情。工作激情歷來被認為與積極產出有密切關係（Anderson，1995；Boyatzis 等，2002；Bruch & Ghoshal，2003；Chang，2000；Gubman，2004；Klapmeier，2007），一些研究者認為，對企業成長（Baum & Locke，2004；Baum 等，1998；Baum 等，2001），幸福感（Marc－André，2011；Burke & Fiskenbaum，2009），創業成功（Cardon，2008；Cardon 等，2009；Cardon 等，2005），創新（Bennis，2004；Liu& Chen，2011；蔡玉華，2009；陳芳倩，2005），績效（Joan，2011；遊茹琴，2008；Perttula，2004），個人職業成功（Hill，2002；Marques，2007；Neumann，2006）來說，工作激情都是一個積極要素。從國內研究來看，我們能看到各種報刊雜誌和勵志書籍中關於如何激發員工工作激情的結論多如牛毛，然而，令人驚訝的是，對於「工作激情」這個重要的主題，卻鮮有相關實證研究。這充分顯示出，「工作激情」目前仍然是一個重要而沒有被充分重視的研究主題。

2.4.1　激情的含義

　　「激情」（passion）是一個抽象的名詞，根據英文對「激情」的解釋，包括情緒與宗教方面。情緒方面，代表強烈、熱烈的情感；宗教方面，在拉丁文的原意裡，有精神或者身體痛苦的意思（形容耶穌受苦受難）（Vallerand & Houlfort，2003）。從這兩方面來瞭解激情，包含有正負兩方面的含義，人們經常使用的，偏重於正面的含義：強烈的喜愛、渴望追求的意思。有關激情的總結和表述，如表2-7所示。

表 2-7　　　　　　　　　　　激情的含義

學者	年代	含義
Marsh & Collet	1987	激情是一種驅動力
Frijda et a.	1991	個體感覺重要並將其排在最先目標，會花大量時間去達到他們熱烈追求的目的
Mc Donald	2000	早上起床後，想馬上投入某件事情的那股力量
Smith	2000	信念、自信、專注、熱忱、堅定果斷等意念的組成
Chang	2001	激情是一種權利也是一種組織可以好好利用的競爭優勢
Anderson	2004	是強烈的情感；是想把一件事情做好，是讓自己感到活力充沛，蓄勢待發
鄭伯壎	2004	激情是一種完不成不舒服的情緒，是一種一定要達成目標的堅持，是每個人一生的資產
鄭呈皇	2004	是一種正面思考的生命信仰
Rich	2004	激情是全身心投入的自然延伸
殷文	2005	激情是維持自律以求實現願景的能力；激情來自於心靈，表現在樂觀、振奮、情感聯繫和決心上
Vallerand	2008	激情是個人對於某個自己喜歡的，認為其重要的活動，投注大量時間和精力的強烈心理傾向
Zigarmi	2011	來源於對工作和組織情境重複發生的認知和情感評估導致的一致性的、建設性的工作意願和行為，是個體持久的、情緒積極的、基於意義的一種幸福感狀態

資料來源：根據陳芳倩[①]（2005）資料整理

2.4.2　和諧型工作激情的含義來源及理論基礎

工作激情本身不是一個新概念，然而，在實證研究領域，卻是一個研究甚少的概念，對工作激情的探討主要集中在報刊雜誌或者中，學術期刊中對激情的研究非常少。文獻中對工作激情含義的研究主要來自於三個方面：

（1）Vallerand（2003，2008）基於「自我決定論」，在「活動激情」基礎上定義的「工作激情」。

Vallerand 及其團隊是對「活動激情」進行系統研究的開拓者。

---

① 陳芳倩. 員工工作熱情之研究——以金融業為例 [D]. 臺灣「中山大學」，2005.

Vallerand 等（2003）認為，人們在從事某種活動時，能夠透過這些活動來定義自我，而這些活動就是個人認同（self-identify）的核心項目。根據 Deci&Ryan（2000）的自我決定論（self-determination），上述情形的發生是因為人們都有從簡單個體朝向更具複雜意義的高階個體發展的意圖，是通過人內化外在環境元素並與自我元素互動的過程完成的，從而使人更加複雜和更加具有自我意義（Vallerand 等，2003）。按照自我決定論的觀點，每個人都有向個體之外的社會組織發展的基本趨勢，並會參加各種活動來滿足人的三種基本需求：自主感、勝任感和歸屬感，因此，Vallerand 等（2003，2008）依據自我決定論，認為人必然會有自己所鍾愛的活動，並將個體對這種活動的感情稱為「活動激情」，並定義為：活動激情是個人對於某個自己喜歡的，認為重要的活動，投注大量時間和精力的強烈心理傾向。例如，一個喜歡打籃球的人，覺得打籃球對自己很重要、很有價值，而且花了很多時間和精力在練習上面，則他對打籃球有較高的激情。

同時，Vallerand 等（2003），Vallerand & Miquelon（2007）強調，對某個活動激情的發展過程，必須經歷以下四個階段：①活動選擇（activity selection），②個人興趣與價值認同（personal valuation of the interesting activity），③內化認定（internalization in identity），④激情（passion）。

Vallerand（2003）認為，對活動的激情會成為個人自我認同中的重要部分。然而，個人內化活動的自我認同中的過程不同，決定了不同的認同方式，認同方式的不同，帶來了兩種不同的激情：和諧型激情（harmonious passion；HP）和強迫型激情（obsessive passion；OP）。Vallerand（2003）定義的和諧型激情來自於自主性的內化過程（autonmous internalization）。自主性的內化發生於當個人自主地接受某項活動是重要的，而不是因為活動與某些伴隨的事物有關，這種內化性的形式會產生一種動機力量，引導個人有意願地、有自由意志地去從事某項活動。對活動具有和諧型激情的人，不會覺得自己是被迫從事某項活動而是去從事自己選擇的，自己掌控的喜愛的活動，該活動在個人的認同中佔有顯著但不會過度強勢（overpowering）的地位，所以該活動與個人生活中其他的部分和諧共存。強迫型激情則來自於控製性的內化過程（controlled internalization）。控製性的內化發生於個人從事某項活動，是因為感受到個體內外的壓力（如自尊、社會接受度等），或者是活動與某些伴隨的事物有關（如減肥、保持健康）。雖然個人也是喜愛該項活動，但因為這些內外在壓力形成一種內在動力，迫使個人去從事該項活動，使得個人覺得自己是不得不從事該項活動的，仿佛個人被這項活動所控制一樣。具有強迫性激情的人，無法

想像自己的生活沒有該項活動，由於參與該活動已經不是個人可以控製的，該活動最后將在個人的認同中佔有不成比例的強勢部分，並且與個人生活的其他部分發生衝突。

Vallerand 等（Vallerand et al., 2003；Vallerand et al., 2006；Vallerand & Miquelon, 2007；Vallerand et al., 2007）對激情概念的研究，都是把和諧型激情和強迫型激情分開來分別和某些心理或者行為變量進行研究。他們發現兩種激情並非互斥的，而是兩條相關的連續線，彼此間有正相關的關係（r=0.46；Vallerand et al., 2003）。根據上述研究，本研究整理出圖 2-8 所示。

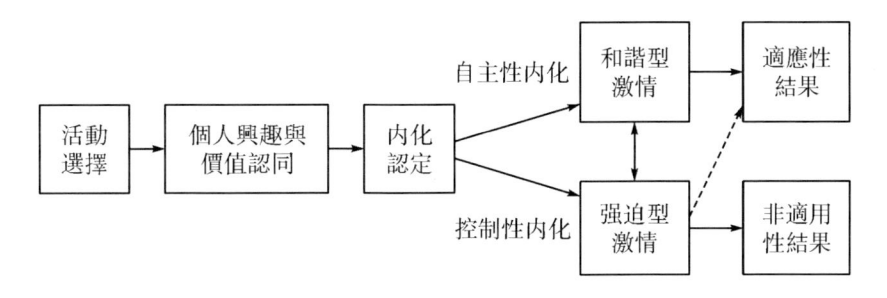

圖 2-8　激情二元模型形成步驟圖
資料來源：本研究結合 Vallerand[1],[2] 等（2003，2007）研究整理

Vallerand, R. J. 和 Houlfort, N.（2003）在一個包含 300 名員工（管理者、教授、技術人員等）為樣本的探索性研究中，第一次將激情的二元模型應用於工作場所，並發現「一系列研究結果證明，激情的概念可以應用到工作場所，第一個有趣的發現就是激情量表應用到工作領域在所有的研究中都是有效的，可靠的（克朗巴哈系數從 0.70-0.85）」。同時，在該書中，Vallerand 提出了專門針對組織的「工作激情量表」。工作激情是指個人喜歡自己的工作，認為其重要，並願意投註大量時間和精力的強烈心理傾向。和諧型工作激情是指個人自主地，有自由意志地喜歡自己的工作，認為其重要，並願意投註大量時間和精力的強烈心理傾向。

（2）Zigarmi 等（2009，2011）依據社會認知理論，在「敬業度」（engagement）基礎上定義的「工作激情」。

---

[1] Vallerand R J, Blanchard C, Mageau G A, et al. Les passions de l'ame: on obsessive and harmonious passion [J]. Journal of personality and social psychology, 2003, 85 (4): 756.

[2] Vallerand, R J, Miquelon, P. Passion for sport in athletes [J]. Social psychology in sport, 2007: 249-263.

Zigarmi 等（2009，2011）認為，目前獲得極大關注的「敬業度」（engagement）研究，不管是在含義、測量，還是在理論與實踐的對接上，都存在很大問題。於是，他們開始嘗試提出一個新的名詞「工作激情」來對現有關於「敬業度」的研究，尤其是理論和實踐研究的對接進行整合，並基於現有關於「敬業度」的文獻和社會認知理論構建了一個「工作激情模型」。之後，Zigarmi 又對其中的主要變量進行了操作性定義和測量，該理論模型得到了實證支持。

　　第一，從「敬業度」到「工作激情」。

　　Drea Zigarmi et al.（2009，2011）從現有「敬業度」文獻入手，發現目前對「敬業度」研究的局限性主要存在於三個方面：①對「敬業度」的定義研究的差異（Bakker, Schaufeli 等, 2008；Little & Little, 2006；Macey & Schneider, 2008；Shuck & Wollard, 2010），結構研究的模糊性（Hallberg & Schaufeli, 2006；Harrison 等, 2006；Macey & Schneider, 2008；Newman & Harrison, 2008；Saks, 2008；Wefald & Downey, 2009），以及由此導致的測量的差異性（Harter, Schmidt, & Hayes, 2002，蓋洛普工作場所調查［GWA］；Maslach & Leiter, 2008，工作倦怠量表［MBI］；Schaufeli, Bakker, Salanova, 2006，敬業度量表［UWES］），都給繼續研究帶來了極大的困難。②現有文獻幾乎沒有對「敬業度」的心理過程進行解釋（Bagozzi & Yi, 1989；Gotlieb, Grewal, & Brown, 1994；Jaussi, 2007；Judge, Thoresen, Bono, Patton, 2001），也沒有解釋這些結構如何形成於個體之內，並進而影響或者阻礙組織持續性系統性變革的發展。③根據以往的「敬業度」文獻，很多研究者只單獨考慮員工經驗的工作特徵或者組織特徵，而不是將兩者結合起來考慮，一些研究者已經開始發現將員工工作觀念與組織觀念割裂開來進行研究是不明智的（Chalofsky & Krishna, 2009；Cooper－Hakim & Viswesvaran, 2005；James & James, 1989；James & Jones, 1980；Saks, 2008；Swailes, 2002）。

　　由於認識到這些問題的存在，Zigarmi（2009）基於一個由工作情感、工作認知、工作意願構成的理論模型，開發了一個他們將之命名為「員工工作激情」（employee work passion）的操作性定義。他們使用名詞「員工工作激情」提出了一系列明確的結構和關係，用來區分由「工作敬業度」帶來的冗餘、困惑和誤解。基於社會認知理論，他們的定義和模型界定了與員工工作激情相關的結構、前因和結果變量，並且為實踐者如何改變員工態度，激發員工工作激情提供了建議。並且，Zigarmi & Nimon（2011）為該模型提供了實證支持。其理論模型如圖 2-9 所示。

　　第二，Zigarmi 等（2009，2011）定義的工作激情。

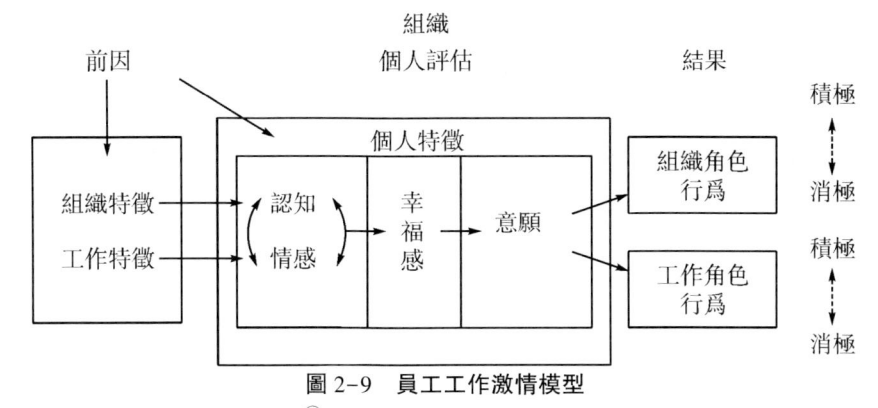

```
         前因            組織
                      個人評估           結果
                                                    積極
              ┌─────個人特徵─────┐                    ↕
              │                      │   ┌─────┐   消極
  ┌──────┐   │  ┌──┐ 幸 ┌──┐   │   │組織角色│
  │組織特徵│→ │  │認知│ 福 │意願│→ │   │ 行為 │
  │工作特徵│→ │  │情感│ 感 │    │   └─────┘    積極
  └──────┘   │  └──┘    └──┘   │   ┌─────┐    ↕
              │                      │→  │工作角色│
              │                      │   │ 行為 │   消極
              └──────────────────┘   └─────┘
```

圖 2-9　員工工作激情模型

資料來源：根據 Zigarmi[①] 2011 的研究整理

註：Drea Zigarmi et al.（2009，2011）在其研究中明確指出，他所提出的工作激情與 Vallerand（2003）提出的和諧型工作激情本質上是相似的，他們都認為對工作及其組織環境的認知和情感評估會導致積極的意願和行為。

Zigarmi 等（2009，2011）將工作激情定義為：來源於對工作和組織情境重複發生的認知和情感評估導致的一致性的，建設性的工作意願和行為，是個體持久的，情緒積極的，基於意義的一種幸福感狀態。員工工作激情模型與傳統的敬業度模型相比，對診斷和改進組織具有三大優勢：第一，員工激情模型既考慮了組織要素又考慮了工作要素；第二，員工激情模型整合了自我定義活動；第三，員工激情模型有社會認知理論的支持。

從上述研究可以看出，實際上，Zigarmi 等（2009，2011）提出的工作激情與 Vallerand（2003）提出的和諧型工作激情本質上是很相似的，他們都認為認知和情感評估會導致積極的意圖和行為。

（3）質化研究與量化研究相結合，在經驗總結中得出的「工作激情」的定義。

雖然「工作激情」是一個有趣的話題，但是，對工作激情的實證研究，除了 Vallerand（2003）依據活動激情定義出「工作激情」之外，實際上，在 Zigarmi 等（2009，2011）依據「敬業度」提出「工作激情」之前，並沒有別的其他有影響力的概念提出。因此，很多研究者在研究「工作激情」這個主題時，會研究「什麼是工作激情」，「哪些因素會影響工作激情」，「工作激情會帶來哪些行為表現」等問題。臺灣一些學者結合質化研究，根據訪談資料對以上問題來進行回答並加以理論概括（陳芳倩，2005；黃心怡，2005；遊茹

───────────────

[①] Zigarmi D, Nimon K, Houson D, et al. A preliminary field test of an employee work passion model [J]. Human resource development quarterly, 2011, 22（2）: 198.

琴，2008；趙勁築，2009；李蕙秀，2010）。陳芳倩（2005）將工作激情定義為，用來判斷個人是否能夠專心並持續地投入職場工作的重要特質。黃心怡（2005）認為，激情是卓越的關鍵也是成功的重要因素。遊茹琴（2008）則認為工作激情指工作對人們來說是重要的、有意義的事，使得工作成為一種樂趣，他們願意在工作上付出精力與時間，並展現其對於工作之活力、奉獻以及專注的態度，進而對工作全力以赴。其餘兩位研究雖然能看到其研究的主要內容，但是由於其研究內容未公開，故無法得知其具體看法。實際上，遊茹琴（2008）對「工作激情」的定義其主要內核還是「敬業度」的內容。

同時，國外的研究中，Boverie 和 Kroth（2001）認為工作激情包含了兩種元素：工作的樂趣和工作的意義。Tucker（2002）認為當人們對工作產生激情與喜愛時，工作對他們來說就變成了一種獨特的召喚，成為生命中的使命。Gubman（2004）提出工作激情方程式：激情＝適才適所的工作×正面的工作環境×員工的自我激勵。Perttula（2004）在其博士論文中也採用質化與量化研究相結合的方式，提出了一個工作激情方程式：工作激情＝［（有意義的聯繫×內部驅動力）×（快樂×活力）］＋工作專注，他認為可以用這個方程來計算工作激情指數，並將工作激情定義為「由強烈的積極情緒喚起的，內部驅動的，全身心投入個體認為有意義的工作活動的一種心理狀態」。Gulman 和 Robert（2005）在創造 E 員工文中提出，E 指的是卓越（exceptional），而 E 員工對工作有激情，使得他們在工作上能夠超越服務界限，他們不把職務視為工作，只要能夠對公司有貢獻，他們會全力以赴。這些員工的特色是：願意冒險，提出建議，熱心支援他人等。

由上述對「工作激情」的綜述可以看出，目前國外學者在研究「工作激情」這個主題時，大部分採用的是 Vllerand（2003）的定義（Geneviève L. Lavigne et al.，2011，Violet T. Hoet al.，2011，Liu & Chen，2011，Jacques Forest et al.，2011），Zigarmi 等（2009，2011）的定義來源於「敬業度」，其量表雖然經過了信度和效度的檢驗，但因為「工作激情」本身是個新事物，該概念也剛剛提出，引起后續研究者的關注可能還需要一定的時間。而其他研究者雖然也得出了一些結論，卻也沒有引起其他研究者的注意。總之，在「工作激情」含義的界定方面，還需要各位研究者的進一步努力。

2.4.3　和諧型工作激情的測量

2.4.3.1　Vallerand 對工作激情的測量

（1）Vallerand（2003）的二元激情模型。

Vallerand 等（2003）通過研究加拿大大學生喜愛的活動，編制了一個包

含和諧型激情和強迫型激情的二元激情初始問卷。Vallerand 將受調查者分成兩組，第一組進行了二因子探索性因素分析，挑選出 14 個因素負荷量較高及無重複因素負荷的題項。第二組則針對這 14 題進行了第二次探索性因素分析。結果發現了兩組各 7 題的獨立因素，證明了 Vallerand 對二元激情模型的假設。同時，通過對 235 位受調查者的實證研究，發現信度方面，強迫型激情分量表的 Cronbach's α 為 0.89，和諧型激情分量表為 0.79，這表明激情量表具有良好信度。研究同時還發現和諧型激情與強迫型激情存在正相關的問題，但是研究者並沒有解釋這個問題產生的可能原因。

Vallerand, R. J. 和 Houlfort, N.（2003）根據「活動激情」在工作場所的適用性，有針對性地提出了同樣包含 14 個題項的「工作激情」量表，但明確指出，該量表經由法文翻譯而來，故採用英文時，對信效度並沒有進行過檢驗。但後續的研究者在進行「工作激情」的研究中很多都採用了該量表，並發現該量表具有良好的信度和效度（Geneviève L. Lavigne et al., 2011；Violet T. Hoet al., 2011；Liu and Chen, 2011；Jacques Forest et al., 2011）。目前，Vallerand 等（2003）開發的量表，是在研究工作激情中使用最為廣泛的量表。

（2）臺灣學者對 Vallerand 量表的本土化和修正。

李炯煌等（2007）的研究將 Vallerand 等的量表翻譯成中文，並且以高中甲級校隊選手作為重測對象，驗證其整體適配度、信度與效度。研究結果表明，激情量表確實包含 Vallerand 所提出的和諧型激情和強迫型激情兩個方面。並且，中文激情量表與 Vallerand 的激情理論模式也具有可接受的整體適配度，中文版的激情量表是可供使用的良好工具。同時，李炯煌（2007）在研究中發現，和諧型激情和強迫型激情兩種激情相關度達到 0.75，這說明，一個人對於活動的激情不能簡單地區分為和諧型和強迫型，而應該是兩者的組合與分類。但是李炯煌等（2007）翻譯的中文版活動激情量表在測量方式、根本對象與題項的內容語義方面，與 Vallerand 等（2003）的活動激情量表有所出入，因為其填寫量表的基本對象不同，Vallerand 是要求一般學生填寫問卷，而李炯煌要求的是具有運動專長的學生來填寫問卷，其問項也改成了專門針對運動專長學生的問項。

李濟仲（2007）參考 Vallerand（2003），李炯煌（2007）的量表重新編制了一組 11 個題項的活動激情量表。同時，李濟仲認為，Vallerand 等（2003, 2006）在研究中直接採用比較兩種激情得分高低的方法來判斷選手的激情類型是不可取的。他認為，鑒於已有研究中和諧型和強迫型激情兩者類型的平均得分均非常穩定，應該以兩種激情的平均分數的得分來作為區分，由此得到四種

不同的激情分數組合。同時，李濟仲認為，由於兩種激情的來源方式不同，不可能有由高度控制性和高度自主性同時內化成的「雙高」激情，因此同時都高的情況應該是不存在的。根據李濟仲的思路，本研究整理出圖2-10。

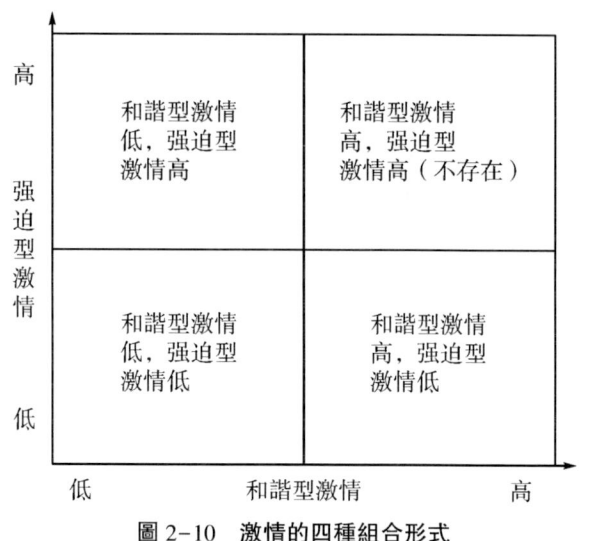

```
高 ┌─────────────┬─────────────┐
   │ 和諧型激情   │ 和諧型激情   │
強 │ 低，強迫型   │ 高，強迫型   │
迫 │ 激情高       │ 激情高（不存在）│
型 ├─────────────┼─────────────┤
激 │ 和諧型激情   │ 和諧型激情   │
情 │ 低，強迫型   │ 高，強迫型   │
   │ 激情低       │ 激情低       │
低 └─────────────┴─────────────┘
   低      和諧型激情      高
```

圖2-10　激情的四種組合形式

資料來源：本研究整理

綜上所述，可見，Vallerand（2003）開發的「活動激情」以及在此基礎上形成的「工作激情」量表，在國外情境中均具有良好的信度和效度，其使用十分廣泛。但是目前，極少數的臺灣學者將「活動激情」量表翻譯成中文後，在Vallerand（2003）的基礎上進行了修訂並進行實證研究，均發現其具有良好的信度和效度。

2.4.3.2　Zigarmi等對工作激情的測量

Zigarmi等（2009，2011）將工作激情定義為可以導致積極工作意願和行為的幸福感狀態，據圖2-5所示。一個員工要對其工作變得具有激情，會經歷一個心理評估過程，因此，員工工作激情建模必須包含有構成個體評估過程的潛在結構變量。如果僅僅只是測量員工的幸福感或者工作意願，那麼評估過程就會顯得不完整。Zigarmi等的模型解釋了員工變得對工作富有激情的內部過程，通過使用社會認知評估模型，潛在要素如認知觀念，情感推理，幸福感狀態和由此產生的意圖可以被用來解釋員工工作激情的形成。該模型不但指出了組成工作激情的主要要素，而且闡述了要素之間的關係，員工激情的形成過程。之後，Zigarmi等（2011）以447名雇員為樣本對工作激情的四維度過程

模型進行了測試，數據在公司工作環境下檢測了模型關於工作情感、工作認知、工作幸福感和工作意願的四維度假設。

（1）工作認知。

工作認知指通過被評估的工作經驗的交互作用形成的心理描述和評估累積（Lord & Kernan，1987；Markus，1977；Wofford et al.，1998）。在 Zigarmi 等（2011）的研究中，對工作認知的測量採用的是工作認知量表（WCI；Nimon，等，2011）。Nimon 等（2011）為 WCI 量表的結構效度提供了支持，包括收斂效度和區分效度。WCI 包含了涉及工作經驗的八個維度，三個維度集中於工作經驗的看法（自主性，反饋和有意義的工作），三個集中於到組織經驗的看法（公平，成長和合作），另外兩個集中於組織和工作經驗（與同事的聯繫以及與領導者的聯繫）。

（2）工作情感

工作情感，指產生於認知結論產生的過程之中或之后，涉及個體對於幸福感的工作經驗的重要性的持續的感情推理（James & James；Lazarus & Folkman，1984；Siemer & Reisenzein，2007）。工作情感測量使用的是積極和消極情感量表（PANAS；Watson 等，1988），該量表在測量強烈情緒狀態時被認為具有強大的結構效度和信度（Watson et al.，1988）。它注重的是「狀態」而非「特徵」的測量。該量表有 10 個條目構成，採用李克特 5 點量表形式，調查者被要求描述他們在工作感受到的 10 種情緒狀態的強弱（如激情的，自豪的）。

（3）工作幸福感

整體幸福感，來源於不同領域的經驗，比如工作，社會關係和家庭。在 Drea Zigarmi 等的研究中，主要指的是工作領域，工作幸福感是一種積極的、充實的、與工作相關的以活力、奉獻和專注為特徵的思想狀態（Schaufeli 等，2006）。工作幸福感採用工作敬業度量表（UWES-9；Schaufeli et al.，2006），該量表具有很強的效度和信度。該量表由三個維度組成：活力，奉獻和專注，每一個維度用 7 點量表測量，α 系數分別為 0.89，0.85 和 0.66。

（4）工作意願

意願常用來引導行動。意願的定義是指「一個人按照給定的方式朝向特定的承諾目標行動的傾向」（Brown，1996）。工作意願量表由 Zigarmi 等（2011）自行開發，用三個條目進行了測量，其中兩個條目來自 Porter 等（1974）的組織承諾問卷，另外一個條目來自 Hom 等（1984）的問卷。三個條目以 7 點量表的形式設計，α 系數為 0.72。

2.4.3.3 Perttula（2004）對工作激情的測量

Perttula（2004）在其博士論文第一個研究中，先通過文獻整理和對組織員

工的訪談，總結除了「工作激情」外的五個獨立維度，這五個維度可以歸納為認知要素和感情要素兩類，其中認知要素包括有意義的連接（meaningful connection）、內部驅動力（internal drive）、工作專注（work absorption）三個方面，而感情要素則包括主觀活力（subjective vitality）和快樂（joy）兩個方面。緊接著，其進行了第二個階段量化研究，對提出的維度以及論文的整體模型進行了定量研究後發現，該五維度對「工作激情」的測量具有良好的信度和效度。

由以上對「工作激情」的測量可以看出，Vallerand 目前對於工作激情的測量是從個體自身內在出發對人的內在傾向進行的一種測量，是目前應用最多的一種激情測量方式。其餘測量方式都還需要後續研究者在將來的研究中對其信度和效度進行進一步的驗證。

2.4.3.4 和諧型工作激情的測量

本研究採用 Vallerand（2003）開發的和諧型工作激情量表，見表 2-7 所示：

表 2-7　　　　　　　　　　和諧型工作激情量表

變量	量表題項
和諧型工作激情	我的工作讓我體驗各種經歷
	在工作中發現的新知識讓我更加珍惜我的工作
	我的工作帶給我許多難忘的經歷
	我的工作能體現我自己的品位
	我的工作與我生活中的其他活動相協調
	對我來說，我對工作的激情是我能掌控的
	我的心完全被我喜歡的這份工作所占據

資料來源：根據 Vallerand, R. J., Houlfort, N.（2003）的量表翻譯[①]

2.4.4　和諧型工作激情的前因變量與結果變量

2.4.4.1　對「和諧型工作激情」前因變量的研究

在 Vallerand 之前，很多學者並沒有將工作激情區分為和諧型工作激情和強迫型工作激情，因而很多學者採用的「工作激情」，表達的即「和諧型工作激情」的含義。Freeman（1993）是較早研究「激情」的人，他提出了影響激

[①] Vallerand R J, Houlfort N. Passion At Work [J]. Emerging perspectives on values in organizations, 2003: 175-204.

情的四大要素：生理和氣質、環境、感情和認知。但根據近幾年的文獻，歸納起來，主要因素有三類：組織特徵、工作特徵、個人特徵（Freeman，1993；hanson & Hanson，2002；Vallerand，2003；Perttula，2004；Anderson，2004；gubman，2004；石滋宜，2005；陳芳倩，2005；遊茹琴，2008；趙勁築，2009；李蕙秀，2010；Drea Zigarmi 等，2009，2010，2011；Joan，2011；Liu & Chen，2011）。

(1) 組織特徵和工作特徵

在研究「是什麼影響了員工工作激情」這個問題上，很多研究者指出，組織和工作特徵是重要的影響因素（gubman，2004；石滋宜，2005；陳芳倩，2005；趙勁築，2009；Zigarmi 等，2009，2011）。gubman（2004），石滋宜（2005）認為組織特徵會對員工激情產生影響，領導方式會對員工激情產生影響。Anderson（2004）提出工作激情的培養需要注意兩個方面：一個是組織價值觀，一個是個人工作。Perttula（2004）提出自主性、自尊和組織支持感會對工作激情產生影響並得到驗證。陳芳倩（2005）提出個人特質、工作環境認知均會對工作激情產生影響。遊茹琴（2008）以製造業為研究樣本，對四家公司 430 名員工進行了實證研究，發現：正向的人格特質能夠提升員工的工作激情與工作績效；多種類型的激情因子（passion factor）（激情因子指的是可以引發員工工作激情的重要因素）對工作績效產生正面影響；「激勵因子」（組織特徵），「任務因子」（工作特徵），「成長因子」（工作和個人特徵）三種激情因子是提升員工工作激情的主要來源。趙勁築（2009）以臺灣和中國大陸的製造業和服務業員工為研究對象，通過 619 套分卷，探討了臺灣及中國大陸地區產生工作激情的因素，以及工作激情為員工帶來的影響，並對各變量研究維度進行了差異性分析。結論指出，直接主管信任、激勵以及個人-工作匹配會對工作激情產生影響，其中影響最大的是直接主管的信任。Zigarmi 等（2009，2011）的工作激情模型無疑較充分表明了員工工作激情受到組織和工作特徵的影響，並經內部評估過程產生。

(2) 個人特徵

Vallerand（2003）主要是從個體特徵及內部動機出發來研究激情的產生。Vallerand 等（2006）針對活動激情的繼續研究表明，高活動評價與自主性人格能夠正向地預測和諧型激情的得分；相對地，高活動評價與控製性人格能夠正向地預測強迫型激情的得分。這說明活動評價與人格特質是影響激情發展的兩個獨立且重要的要素。

Hanson，Ma. 與 Hanson，Me.（2002）在《Passion and Purpose》一書中構建了激情來源的模型——System of Identifying Motivated Abilities，簡稱為 SIMA

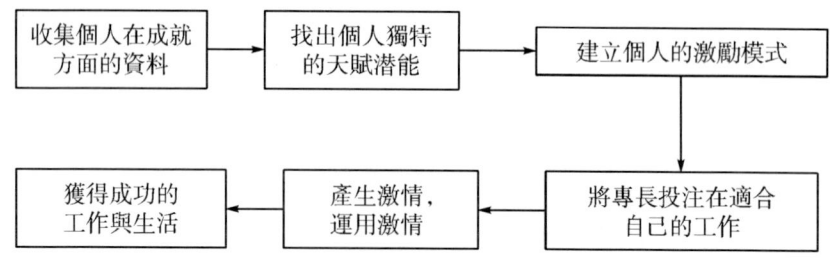

（見圖2-11）。

```
┌─────────────┐    ┌─────────────┐    ┌─────────────┐
│收集個人在成就│───▶│找出個人獨特 │───▶│建立個人的激勵模式│
│方面的資料   │    │的天賦潛能   │    │             │
└─────────────┘    └─────────────┘    └──────┬──────┘
                                              │
┌─────────────┐    ┌─────────────┐    ┌──────▼──────┐
│獲得成功的   │◀───│產生激情，   │◀───│將專長投注在適合│
│工作與生活   │    │運用激情     │    │自己的工作   │
└─────────────┘    └─────────────┘    └─────────────┘
```

圖 2-11　自我激勵的建立系統

資料來源：根據 Hanson, Ma., Hanson, Me（2002）① 研究整理

Joan（2011）在其博士論文中，通過對不同組織中 33 名個體的訪談，使用扎根理論，從訪談分析中得到了四個激發激情的條件：①願景；②激情準備；③社會聯繫；④對積極影響的認識，並描繪了一個通過個體的激情準備、認識、願景和生活中與其他個體的連結導致個體激情的內部動態過程。如圖 2-12 所示。

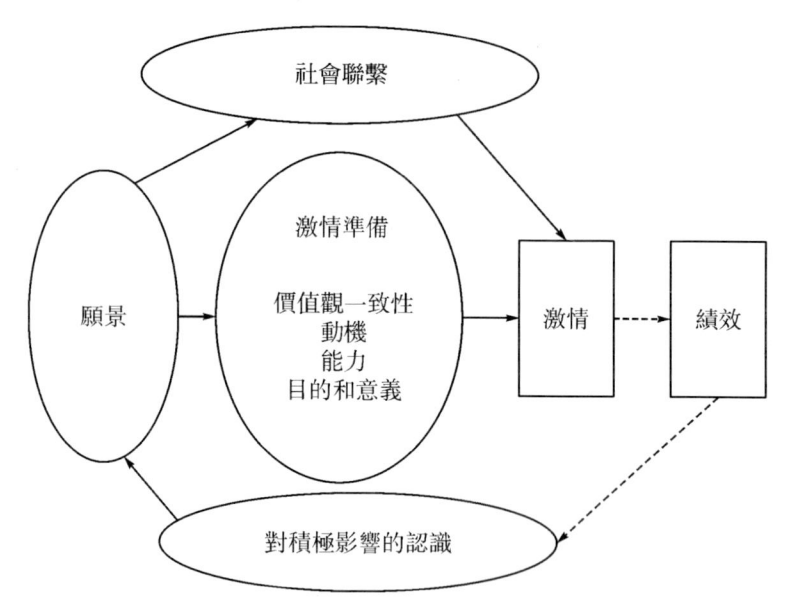

圖 2-12　激發激情條件的探索性模型

資料來源：譯自 Joan Finley（2011）的研究②

---

① Hanson, Ma, Hanson, Me. Passion and Purpose [M]. Alameda, CA：Pathfinder Press, 2002.

② Finley J. An Exploratory Model of Conditions That Activate Passion [D]. Benedictine university, 2012.

2.4.4.2 對「工作激情」結果變量的研究

對「工作激情」結果變量的研究,主要可以歸納為三大類變量:認知、情感和行為變量。其中,對認知變量的研究,主要集中在工作倦怠,工作滿意度以及人際關係的研究上。對情感變量的研究,主要集中在幸福感、主觀幸福感、快樂等幾個主要變量上。對行為變量的研究,主要集中在績效、創造性、效率、組織承諾以及創業成功的研究等方面。

(1) 對認知結果變量的研究。

Geneviève 等(2011)[1] 研究了工作激情與工作倦怠的關係,結果發現:和諧型工作激情通過頻繁的「流」(flow)經驗的便利,導致低程度的工作倦怠水平,而強迫型激情直接導致高水平的工作倦怠。Vallerand(2010)[2] 對工作激情與專業工作倦怠進行了研究,模型假設強迫型工作激情會使得工作和生活中的其他活動產生衝突,相反地,和諧型激情可以阻止衝突並且與工作滿意度正相關。Vallerand 在兩種不同文化中以護士為樣本設計了兩個研究,來自對法國 597 名護士的研究支持了模型的假設。在另一個研究中,研究者對來自魁北克的5,258名護士進行了為期六個月的研究,研究結論仍然支持了模型的假設。和諧型工作激情可以預測工作滿意度的增加和衝突的減少,而工作滿意度和衝突可以預測工作倦怠的增加和減少。該研究對實踐和理論都有重要的意義。Caudroit 等(2011)[3] 對 160 名法語教師的研究發現,在第一個模型中,和諧型工作激情與閒暇時間的體育運動密切相關,但是強迫型工作激情和工作時間與閒暇時間的體育運動不相關。在第二個模型中發現,強迫型工作激情通過工作時間仲介變量與工作生活衝突正相關,而和諧型工作激情與工作生活衝突負相關,與工作時間不相關。Philippe(2010)[4] 的研究由 4 個研究組成,研究 1 闡述了在激情性活動的情境下,和諧型工作激情與人際關係質量正相關,而強迫型激情與人際關係不相關。此外,工作中的積極情緒經驗是和諧型激情和人際關係質量的完全仲介變量,強迫型激情與積極情緒不相關。研究 2 控制了外

---

[1] Lavigne G L, Forest J, Crevier-Braud L. Passion at work and burnout: A two-study test of the mediating role of flow experiences [J]. European journal of work and organizational psychology, 2012, 21 (4): 518-546.

[2] Vallerand R J, Paquet Y, Philippe F L, et al. On the role of passion for work in burnout: A process model [J]. Journal of personality, 2010, 78 (1): 289-312.

[3] Caudroit J, Boiche J, Stephan Y, et al. Predictors of work/family interference and leisure-time physical activity among teachers: The role of passion towards work [J]. European journal of work and organizational psychology, 2011, 20 (3): 326-344.

[4] Frederick L. Philippe. Passion for an Activity and Quality of Interpersonal Relationships: The Mediating Role of Emotions [J]. Journal of personality and social psychology, 2010, 98 (6): 917-932.

向性特徵，檢驗了消極情緒在強迫型激情與人際關係質量之間的仲介作用。研究 3 和研究 4 用具有前瞻性的對人際關係質量採用客觀評價的設計複製了研究 2 的結果。

根據以上研究，研究者們對和諧型工作激情可以減少員工的職業倦怠，提升員工工作滿意度，減少工作生活衝突以及提高人際關係質量基本獲得了一致的結論。而且，研究者幾乎無一例外地使用了 Vallerand 等（2003）對工作激情的測量方式，這表明，這一領域需要引起更多研究者的關注和深入探索。

（2）對情感結果變量的研究。

Burke 和 Fiksenbaum（2009）[1] 以加拿大某大學 MBA 班 530 名管理者和專業人士為對象，研究發現，激情得分高的管理者在工作上投入更多，並且強迫性工作行為更少，工作滿意度和工作之外的滿意度較高，心理幸福感更高。Lafrenière（2011）[2] 研究了 103 名教練-運動員的配對數據，結果顯示，教練的和諧型工作激情可以積極預測其對運動員的自主性支持的行為，而強迫型激情的教練則可以積極預測控制性行為。此外，支持自主性的行為可以預測教練-運動員的高質量關係，同時可以預測運動員的幸福感，而教練的控制性行為則與高質量的教練-運動員關係負相關。

對情感結果變量的研究實際上是非常多的，但是，從工作激情角度進行研究的卻並不多。目前，還有不少研究者從運動激情的角度來研究運動激情與青少年，老年人的幸福感的關係。

（3）對行為結果變量的研究。

遊茹琴（2008）針對四家公司 430 名員工進行了實證研究表明，員工工作激情的「專注激情」顯著正向影響工作奉獻績效，員工工作激情對激情因子與工作績效的影響具有完全仲介效果。陳芳倩（2005）的研究表明，激情的行為表現主要有：工作態度、角色外行為、調整適應度、對同事的期待、創新以及專注，激情的效應主要有工作成就感和薪酬滿意度。影響激情的干擾因素主要有兩個：人-工作匹配與人-組織匹配。趙勁築（2009）的研究發現，工作激情會對角色外行為與工作績效產生顯著影響，其中和諧型工作激情與強迫型工作激情會對角色外行為與工作績效產生顯著的正向影響。和諧型工作激情

---

[1] Ronald J. Burke Lisa Fiksenbaum. Work Motivations, Satisfactions, and Health Among Managers Passion Versus Addiction [J]. Cross-Cultural Research, 2009, 43（4）: 349-365

[2] Lafrenière M A K, Jowett S, Vallerand R J, et al. Passion for coaching and the quality of the coach-athlete relationship: The mediating role of coaching behaviors [J]. Psychology of sport and exercise, 2011, 12（2）: 144-152.

會對工作-生活衝突產生顯著的負向影響，而強迫型工作激情則會對工作-生活衝突產生顯著正向影響。蔡玉華（2009）以高科技產業員工 351 人為研究對象，通過調查問卷的方式進行實證研究，最后得到如下結論：工作激情對工作滿意度、工作-生活衝突、員工創造力以及身心健康產生顯著影響。其中和諧型和強迫型工作激情都會對工作滿意度產生顯著的正向影響，對工作-生活衝突分別呈現負向與正向的影響，對身心健康也分別呈現正向與負向的影響。同時，員工的和諧型激情程度越高，員工創造力程度也越高。工作狂傾向會對工作滿意度、工作-生活衝突、員工創造力以及身心健康產生顯著影響。Joan（2011）提出了一個激情模型，認為激情跟績效有正向關係，並且根據 Chen 等（2009）的研究提出，激情對績效的影響，可能是變化的。Violet T. Ho 等（2011）通過對保險公司的 509 名員工的研究發現，和諧型激情的員工在工作中表現更好，並且這種關係主要通過認知專注（absorption）起仲介作用。同時，儘管強迫型激情與認知型注意力（attention）負相關，但是它與工作績效並沒有顯著關係。Perttula（2004）的研究表明，激情與員工效率有正向關係，工作倦怠有負向關係，他同時還驗證了激情與員工創造力的關係，發現兩者的關係不顯著。Liu 和 Chen（2011）[①] 以自我決定理論為基礎，通過兩個多層次研究，以 23 個工作單元、111 個工作團隊的 856 個員工為樣本進行實證研究發現，和諧型工作激情在團隊自主性支持和個體自主性導向與創造力之間關係中起到了完全仲介作用，在工作單元自主性支持與員工創造性之間起到了部分仲介作用。Jacques Forest 等（2011）[②] 運用 Vallerand（2003）的二元模型，以自主性、勝任力和歸屬感三種基本心理需求的滿足為仲介變量，檢驗了兩種類型的工作激情與認知、情感、行為工作產出之間的關係。研究結果發現，和諧型工作激情與心理健康、三要素「流」、活力以及情感承諾正相關。相反地，強迫型激情可直接預測消極的心理健康，積極預測「流」中的自我經驗部分。

2.4.5 評析

由上所述，可以看到對和諧型工作激情的研究呈現以下特點：

第一，和諧型工作激情是工作激情的一種類型，區別於強迫型工作激情。

[①] Liu D, Chen X P, Yao X. From autonomy to creativity: A multilevel investigation of the mediating role of harmonious passion [J]. Journal of Applied Psychology, 2011, 96 (2): 294.

[②] Forest J, Mageau G A, Sarrazin C, et al.「Work is my passion」: The different affective, behavioural, and cognitive consequences of harmonious and obsessive passion toward work [J]. Canadian Journal of administrative sciences/revue canadienne des sciences de l'administration, 2011, 28 (1): 27-40.

和諧型工作激情的含義主要來源於 Vallerand（2003，2008），Zigarmi 等（2009，2011）的研究以及其他學者的一些總結和研究。但是，從實證研究的角度看，除極少數研究者（Burke & Lisa, 2009）採用的不是 Vallerand（2003）的定義和量表以外，其餘研究者幾乎全部採用的 Vallerand 的二元激情量表。這一方面表明其量表具有良好的信度和效度，另一個方面也表明，對「工作激情」本身的研究還十分匱乏，基本上是「一家之言」。從測量的樣本來看，研究基本集中在北美地區，從這個角度來說，從文化價值觀以及生活背景來看，無疑會與國內有很大差異。從國內的研究來看，臺灣一些學者也使用了 Vallerand 的量表並根據情境進行修改，但這種研究也主要集中於「運動激情」而非「工作激情」。大陸地區目前幾乎沒有關於「工作激情」的含義測量方面的實證研究，所以，從未來研究看，本土化問題的研究值得引起大家注意。

第二，對「和諧型工作激情」前因變量的研究非常匱乏。除 Vallerand 基於自我決定論提出的對工作的喜愛、認同、內化對和諧型工作激情的影響以及 Zigarmi 等根據社會認知理論提出的組織特徵和工作特徵對工作激情的影響之外，幾乎沒有其他有價值的基於理論和實證的研究。實證研究關注的往往是激情與認知、情感以及行為變量之間的關係，很少有研究者關注究竟是什麼導致了「工作激情」。對這一問題，除了從激情的含義出發結合心理學的理論基礎對激情的來源進行探討之外，還有一個非常重要的途徑是立足於實際情境，從訪談等質化研究著手來深入瞭解工作激情的來源，最佳的途徑當然是結合兩者，既有理論的支撐，又能在實踐中得到數據的支持。

第三，對日常工作激情「狀態」的研究。目前對工作激情的研究尚處於對基本概念的探討，維度的分析以及前因和結果變量的研究，但是有一個現實我們需要看到，很多本身具有和諧型工作激情的人，在不同的時間段，其工作激情的狀態是不一樣的，這就說明，工作激情本身是一種「狀態」，是一個動態變化的過程。員工每一天的工作激情「狀態」究竟由什麼因素決定，是一個值得研究的問題。從實踐的角度來講，日常的管理和瞭解日常激情的狀態的觸發機制，對提升員工的「日常」工作激情「狀態」的作用，是今后的一個研究方向。

第四，「工作激情」的研究趨勢。綜上所述，工作激情對績效，員工創造性等組織重要的行為變量均有顯著關係，因而，研究如何提升員工工作激情，進而獲得優質的工作績效、創新、角色外行為，是值得關注的一個研究主題。從研究的趨勢來看，對工作激情的定義、測量、本土化的研究，以及對企業家創業激情，工作激情「狀態」的研究，工作激情與工作家庭衝突、高水平績

效、創造力之間關係的研究，是今后研究的趨勢和重點。同樣，對強迫型激情與賭博，青少年網癮的研究，也是非常有意義的研究主題。

2.5 組織創新支持感相關研究綜述

2.5.1 組織創新支持感的含義

組織創新支持感指的是員工對於組織激勵、尊重、獎勵、認可創造力的程度的感知。有關組織氛圍的研究主要基於心理學領域對「心理氛圍（Psychological Climate）」研究的傳統。1951 年，勒溫在「場」論（Field Theory）的基礎上，首次提出心理氛圍概念，用以描述一般環境刺激與人類行為之間的動態複雜關係。Scott 和 Bruce 是較早提出「創新心理氛圍（Psychological Climate for innovation）」的研究者。Scott 和 Bruce（1994）研究了個體創新行為的決定要素，提到領導，工作團隊以及個體屬性通過「創新心理氛圍」影響個體的創造力行為。其中，創新心理氛圍包括兩個部分：對創新的支持以及資源的支持。實證研究結論表明，團隊成員對「創新的支持」的認知程度與個人創新行為顯著正相關。Amabile 等人則較早提出了「組織創新氛圍」。根據 Amabile 等人（1989）的觀點，組織創新氛圍是組織成員對其所處的工作環境的知覺描述，是組織成員感知到的工作環境中支持創造力和創新的程度。Amabile（1996）的研究提到了工作環境對創造力的影響，文中提到了組織，主管以及工作團隊對創造力的鼓勵、自主性、資源以及挑戰性的工作對員工創造力有正向影響，而工作負荷壓力和組織障礙與員工創造力之間有消極關係。

對「氛圍」的觀點主要有兩類：第一，強調個體主觀知覺心理環境的知覺性觀點，即強調「氛圍」是個體的一種主觀感知；第二，強調組織特色或屬性的結構性觀點，即強調「氛圍」是一種客觀存在。但受「心理氛圍」概念的影響，目前對於組織氛圍的研究多採用知覺性觀點，強調個體感知的作用。

基於 Scott 和 Bruce（1994）對「創新心理氛圍」的研究以及研究者對組織氛圍採用的知覺性觀點的界定，一些學者發展出「組織創新支持感（perceived organizational support for creativity）」的概念（Zhou & George，2001；De Stobbeleir 等，2011）。組織創新支持感指的是員工對於組織激勵、尊重、獎勵、認可創造力的程度的感知（Scott &Bruce，1994；Zhou 和 George，2001；De Stobbeleir 等，2011）。

2.5.2　組織創新支持感的測量

對組織創新支持感的測量主要沿用由 Zhou 和 George（2001）根據 Scott 和 Bruce（1994）的測量題項開發的量表（a＝0.84）。該量表包含一個維度，四個問項，如「組織鼓勵創新」「組織公開表揚具有創造力的人」。

2.5.3　組織創新支持感相關研究

許多研究者認為支持性的組織環境可以鼓勵員工的創造力績效（Shalley et al., 2004）。組織創新支持感是員工創新績效的直接前因變量（Zhou & George, 2001）。組織支持性環境可以加強員工的內部動機使之參與創造力行為，提出新的觀點（Shalley et al., 2004）。De Stobbeleir 等（2011）的研究也發現組織創新支持感與創新績效正相關。可見，從概念來源來看，組織創新支持感來源於「創新心理氛圍」，從對其的測量來看，一般採用感知方法來測量。

實際上，從國外文獻來看，關於組織創新氛圍、組織創新支持感與創造力以及創新行為關係的實證研究並不多見。目前國內對「組織創新氛圍」的研究非常多（顧遠東，彭紀生，2010；宋典等；2011），研究得到的結論較為一致，即組織創新氛圍與員工創新行為有正向顯著作用。組織創新氣氛作為推動個體成員創新行為的重要因素（Hunter & Mumford, 2005），其內容與形式來源於對支持性氣氛和心理氣氛的不斷延伸與具體化。同時，也有很多學者將組織創新氣氛作為研究具體關係的調節變量（鄭建君，2009；Peng Wang et al., 2010）。

2.6　主管自主支持感

2.6.1　主管自主支持感的內涵

自主支持（autonomy support）就是支持他人的自主性，它是衍生於自我決定論（self-determination theory, SDT）的一個概念。要明確自主支持的內涵，可從不同學者對自主支持的定義入手。概括起來，研究者分別從三個角度對自主支持的內涵進行了界定。第一個角度是從父母教育子女的方式。Deci 等（1981）把對支持兒童自主性的行為定義為「成年人鼓勵孩子去思考問題的諸要素，以及鼓勵他們自己找到解決問題的方法」，並以此為基礎編制了測量教

師自主支持程度的問卷。第二個角度是從工作情景中上級處理下級的關係。Deci 等（1985）則把自主支持定義為「處於威權地位的個體能採納處於接受地位的個體的觀點，並能體會后者的感受和對問題的理解，為后者提供信息和選擇，盡量不採用強制的方式」。第三個角度是個體的自我感知。與 Deci 等的從支持者（接受者或感受者）的角度定義不同，Mageau 和 Vallerand 等（2003）是從被支持者的角度來定義「自主支持」的內涵，認為學習者相信老師、教練、父母、朋友等重要的人，他們支持自己的自主性動機，為自己提供選擇權，支持自己獨立解決問題和參與決定，並能理解自己的感受等，這就是自主支持。

Joussement，Landy 和 Koestner（2008）對前人的研究進行了總結，認為自主支持應該包含：對行為要求提供基礎理論和解釋；能認識到孩子的情感和觀點；提供選擇機會和鼓勵主動性；盡量減少控製行為的使用。因此，所謂自主支持就是指個體的重要，他人能站在個體的角度思考問題，鼓勵個體自主解決問題和決定自己的行為。

從前述的對自主支持的內涵來看，主管自主支持偏向於自主支持內涵的第二個角度，即工作情境中主管站在下屬的角度考慮問題，並給下屬提供信息和選擇的機會，鼓勵他們工作的自主性，最大限度地減少控製行為的使用。

綜上，主管自主支持感可界定為：員工感知到的主管通過提供一系列支持性行為創造外在情境，使其有利於員工自主需求的滿足和內在動機的提高。其具有以下幾個特徵：首先，不使用控製性方式；其次，能夠以他人為中心，能夠體驗並理解他人感受；第三，在給予他人選擇的機會的同時還能提供相關信息支持；第四，鼓勵在做出選擇和解決問題上的主動性；第五，反饋、解答相關疑問。

2.6.2 主管自主支持感的相關研究

從國內外現有的文獻看，直接研究主管自主支持感的研究很少。Deci 等（1989）研究發現當主管願意給下屬提供自主支持時，除了提升下屬的工作滿意度之外，同時使得員工對於組織和上級也較為信任；后來針對組織情景自主支持的相關研究，也同樣聚焦於主管的自主支持行為表現，對下屬工作態度和行為的影響，如 Deci et al.（2001），Gagne（2003），Gange & Deci（2005）。Baard 等（2004）以主管自主支持行為和下屬歸因傾向為自變量，探討兩者主管內在需求滿足的關聯，研究發現主管自主支持行為與下屬內在需求滿足之間呈現顯著正相關。Blais 和 Briere（1993）發現主管自主支持被下屬感知時，下

屬會表現出更多的工作滿意，更少曠工以及更好的身體和心理狀態。Pajak 和 Glickman（1989）研究發現主管自主支持會刺激下屬的信任和忠誠。張劍等（2010）研究發現領導的自主支持對員工內在心理需求的滿足產生顯著影響，領導的自主支持→內在心理需求滿足→情景性工作動機→創造性績效，它們之間存在顯著的因果路徑關係。

2.6.3 主管自主支持感的測量

從測量方式來看，目前普遍使用的測量工具，都是在自我決定論框架內開發出的自主支持問卷（Perceived Autonomy Support: The Climate Questionnaires）。這些分卷因為對象的不同分為了醫生自主支持感的護理氛圍問卷（The Health Care Climate Questionnaire, HCCQ），領導自主支持感的工作環境問卷（The Work Climate Questionnaire, WCQ），教練自主支持感的體育環境問卷（The Sport Climate Questionnaire, SCQ）和教師自主支持感的學習環境問卷（The Learning Climate Questionnaire, LCQ）。因為本研究主要是研究員工對一般企業的工作環境主管自主支持的感知，故本研究問卷採用 Work Climate Survey（WCS），由 Deci, Connell, and Ryan（1989）開發，a 為 0.78，共包含四個問項。

2.7　文獻綜述小結

由以上文獻回顧可以發現，人-組織匹配是戰略人力資源管理中的核心問題，目前對於人-組織匹配的研究，無論是在測量，前因後果變量以及人-組織匹配在組織中的應用方面，都還存在若干不足之處，需要研究者們的進一步探索。對於工作激情的研究，目前尚處於起步階段，雖然近年來「工作激情」在國外研究中呈現愈來愈熱的趨勢，但是「工作激情」在國內研究中的情景化尚需要進一步探索。員工創造力一直是研究的熱點，研究也較為充分，但是從人-組織互動的角度來研究員工創造力，是一種新的視角。人-組織匹配與員工創造力之間的關係，已經引起了一些研究者的關注，但從整體研究來看，從人-組織匹配的三維角度：一致性匹配、要求-能力匹配、需求-供給匹配進行的研究仍然較少，結論也不一致。而從人-組織匹配、和諧型工作激情以及員工創造力這三者之間的關係研究來看，目前的研究還顯得極為不足，這也是本研究的研究動力和契機。

第一，對人-組織匹配與員工創造力之間的關係研究。

人-組織匹配是近年來非常引人關注的一個研究概念。其主要原因在於：人-組織匹配從人與組織互動的角度來研究由此帶來的影響，而不是單純從人或者組織的角度來研究。人-組織匹配通常被認為可以帶來優良的組織結果，如高績效、高滿意度、低離職率等。員工創造力是目前幾乎所有組織都關心的問題，那麼，人-組織匹配究竟能否提升員工的創造力呢？根據 ASA 理論，人與環境的互動會帶來文化、氛圍的形成，人-組織的匹配，伴隨著這種匹配，也會帶來人員同質性的提高。探討人-組織匹配影響員工創造力和創新行為的路徑，形成了兩種觀點。一種觀點是：文化、價值觀、能力、行為等的一致性，尤其是如果一開始形成的就是創新型氛圍，這種文化和氛圍會給同樣具備這種特質的員工帶來良好的心理感受，從而帶來員工創新的增加。另外一種觀點認為：匹配會帶來同質性的提高，而同質性不利於員工創新行為，因為，相似的心智模式很可能會阻礙發散性思維，而發散性思維可以提高個體創造力（Basadur, Wakabayashi, Graen, 1990; Mumford & Gustafson, 1988）。同時，也有一些研究已經表明，異質性可以提高員工的創新能力，如 Shin 和 Zhou（2007）發現團隊成員的專業異質性與團隊創造力正相關。

從實證研究來看，人-組織匹配與員工創造力之間的關係，已經有部分研究者對其進行了探索（Angela M. Farabee, 2011; Choi, 2004; Choi & Price, 2005; Lipkin, 1999; Livingstone, Nelson, Barr, 1997; 王震，2011; 楊英，2011; 杜旌等，2009），但大多數研究得出的結論是匹配會帶來員工創新行為的增多和創造力的增強，只有少數結論認為（Angela M. Farabee, 2011），員工與具有內部性且控製性的組織文化的匹配，會降低員工的創造力。

第二，對人-組織匹配與和諧型工作激情關係研究。

在研究工作激情的過程中，大部分研究者提出的「工作激情」的本質與 Vallerand 提出的「和諧型工作激情」是一致的。對工作激情研究的前因變量可以看出，對工作激情產生影響的因素主要有組織特徵、工作特徵和個人特徵（Zigarmi 等，2009，2011）。從理論推理上來說，人-組織匹配本身包含的三種類型的匹配就包括了組織特徵和工作特徵。從實證研究來看，已經有部分臺灣和國外研究者（胡怡婷，2006; 趙勁築，2009; 陳芳倩，2005; 李蕙秀，2010; Joan Finley, 2011; Blau, 1987; Nyambegera, 2001）對人-組織匹配與工作激情以及與工作激情相關的變量的關係進行了實證研究，結果表明，人-組織匹配是預測員工工作激情的一個重要前因變量。

第三，對和諧型工作激情與員工創造力關係研究。

目前對於和諧型工作激情的研究才剛剛興起，因而對其與創造力之間關係的研究就更為缺乏。Goldberg（1986）認為激情隱含在創新過程之中，Amabile和Fisher（2009）指出，當個體對其所參與的活動具有激情的時候，創造力將會最大化。Vallerand的研究也表明，和諧型激情可以預測一般性積極情感，而積極情感可以產生創造力（Isen，2000）。實證研究方面，已經有一些研究者得到員工工作激情與員工創造力顯著相關的結論（Liu &Chen, 2011；蔡玉華，2009；陳芳倩，2005）。他們的實證研究得出了較為一致的結論：和諧型工作激情可以提升員工創造力。雖然這方面的實證研究還並不多見，但是可以想像，當一個員工喜歡自己的工作、願意投入大量的時間和精力在工作中，並且可以自主控製自己的精力和投入時，無疑會產生一種「和諧」的工作心境，從而刺激其創造力的產生和提升。

第四，對人-組織匹配與員工創造力的仲介機制研究。

對人-組織匹配與員工創造力之間的仲介機制研究目前還較少，但是近年來，一些研究者已經開始積極探索人-組織匹配對一些組織期望的績效結果的仲介機制的解釋。從文獻綜述部分可以發現，楊英（2011）對這個問題較早進行了研究，其研究選用心理授權作為仲介變量，並經實證檢驗，表明心理授權在人-組織匹配與員工創新行為之間具有部分仲介作用。還有一些研究者對人-組織匹配與態度、行為、認知變量的仲介機制進行了研究（韓翼，劉競哲，2009；陳衛旗，王重鳴，2007）。可見，目前對人-組織匹配與創造力、創新行為之間關係的研究還有很大的空間。國外對人-組織匹配影響員工創造力的仲介機制主要集中在人-組織匹配對工作滿意度、組織績效、組織承諾、組織公民行為等結果變量的研究上。Greguras（2009）以自我決定論為基礎，驗證了三種心理需求滿足自主感、關係感和勝任感在人-組織匹配與工作績效和感情承諾的關係中起仲介作用。Cable（2004）以社會認同理論為基礎，以留職傾向、工作滿意度和組織認同為仲介變量，研究了價值觀一致性與員工態度之間的關係。Liu和Chen（2011）以自我決定論為基礎，研究了和諧型工作激情在自主性和創造力之間的仲介作用。在仲介變量的選取過程中，Vallerand（2003，2008）等依據自我決定論提出的「和諧型工作激情」引起了本研究的注意，基於自我決定論和現實基礎，將「和諧型工作激情」用於人-組織匹配和員工創造力之間的仲介機制研究，是本文的一個重要創新點。

第五，以組織創新支持感作為調節變量的研究。

創新氛圍、員工創新支持感作為情境性變量，經常作為調節變量使用。Woodman（1993）在其早期的模型中構建了個體、團隊以及組織層面特徵對創

新行為的聯合影響，並且考慮了創造力環境的調節作用。鄭建均等（2009）發現組織創新氣氛在員工創造力和創新績效的關係中起顯著調節作用。Peng Wang等（2010）驗證了創新氛圍在變革型領導與創造力之間的調節作用。Farmers等（2003）將組織創新價值感作為創造性角色認同和員工創造力關係之間的調節變量並得到驗證。在實踐中我們發現，一些有工作激情、創造潛力的員工，其創造力卻沒有發揮出來，其原因就是組織缺乏自主、寬鬆的、鼓勵冒險與試錯的創新氛圍，無法為創新人才提供良好的創新「軟環境」，沒有這種環境，員工的工作激情是很難轉化為創造力的。

3 研究設計

本研究在這一部分內容中將構建研究理論模型，試圖進一步深入探討並揭示人-組織匹配與員工創造力之間的關係。在此基礎上，本部分將基於基礎理論，並綜合第 2 章的文獻梳理，對各個變量之間的關係進行有理有據的假設與推演，並在此基礎上設計適當問卷，將研究問題具體化、可操作化。

3.1 研究的理論基礎和模型

本研究的整個模型理論基礎為自我決定論，同時以其他相關理論，包括人境互動理論、ASA 理論以及組織支持理論作為變量之間關係假設的理論支撐。

3.1.1 研究的理論基礎

Ryan 和 Deci 等首次提出了自我決定理論(Self-Determination Theory，簡稱 SDT；Deci and Ryan, 1985; Ryan and Deci, 2000)，它是 20 世紀 80 年代在積極心理學背景下發展起來的一種認知動機觀。積極心理學關注個體力量和積極產出，將研究重點放在促進個體力量，優秀的人格和社會因素之上。Deci 認為，自我決定是個體的需要，人們都具有內在的自我決定的傾向，這種傾向引導人們從事感興趣的、有益於能力發展的活動，從而實現與社會環境的靈活適應。

Vallerand 基於 Deci 和 Ryan 的自我決定論，使用內外在動機多層次模型繼續了動機是如何被決定，以及會產生何種結果的討論。理論認為動機主要由總體因素、脈絡因素和情境因素引起三種基本心理需求：勝任感、關係感和自主感的滿足，從而導致動機的產生，並最終產生認知、情感以及行為性結果 (Vallerand, 2000)。

在理論和實證研究的基礎上，Deci 等人又提出了工作動機的自我決定論模

型。模型以自主性工作動機為仲介，認為社會情境因素和個體差異因素會通過自主性工作動機影響員工的工作績效、心理幸福感、組織認同、工作滿意度等。

3.1.2 研究的模型

Deci 等（1985，2000，2008）的自我決定論認為人類有三種基本需求：自主感，歸屬感和勝任感。這三種需求的滿足，可以導致情感、認知和行為的產生。Vallerand 的研究則進一步表明三種心理需求的滿足會通過動機影響人的情感、認知和行為。Greguras 和 Diefendorff（2009）研究了人-環境匹配對三種心理需求的滿足的影響，他們認為根據 ASA 理論，在組織中，人-環境的匹配是為了實現個體與組織的共同目標，而個體的最基本目標便是三種基本需求的滿足。他們實證研究了人-組織匹配（價值觀一致性）、人-工作匹配、人-團隊匹配對自主感，歸屬感和勝任感滿足的影響，發現人-組織匹配與三種心理需求滿足呈現正相關的關係；人-工作匹配與勝任需求滿足呈現正相關關係；人-團隊匹配與關係需求正相關；三種基本心理需求的滿足在人-組織匹配與組織承諾和工作績效之間起部分仲介作用。根據自我決定論，三種基本需求的滿足是促使外部動機內化的關鍵性要素。同時，也有研究已經對三種基本需求與「激情」和「內在動機」的關係進行了研究（Hallgeir Halvari et al., 2009），發現三種基本需求的滿足與「和諧型激情」正相關。Liu 和 Chen（2011）以自我決定理論為基礎的研究也發現，和諧型工作激情在團隊自主性支持和個體自主性導向與創造力之間關係中起到了完全仲介作用，在工作單元自主性支持與員工創造性之間起到了部分仲介作用。基於以上理論和文獻基礎，本研究構建了人-組織匹配、和諧型工作激情和員工創造力之間關係的理論模型。

同時，本研究結合金融服務業的訪談以及通過問卷所獲取的金融服務業企業樣本數據來進行實證研究。首先，通過大量的文獻研讀和對企業實踐的觀察總結出研究問題：實踐中強調的人-組織匹配是否對員工創造力有影響？這種影響是如何發生的？然後，通過自我決定論和深度訪談進一步確定了人-組織匹配對員工創造力的影響的仲介變量——和諧型工作激情，並基於目前金融服務業實際情況提出了「主管自主支持感」作為人-組織匹配與和諧型工作激情之間關係的調節變量，「組織創新支持感」作為和諧型工作激情和員工創造力之間的調節變量，具體研究框架如圖 3-1 所示。

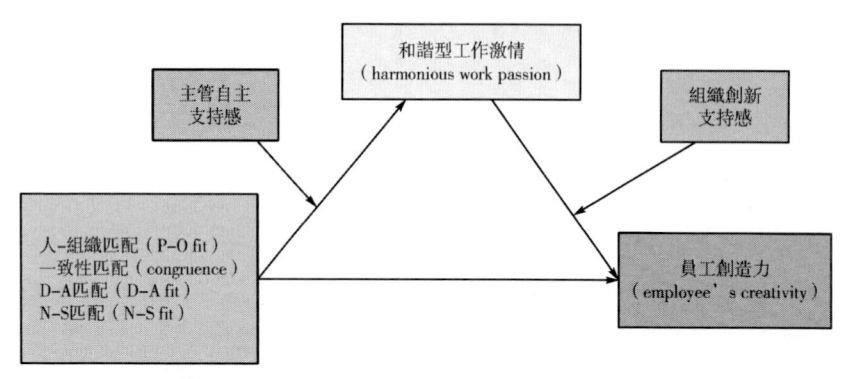

图 3-1　人-組織匹配與員工創造力效應機制模型

自變量：人-組織匹配

因變量：員工創造力

仲介變量：和諧型工作激情

調節變量：主管自主支持感、組織創新支持感

控製變量：性別、年齡、受教育程度、組織任期、職位

本模型主要研究了以下幾個關係：①人-組織匹配與員工創造力之間的關係；②和諧型工作激情對人-組織匹配和員工創造力的仲介影響機制；③檢驗主管自主支持感對人-組織匹配和員工創造力之間關係的調節作用；④檢驗組織創新支持感對和諧型工作激情與員工創造力之間關係的調節作用。

3.1.3　研究變量符號的設定

為了更加清晰地展示研究內容，本研究對各個變量進行了符號設定，詳見表 3-1：

表 3-1　　　　　　　　理論模型中各個變量的符號設定

變量	符號
人-組織匹配	A
一致性匹配	A1
需求-供給匹配	A2
要求-能力匹配	A3
員工創造力	B
和諧型工作激情	C
組織創新支持感	D
主管自主支持感	E

3.2 研究假設的提出

3.2.1 人-組織匹配與員工創造力之間的關係假設

人-組織匹配是近年來非常引人關注的一個研究概念,其主要原因在於,人-組織匹配從人與組織互動的角度來研究由此帶來的影響,而不是單純從人或者組織的角度來研究。以往的研究主要集中在人-組織匹配的結構維度以及人-組織匹配對員工工作態度的研究上,這些工作態度主要包括:員工滿意度、組織承諾、離職傾向、工作捲入等幾個方面。對人-組織匹配與員工創造力的關係研究,目前正在呈現逐年增多的趨勢。

從國外的研究來看,有一些研究者(Angela M. Farabee, 2011; Choi, 2004; Choi & Price, 2005; Lipkin, 1999; Livingstone, Nelson, & Barr, 1997)對人-組織匹配與員工創造力之間的關係進行了研究。

Angela M. Farabee (2011)[1] 運用奎因的競爭價值模型,通過實證研究發現,員工與具有外部性和靈活性相關的組織文化的匹配,會帶來自我感知的員工創造力的提升,但是員工與具有內部性且控製性的組織文化的匹配,會降低員工的創造力。Feng-Hui Lee (2011) 的研究發現人-組織匹配直接影響組織的創新氛圍。Choi (2004)[2] 檢驗了創造力需求-供給的匹配和創造力需求-能力的匹配,發現學生創造力價值觀和能力可以預測班級中期末教授的創造力排名。Choi & Price (2005)[3] 研究了公司轉向無紙化網路文化的執行意圖和執行行為的結果。他們發現組織對創造力的支持影響執行意圖、個人的創造力價值水平和創造行為,而這些都可以預測實際的執行行為。Gerardj. Puccio (2000) 檢驗了人-環境匹配(測量的是能力-要求的主觀匹配)對創造力績效的影響,發現與組織匹配的個體具有較高的產品的新穎性,如果不匹配則會對員工創造力偏好產生消極影響。Lipkin (1999) 以一家保險公司的 49 名員工為樣本,

---

[1] Farabee A M. Person-organization fit as a barrier to employee creativity [M]. University of missouri-saint louis, 2011.

[2] Choi J N. Person-Environment Fit and Creative Behavior: Differential Impacts of Supplies-Values and Demands-Abilities Versions of Fit [J]. Human relations. 2004, 57 (5): 531-552.

[3] Choi J N, Anderson T A, Veillette A. Contextual Inhibitors of Employee Creativity in Organizations: The Insulating Role of Creative Ability [J]. Group & Organization management. 2009, 34 (3): 330-357.

研究了 P-O 匹配和創造力變化之間的關係。創造性的變化包括創造性的思維能力，組織文化剖面用來測量人-組織匹配（O'Reilly, Chatman & Caldwell, 1991）。Livingstone 等（1997）[1]學者採用兩種匹配類型對工作壓力和工作滿意度進行分析，發現員工創造力和組織要求創造力水平匹配時壓力最小、滿意度最高。但是，在 Livingstone 等人的研究中的結果變量不是個人創造力，而是壓力和滿意度。

從國內的研究來看，王震和孫健敏（2011）從三元匹配的角度論述了人-組織匹配與員工創造力之間的關係，以 209 名員工為樣本，發現員工和組織在價值觀上的一致性程度與創意產生正相關，與創意實施關係不顯著；工作要求和員工能力的匹配程度與創意產生及實施都有顯著相關關係；員工需求與工作供給的匹配程度與創意產生及實施均無相關性。楊英（2011）[2] 在其博士論文中，對 10 名員工進行深度訪談並以 553 份有效問卷的收集為基礎，以心理授權為仲介變量，研究了人-組織匹配與員工創新行為之間的關係，研究採用人-組織匹配的三維模型。結果發現：人-組織匹配對員工創新行為具有顯著的正向影響，心理授權在人-組織匹配和員工創新行為之間起部分仲介作用，人-組織匹配對心理授權具有顯著的正向影響。其中，一致性匹配和要求-能力匹配與員工創新行為顯著正相關，而需求-供給匹配與員工創新行為相關性不顯著。杜旌、王丹妮（2009）以 305 名大學生為研究對象，研究了匹配對創造力的影響，考察了集體主義的調節作用。結果顯示供給-需求匹配中實際創造性氛圍、要求-能力匹配中的實際創造性能力對個人創造性有顯著作用。對於高集體主義價值觀的個人，環境因素（實際創造性氛圍和要求創造性能力）對他們創造力影響作用更為顯著。

上述從人與組織互動的角度對員工創造力進行研究的文獻來看，大多數研究得出的結論是：匹配會帶來員工創新行為的增多和創造力的增強。只有少數結論認為（Angela M. Farabee, 2011），員工與具有內部性且控製性的組織文化的匹配，會降低員工的創造力。

一般而言，在一個自己喜歡的組織文化下工作，擁有一份自己喜歡的可勝任的工作，是個人創造力發揮的一個重要前提條件。如果員工與組織在目標設定、價值觀念、處事方式等方面具有一致性的話，這種一致性帶來的結果通常是，個體在組織中通常來說會感覺到心情舒暢，而心情舒暢和積極情感是可以

---

[1] Livingstone L P, Nelson D L, Barr S H. Person-environment fit and creativity: an examination of supply-value and demand-ability versions of fit [J]. Journal of Management. 1997, 23 (2): 119.

[2] 楊英. 人-組織匹配、心理授權與員工創新行為關係研究 [D]. 長春: 吉林大學, 2011.

產生創造力的（Isen，2000）。Amabile（1983）的創造力成分模型中也描述了員工知識技能與創造力的關係。他提出創造力包括「工作動機」「領域相關知識和能力」「創造力相關技能」三項要素所產生的結果，而要求−能力匹配中的能力指的就是員工所具有的「領域相關知識和能力」。很明顯，這種「領域相關知識和能力」充分而又突出的員工，相比起那些知識技能不足以勝任目前工作的員工來講，更可能突破現有的框架，提出新穎的、有用的主意。同時，基於社會交換理論，我們一般認為組織如果能夠滿足員工的需要，員工就會努力工作以回報組織，從而會表現出更多的創造力，從而需求−供給匹配也與員工創造力呈現正相關的關係。

基於以上論述，本研究提出如下假設：

H1：人−組織匹配對員工創造力具有顯著的正向影響

H1a：價值觀匹配對員工創造力具有顯著的正向影響

H1b：需求−供給匹配對員工創造力具有顯著的正向影響

H1c：要求−能力匹配對員工創造力具有顯著的正向影響

3.2.2　人−組織匹配與和諧型工作激情之間的關係假設

在研究工作激情的過程中，很多研究者並未區分和諧型工作激情和強迫型工作激情。大部分研究者研究的「工作激情」的本質與 Vallerand 提出的「和諧型工作激情」是一致的。從 Vallerand 對和諧型激情的形成可以看出，其前提是個人興趣與價值的認同。由第 2 章對工作激情研究的前因變量可以看出，對工作激情的影響主要有組織特徵、工作特徵和個人特徵（Zigarmi 等，2009，2011）。而本研究界定的人−組織匹配，就包含有個人價值觀−組織文化的匹配以及人−工作的匹配，這些因素，都是個人工作激情的決定性要素。

目前，已經有部分臺灣和國外研究者（胡怡婷，2006；趙勁築，2009；陳芳倩，2005；李蕙秀，2010；Blau，1987；Nyambegera，2001）對人−組織匹配與工作激情以及與工作激情相關的變量的關係進行了實證研究，結果表明，人−組織匹配是預測員工工作激情的一個重要前因變量。

人−組織匹配對工作激情的影響的實證研究，臺灣一些研究者較早開始注意到這個問題。胡怡婷（2006）研究了人−組織匹配與人−工作匹配對工作態度的影響，採用 Q 分類方法以及本書之前提到的 OCP 量表，以 277 名臺電公司工作的員工為樣本，得出了以下結論：人−組織匹配和人−工作匹配對工作激情有正向影響，這是較早對人−組織匹配與工作激情進行研究的實證文章之一。在胡怡婷的研究中，其人−組織匹配採用的一維測量方式，將人−工作匹

配作為與人-組織匹配同層次變量。趙勁築（2009）的研究以臺灣和大陸的製造業和服務業員工為研究對象，通過619套分卷，嘗試探討了臺灣及大陸地區產生工作激情的因素，以及工作激情為員工帶來的影響。結論指出，直接主管信任、激勵以及個人-工作匹配會對工作激情產生影響。工作激情會對角色外行為與工作績效產生顯著影響，其中和諧型工作激情與強迫型工作激情會對角色外行為與工作績效產生顯著的正向影響。和諧型工作激情會對工作-生活衝突產生顯著的負向影響，而強迫型工作激情則會對工作-生活衝突產生顯著正向影響。還有一些學者研究了人-組織匹配和人-工作匹配對工作激情的干擾作用。陳芳倩（2005）較早對工作激情進行了理論和實證研究。該研究以文獻探討和個案訪談的方式，自己開發了相關量表，並以金融產業員工為對象，發現個人-工作匹配狀況會干擾工作激情來源與行為表現之間的關係，以及工作激情的行為表現與效應之間的關係；人-環境匹配狀況會干擾工作激情的來源與行為表現之間的關係。李蕙秀（2010）以高科技產業研發人員為研究對象，以工作激情來源為自變量，組織承諾為因變量，探討了變量之間的相關性及影響，並進一步以個人-組織匹配以及個人-工作匹配為工作激情來源對組織承諾的調節變量，分別探討了其調節效果。該研究共回收642份有效問卷，得出以下研究結果：研發人員工作激情來源於組織承諾有正向關係；研發人員的個人屬性，在工作激情來源及組織承諾上有顯著差異；個人-組織匹配與個人-工作匹配對工作激情來源與組織承諾的關係具有調節作用。

　　從國外研究方面來看，目前還沒有發現人-組織匹配直接影響員工工作激情的實證研究，但是，有相關研究表明，人-組織匹配確實是工作激情的一個重要前因變量。如 Joan Finley（2011）認為價值觀的一致性是導致激情的一個前因變量。同時，從相關研究來看，早在1987年，Blau 就研究了人-環境匹配與工作捲入和組織承諾的關係，發現人-環境匹配模型用來預測工作捲入是有用的。Nyambegera 等（2001）在肯尼亞的研究中發現，人-組織匹配（價值觀和文化匹配）可以部分預測員工的工作捲入。

　　H2：人-組織匹配對和諧型工作激情具有顯著的正向影響
　　H2a：價值觀匹配對和諧型工作激情具有顯著的正向影響
　　H2b：需求-供給匹配對和諧型工作激情具有顯著的正向影響
　　H2c：要求-能力匹配對和諧型工作激情具有顯著的正向影響

3.2.3 和諧型工作激情與創造力之間的關係假設

Deci 等人提出了工作動機的自我決定論模型，如下圖 3-2 所示：

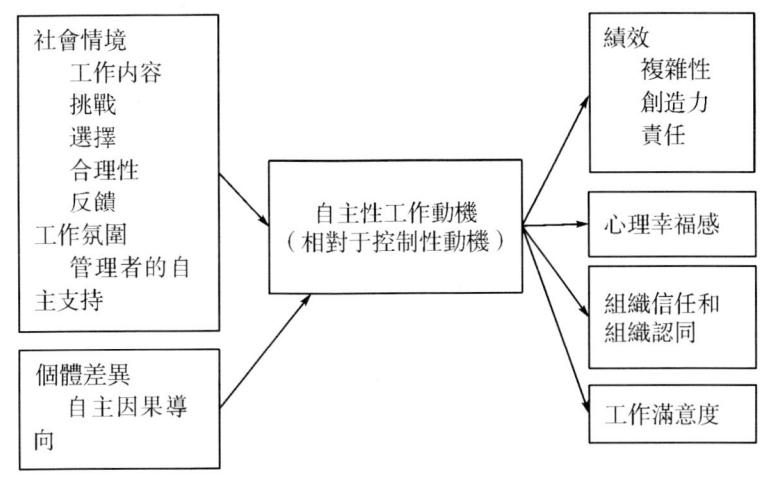

圖 3-2　工作動機的自我決定論模型

資料來源：譯自 Gagné 和 Deci[①]（2005）的研究

該模型以自主性工作動機為仲介，認為社會情境因素和個體差異因素會通過自主性工作動機影響員工的創造力。

儘管對工作激情與創造力關係的研究目前來看還比較缺乏，但是 Goldberg（1986）指出，激情是隱含在創新過程之中的。Amabile 和 Fisher（2009）也指出，當個體對其所參與的活動具有激情的時候，創造力將會最大化。工作激情尤其是和諧型工作激情之所以與員工創造力緊密相關，主要有以下幾方面的原因：第一，和諧型工作激情是一種自主性內化的工作激情，自主性內化可以為個體帶來更高水平的自主性感知（Mageau & Vallerand, 2007; Vallerand et al., 2003），而根據以往研究，自主性感知有利於創造力績效，因為它可以在創造力過程中改變個體的適應性和主動性（Ryan & Deci, 2000; Shalley et al., 2004）。對創造力的研究也已經發現，當員工在完成工作任務過程中經歷了高自主性或者是感覺到自己可以控製其工作進程的時候，創造力會增加（Amabile & Mueller, 2007）。同時，自主性本身就是員工創造力的主要來源之一（Amabile, 1988; Cummings, 1996; Zhou, 1998）。第二，工作激情可以產

[①] Gagné M, Deci E L. Self-determination theory and work motivation [J]. Journal of organizational behavior, 2005, 26 (4): 331-362.

生積極情感、興奮感以及精力（Amiot, Vallerand, Blanchard, 2006; Mageau & Vallerand, 2007; Rousseau & Vallerand, 2008）。Vallerand 等（2003）的研究表明，和諧型激情可以預測一般性積極情感。另外還有一些研究也表明了在活動參與中，和諧型激情會產生一些積極情感（Mageau et al., 2009; Vallerand et al., 2006），而積極情感是可以產生創造力的（Isen, 2000）。同時還有研究表明，興奮和精力可以促使課題提出新奇的解決方案（Shalley et al., 2004）。

一些研究者得到員工工作激情與員工創造力顯著相關的結論（Liu & Chen, 2011；蔡玉華，2009；陳芳倩，2005），最具代表性的實證研究是 Liu 和 Chen（2011）的研究。他們的研究以自我決定理論為基礎，通過 2 個多層次研究，其中一個研究以商業銀行23 個工作單元，111 個工作團隊的856 個員工為樣本進行實證研究，發現和諧型工作激情在團隊自主性支持和個體自主性導向與創造力之間關係中起到了完全仲介作用，在工作單元自主性支持與員工創造性之間起到了部分仲介作用。他們同時檢驗比較了兩個相關變量的內在動機和外在動機的仲介作用，發現和諧型工作激情是比這兩個變量更為顯著的仲介變量。同時，還有少量的其他研究驗證了工作激情與員工創造力和創新行為之間的關係。蔡玉華（2009）以高科技產業員工 351 人為研究對象，通過調查問卷的方式進行實證研究，最后得到如下結論：工作激情對工作滿意度、工作－生活衝突、員工創造力以及身心健康產生顯著影響，同時，發現員工的和諧型激情程度越高，員工創造力程度也越高。陳芳倩（2005）的研究表明，激情的行為表現主要有：工作態度、角色外行為、調整適應度、對同事的期待、創新以及專注。

綜上所述，我們認為，工作激情與員工創造力密切相關。當一個員工喜歡自己的工作，願意投入大量的時間和精力在工作中，並且可以自主控制自己的精力和投入時，無疑會產生一種「和諧」的工作心境，從而刺激其創造力的產生和提升。

H3：和諧型工作激情對員工創造力有顯著的正向影響

3.2.4 和諧型工作激情在人-組織匹配與員工創造力之間的仲介作用假設

根據 ASA 理論和工作調節理論（TWA），組織和個人的目標決定什麼樣的人會被特定的環境所吸引並選擇留下，而經過相互選擇，最后留在環境中的人，一般來說在興趣、價值觀、能力、行為等方面都會具有同質性，這樣又使得他們更容易達成目標（Schneider, 1987; Schneider et al., 1995）。根據 SDT 理論，人類行為的基本目標就是滿足自己的心理需求，因為這種滿足可以使得

個人充滿活力、整合感和健康（Deci & Ryan, 2000）。因此，個體希望留在與自己「匹配」的組織中，因為組織可以使得他們達成他們的目標、滿足他們的基本心理需求並帶來個體成長和最佳狀態。Greguras 和 Diefendorff（2009）基於自我決定論，研究了人-組織匹配可以帶來三種基本心理需求的滿足，而心理需求的滿足可以引起員工的行為變化。

Vallerand（1997, 2000）在 SDT 理論基礎上進一步發展出內外在動機多層次模型。他將個人動機劃分為總體性動機，情境性動機和特定事件動機三個層次，每個層次的動機水平都由社會因素引起，通過三種基本需求——自主性、勝任感和關係感的仲介作用導致動機的產生，不同層面的動機都會帶來情感、認知和行為的結果。Ryan，Chirkov（2003）等人的研究發現，無論在集體主義文化還是個體主義文化中，員工的三種基本心理需要的滿足對激發工作動機，提高工作績效都具有重要的作用。

基於以上理論和文獻基礎，本研究選用了仲介變量——和諧型工作激情。仲介機制推演如圖 3-3 所示：

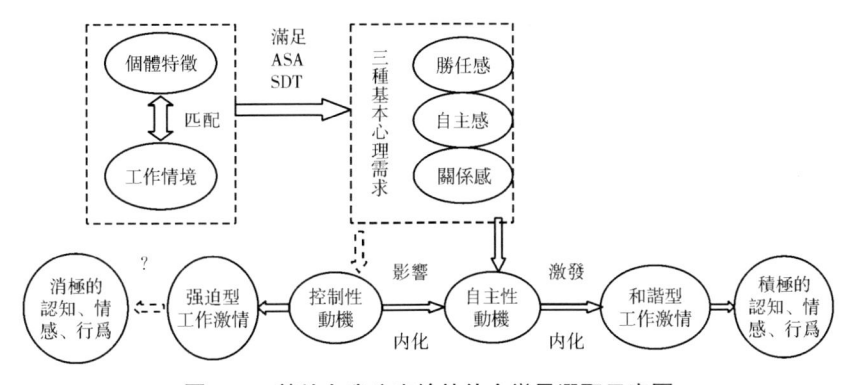

圖 3-3　基於自我決定論的仲介變量選取示意圖

資料來源：本研究整理

根據 Vallerand（2003, 2008）對和諧型工作激情的定義，和諧型工作激情是一個有別於內在動機和外在動機的自主性動機概念（Liu&Chen, 2011），表達的是個體心理傾向。人-組織匹配主要測量的是個體對人-組織匹配狀態的認知，而員工創造力是一個行為變量，這符合認知-動機-行為這一人類行為邏輯。

匹配可以帶來基本心理需求的滿足，心理需求的滿足則可以促使個體產生各種類型的動機，而動機通常可以帶來積極的認知，情感和行為的變化，從人力資源管理實踐角度和基於自我決定論的理論推演上來看，本研究認為這都是

成立的、合理的。

基於以上理論和實證推斷，本研究得出了如下假設：

H4：和諧型工作激情在人-組織匹配與員工創造力之間起仲介作用

H4a：和諧型工作激情在一致性匹配與員工創造力之間起仲介作用

H4b：和諧型工作激情在需求-供給匹配與員工創造力之間起仲介作用

H4c：和諧型工作激情在要求-能力匹配與員工創造力之間起仲介作用

3.2.5　組織創新支持感的調節作用假設

從實證研究來看，將自主性動機（主要是內部動機）作為個體心理變量與員工創造力和創新行為的研究非常之多，大部分研究者得到的結論是當參與者經歷高水平的內部動機的時候，他們的產品會被認為更富有創造力（Amabile, 1979; Koestner, Ryan, Bernieri & Holt, 1984; Shin & Zhou, 2003; Zhang, 2010）。然而，仍然有些研究顯示這兩者之間的關係呈現弱的、複雜的甚至是不相關的狀態（Amabile, 1985; Amabile, Hennessey & Grossman, 1986; Eisenberger & Aselage, 2009; Shalley & Perry-Smith, 2001）。

一方面，從理論推理上講，內部動機應該可以帶來員工創造力，而從實證研究來看卻不盡然。因此，研究者嘗試在這兩者之間加入調節變量進行進一步的研究（Hon & Leung, 2011; 蔣琬, 林康康, 2010; Shin & Zhou, 2003; Grand & Berry, 2011）；另一方面，其他研究者也在嘗試採取不同的心理和情感以及情境變量作為調節變量來研究個體心理變量與創造力之間的關係。從研究來看，動機性變量與員工創造力和創新行為的調節變量主要有以下幾個：

第一，組織效能感。蔣琬、林康康（2010）基於社會交換理論和自我決定論，探討了領導-員工交換、組織支持感與員工創造力的作用機制。結果顯示，領導-員工交換、組織支持感與員工的內部動機正相關；創新自我效能正向調節內部動機與員工創造力間的關係。

第二，員工保守價值觀。Shin 和 Zhou（2003）使用韓國公司 290 名員工和 46 位主管樣本發現，員工保守價值觀在員工內部動機與員工創造力之間起調節作用。

第三，親社會動機和換位思考。Grand 和 Berry（2011）研究了內部動機和創造力之間的關係，在這兩者關係中引入了一個調節變量換位思考（perspective taking）。換位思考由員工的親社會動機（prosocial motivation）引起，它可以鼓勵員工提出新的有用的觀點。該研究發現，親社會動機加強了內部動機和創造力排名之間的關係，而換位思考在親社會動機對內部動機和創造力關

係的調節作用中起到了仲介作用。另一方面，其他研究者也在嘗試採取不同的心理和情感以及情境變量作為調節變量來研究個體心理變量與創造力之間的關係。

第四，組織文化。Hon 和 Leung（2011）基於中國情境研究了組織文化對員工內部動機和創造力關係之間的調節作用。該研究發現，創造力文化調節成就需求動機與創造力之間的關係，傳統性文化調節權利需求與創造力之間的關係，而合作性文化則調節情感需求與創造力之間的關係。該研究指出人-文化的匹配對預測員工的創造力具有重要作用。在研究組織文化對員工創造力的影響時，往往考察的是個體與文化的匹配與創造力、創新行為之間的關係。組織文化與組織創新氛圍具有某種程度的相似性，因而，組織文化-個體的匹配，也像組織創新氛圍一樣，經常被作為調節變量使用。

第五，支持性環境、組織創新氛圍及組織創新支持感的調節作用。對組織創新支持感的關注較之主管創新支持感和團隊創新支持感是一個研究更多的變量（Amabile et al., 1996）。大量的理論研究者已經開始將組織支持感作為創造力模型中的重要因素。Amabile's（1988）的組織創造力和組織創新模型就提出了提高個人和團隊層次創新支持感的三個關鍵性要素：組織動機、組織資源和支持性的管理實踐。同樣地，Woodman & Schoenfeldt（1989），Woodman et al.（1993）在其早期的模型中構建了個體、團隊以及組織層面特徵對創新行為的聯合影響，並且考慮了創造力環境的調節作用。近期的研究中，鄭建均等（2009）基於中國情境編制了組織創新氣氛的問卷，並發現組織創新氣氛在員工創造力和創新績效的關係中起顯著調節作用。Shalley 等（2009）發現支持性的工作環境在員工的成長需求強度（動機性變量）與創造力之間起調節作用。Zhang 等（2010）的研究發現領導對創造力的支持在心理授權與創造性過程的投入之間起調節作用。創新氛圍作為一個情境性變量，經常作為調節變量使用。Peng Wang 等（2010）驗證了創新氛圍在變革型領導與創造力之間的調節作用。Farmers 等（2003）將組織創新價值感作為創造性角色認同和員工創造力關係之間的調節變量並得到驗證。當員工感受到組織重視創造力時，他們會有更高的創造性角色認同感，進而產生更高的創造力。組織創新價值感與組織創新支持感是兩個十分相似的概念，都是表達的員工對於組織激勵、尊重、獎勵、認可創造力的程度的感知。

在實踐中，為了激發員工的創造力和創新行為，中國很多企業物質資本的投入力度不可謂不大，但是管理者們所期望的「全員創新熱潮」卻沒有到來。實際上，員工自主性動機的產生與員工創造力的關係會受到員工感知到的創新

支持的影響。員工缺乏創造力的背後，根本原因不是沒有資金、設備、場地等硬件設施，而是缺乏自主、寬鬆的、鼓勵冒險與試錯的創新氛圍，無法為創新人才提供良好的創新軟環境，沒有這種環境，員工即使有再高的工作激情，可能都是短暫的，更別提將自主性的動機轉化為創造力。

從以往研究來看，影響員工創造力的因素非常之多，但是本研究基於自我決定論，認為影響員工創造力的根本因素在於員工的內在心理狀態，因而將和諧型工作激情視為影響員工創造力更為根本的因素，而員工對於外部氛圍的感知則可以調節內在心理狀態與員工創造力之間的關係。基於理論和實踐，本研究選取了「組織創新支持感」作為調節變量並提出如下假設：

H5：組織創新支持感越強，和諧型工作激情對員工創造力的影響越大

3.2.6 主管自主支持感的調節作用假設

自主支持（autonomy support）即支持他人的自主性，是從自我決定論中衍生出來的一個概念，它是影響個體積極心理機能發揮的重要環境因素。近年來，對自主支持的研究伴隨著積極心理學運動的興起成為了目前一個研究的新熱點。主管自主支持感指員工感知到的主管通過提供一系列支持性行為創造外在情境，使其有利於員工自主需求的滿足和內在動機的提高。主管自主支持主張從承認下屬的角度，採用非控製的方法為下屬提供選擇機會和相關信息，並鼓勵下屬進行自我啟發與自我調節，而非強迫下屬必須按某種特定的方式去行動。已經有研究表明自主支持的情境在組織中可以促進個體的自我動機、工作滿意度以及績效、信任以及忠誠和和諧型工作激情（Deci 等，2005；Blais 等，1993；Pajak 等，1989；Liu 等，2011）。

Deci 和 Ryan（1985）認為，領導如果能夠鼓勵員工表達自己的工作意見，樂於與員工討論工作問題並分享經驗，同時對員工的做事方式予以肯定和支持，那麼這種開放性的互動會使員工自覺地被工作吸引，認為工作有意義，以更大的熱情投身工作。Zhou（2003）認為員工和領導處於不同社會層級，因而一般而言員工在與領導交往時會有緊張感，若領導能夠幫助員工在工作上厘清目標、做好計劃、掌控進度，同時給員工工作表現上的贊揚並表達情感關懷，員工會感覺自己受到領導的關照，參與工作的興奮感以及完成任務的激情都會得到提高。Gubman（2004），石滋宜（2005）認為領導方式會對員工激情產生影響。Perttula（2004）提出自主性、自尊和組織支持感會對工作激情產生影響並得到驗證。趙勁築（2009）發現直接主管信任、激勵會對工作激情產生影響。可見，目前已經有相關研究將主管自主支持、自主性作為工作激情產

生的前因，本研究將主管自主支持感作為調節變量，主要有以下幾個理由：

第一，依據自我決定論，和諧型工作激情是工作激情的自主性內化，直接主管對自主性的支持顯然會增強人-組織匹配和和諧型工作激情之間的關係。

第二，依據 Gagen 和 Deci（2005）的研究，領導自主支持會提升自主性的動機；而依據 Liu 和 Chen（2011）的研究，組織和團隊的自主性支持以及員工的自主性導向可以提高員工的和諧型工作激情。

第三，在實踐中，金融服務業層級制度較為明顯，同時存在經常性的下屬與直接上司的交流與互動，直接主管對下屬的自主性支持及其與下屬關係會極大地影響員工的動機、態度和行為。這時候，員工往往更依賴個人的特定關係，特別是能直接提供資源和機會的直接主管，因而，主管自主支持感會對員工的心理和行為有很大的影響（袁勇志等，2010）。然而，在其他一些行業，比如教育行業，這種關係可能就沒有那麼明顯。同時，依據研究者的深度訪談資料，在人-組織匹配影響員工的和諧型工作激情從而對員工創造力產生影響的過程中，個人與直接領導的關係會影響人-組織匹配與工作激情之間的關係，直接領導對個人做事方式的理解和支持會極大影響員工工作激情。有部分受訪者強調了當感覺到個人與組織匹配了之後，如果直接的主管能夠提供一種比較自主的氛圍，允許員工放手去執行自己的想法並提供幫助，那麼這樣就可以更好地激發員工的工作激情。基於行業的選擇和對變量的考慮，本研究認為，主管自主支持感會影響人-組織匹配與和諧型工作激情之間的關係。基於此，提出如下假設：

H6：主管自主支持感越強，人-組織匹配對和諧型工作激情影響越大

3.2.7 研究假設匯總

表 3-2　　　　　　　　　　　研究假設匯總表

假設編號	研究假設	假設類型
H1	人-組織匹配對員工創造力具有顯著的正向影響	驗證性
H1a	一致性匹配對員工創造力具有顯著的正向影響	驗證性
H1b	需求-供給匹配對員工創造力具有顯著的正向影響	驗證性
H1c	要求-能力匹配對員工創造力具有顯著的正向影響	驗證性
H2	人-組織匹配對和諧型工作激情具有顯著的正向影響	開拓性
H2a	一致性匹配對和諧型工作激情具有顯著的正向影響	開拓性

表3-2(續)

假設編號	研究假設	假設類型
H2b	需求-供給匹配對和諧型工作激情具有顯著的正向影響	開拓性
H2c	要求-能力匹配對和諧型工作激情具有顯著的正向影響	開拓性
H3	和諧型工作激情對員工創造力有顯著的正向影響	開拓性
H4	和諧型工作激情在人-組織匹配與員工創造力之間起仲介作用	開拓性
H4a	和諧型工作激情在一致性匹配與員工創造力之間起仲介作用	開拓性
H4b	和諧型工作激情在需求-供給匹配與員工創造力之間起仲介作用	開拓性
H4c	和諧型工作激情在要求-能力匹配與員工創造力之間起仲介作用	開拓性
H5	組織創新支持感越強，和諧型工作激情對員工創造力的影響越大	開拓性
H6	主管自主支持感越強，人-組織匹配對和諧型工作激情影響越大	開拓性

3.4 小結

本章在第2章的基礎上，提出了本研究的理論模型，並且基於自我決定論及相關理論和實證文獻，對每一個假設的提出進行了理論和實證的詳細的論述，為后面的實證驗證打下了堅實的基礎。

4 研究方法與數據分析

本研究的第 2 章對相關概念進行了系統的文獻回顧，厘清了各個概念以及概念之間的關係。在第 3 章，本書通過理論闡述和實證研究結論總結，提出了本研究的主要研究假設，在這一章，本書將對在研究中使用的主要研究方法做一概述，並且對預調研量表和正式調研的量表信度和效度進行分析。

4.1 深度訪談法

4.1.1 訪談的目的與對象

（1）訪談目的

為了進一步驗證本研究來自對現實觀察的概念模型的現實依據，特進行此次訪談，具體包括以下幾個方面：

第一，考察受訪者對理論模型中變量及其影響因素的理解。本研究構建理論模型雖然是基於現實構建的，如創造力等都是大家所熟悉的一些概念，但是仍然有一些相對抽象的構念，如人-組織匹配。雖然工作激情是大家都很熟悉的名詞，但是和諧型工作激情和強迫型工作激情卻可能有些晦澀難懂。還有主管自主支持感、組織創新支持感等概念，都需要通過深度訪談，瞭解金融服務業員工對這些變量內涵的理解。同時，除了本研究所提到的這些變量，也希望瞭解其他影響員工的工作激情和創造力的一些因素。

第二，評價理論模型中各變量間邏輯關係是否合理。本研究的理論模型是基於對現實的觀察，結合國內外詳實的文獻分析構建出來的，但是在中國現實背景下，金融服務業的員工是否認可模型之間的這種邏輯關係，還需要通過深度訪談進行瞭解。尤其是在金融服務業服務期限較長，對其運作有深刻理解的一些員工，他們的意見和建議應該會更加具有參考價值。

（2）訪談的對象

本研究由於條件所限，主要選擇了金融服務業的 20 位從業者進行了深度訪談，受訪者中共有 13 名男性和 7 名女性，這 20 名受訪者分別在銀行業、保險業、證券業和其他金融服務機構任職，受訪者的詳細信息如表 4-1 所示。

表 4-1　　　　　　　　深度訪談員工基本信息表

企業主營業務所在行業	人數	職務	本行業從業年限	編號
銀行業	10 人	高層管理者 1 人 中層管理者 2 人 基層管理者 2 人 一般員工 5 人	20 年以上 9 年、20 年 10 年、6 年 分別為 20 年、12 年、5 年、3 年和 1 年	A B、C D、E F、G、H、I、J
保險業	4 人	中層管理者 1 人 基層管理者 1 人 一般員工 2 人	10 年 2 年 6 年和 2 年	K L M
證券業	2 人	一般員工 2 人	1 年以下和 5 年	N、O
其他金融服務業	4 人	高層管理者 1 人 中層管理者 1 人 一般員工 2 人	10 年 15 年以上 2 年和 1 年	P Q R、S

4.1.2　訪談內容

由於本次訪談的主要目的是為了瞭解理論模型中受訪者對各個變量的理解程度及其對模型現實邏輯性與合理性的感知，因此本研究根據此目的設計了相應的訪談提綱，具體問題見附錄 1。訪談提綱具體包括以下幾部分內容：

第一，對受訪人員的職位層級、工作年限、在本崗位的工作時間等基本信息進行瞭解。

第二，分別瞭解受訪人員對人-組織匹配、和諧型工作激情、強迫型工作激情、主管自主支持感等抽象概念的理解。

第三，瞭解受訪人員對人-組織匹配、和諧型工作激情、員工創造力之間關係的理解及其對於變量合理性的現實感覺。

第四，瞭解受訪人員對人-組織匹配與工作激情之間，工作激情與員工創造力之間的影響因素的認知，以便從中總結提取有用變量。

4.1.3 訪談資料的整理與結果分析

4.1.3.1 整理的步驟

本研究在收集了相關數據之后，主要按照以下步驟來整理和分析深度訪談的資料：

第一，核對整理，核對20位受訪人員原始記錄與訪談錄音，詳細整理全面的訪談內容；第二，編碼，對個體信息分門別類地進行標記和編碼，標示出有價值的信息；第三，歸類，按照編碼系統整合相近或相同的資料並總結提煉；第四，分析相關性，剖析各類別間的相互關係。

4.1.3.2 主要分析結果

（1）金融服務業員工對模型中很多變量有自己獨到的理解

金融業員工雖然無法準確地定義人-組織匹配、工作激情，尤其是和諧型工作激情、強迫型工作激情等概念，但是他們都對這些概念提出了自己的見解。

首先，在對人-組織匹配這一問題的定義上，員工A認為人-組織匹配，指的是一個人認可組織提出的政策，個人能夠滿足組織的要求，組織也能滿足個人的要求。員工B認為人-組織匹配就是人與組織相適應，組織需要個人，而個人在組織中也感覺到滿足。在對人-組織匹配的理解中，較多受訪者認為人-組織匹配主要是工作方面的匹配，較少人提到企業文化和個人價值觀的匹配。當筆者引導組織文化和個人價值觀算不算一種人與組織的匹配時，員工J認為，價值觀的匹配其實是非常重要的，一個員工只有認可組織所從事的行業和規則，認可其所在組織倡導的價值理念，才能算得上是「匹配」。

其次，在對工作激情的瞭解中，有人認為工作激情就是投入工作的意願和熱情，有人認為是一種內在的驅動力，有人認為是全心全意愛一件事情，還有人認為工作激情就是把公家的事情當作自己的事情投入大量精力去處理。他們普遍認為工作激情是一個很重要的要素，只要有激情，沒啥辦不好的，員工缺乏的就是激情。

當筆者進一步追問什麼是和諧型工作激情和強迫型工作激情時，一開始，絕大部分受訪者都搖頭，但是筆者解釋了兩者的概念之後，絕大部分的受訪者表示，雖然自己也在乎、喜愛自己的工作，但是更多的是一種「和諧型的工作激情」。雖然願意投入工作，喜歡自己在本行業的工作，但絕對不會是被迫從事該工作，而是自己願意從事該工作，並且完全可以有效控製自己對工作的投入，使之與生活中的其他各個部分和諧共存；至於「強迫型工作激情」，絕

大部分的受訪者認為自己絕對不是迫於外在的或者內在的自己無法控製的壓力去從事該工作，不是被該工作控製，而是自己可以掌控。這就表明，絕大部分的受訪者，都屬於擁有「和諧型工作激情」的員工。但是在受訪者中也有例外，典型的就是P和N。P表示，自己非常喜歡自己的工作，尤其是當遇到一定難題沒有解決的時候，無法停下工作去做其他任何事情，心裡只有工作。這已經影響到了他的家庭生活，妻子因此怨聲不斷，認為其只關心工作而不關心她和家庭，這導致P非常苦惱，P自己也想改變這種情況，但是似乎有點控製不了自己。N和P的情況不太一樣，N剛進入證券行業不久，實際上，他自己也喜歡這個行業，但是同時他也覺得壓力很大，他從事該行業還有一個重要原因就是因為他的父母、女朋友都認為這是一個有「錢途」的行業，這種「有錢途」的外在壓力也成了他內在的一種工作動力，但是這使得他覺得很多時候自己是不得不去從事證券行業，甚至有時候覺得被自己的工作控製了。P和N就是典型的「強迫型工作激情」。而筆者發現，具有這種工作激情的人確實只有極少部分，大部分人都可以與自己的工作和諧相處，這成為了本研究選取仲介變量的一個非常重要的參考。

(2) 確認了研究模型在現實中的合理性

筆者針對人-組織匹配和和諧型工作激情之間的關係對受訪人員進行了詢問。他們大部分都認為邏輯關係是顯然存在的。受訪者B指出，個人的能力能勝任崗位的要求是員工創造力產生的前提，如果能力達不到崗位的要求，不可能有什麼創新。受訪者H指出，一個人越是認同企業的價值觀，越是喜歡自己的工作，就越有工作的激情，從而也越有可能產生創造力。受訪者E認為，人-組織匹配就是把符合組織價值觀的人放在適合他自己的崗位上，這樣的話顯然容易產生工作激情，有內在動力了，且努力了才可能有創新。受訪者G認為，在組織裡面和諧了，心情好了，而且人一般都是追求上進的，在這種情況下就容易去創新，容易干出成績來。如果人身心都不和諧了，加之現在流動的機會又多，估計就離開本單位了，根本不可能去創新。

(3) 確定了調節變量

在深度訪談之前，本研究的調節變量還沒有完全確定，在訪談的過程中，很多受訪者都提到了主管的作用。如受訪者H就指出，在一個組織裡面工作是一碼事，即使再和諧，還是要看有沒有發展前途，這個就與自己的主管息息相關。如果自己想做的事情主管支持，自己有什麼想法主管瞭解了之後覺得合理的不過多干涉，還提供條件進行支持，那肯定會極大地激發工作激情，有了激情之後，創新、干出成果是早遲的事情。受訪者A、D、E、F、G也都談到

了組織領導的支持問題。I重點提出，一個組織還是要看氛圍，要看導向。如果組織重視創新，表揚獎勵創新，員工即使為了表揚和獎金，也容易去創新，所以，組織支持創新是很重要的。A、B、D等都不約而同地認為組織對創新的支持非常重要。

（4）對問卷進行了修正

在深度訪談過程中，邀請受訪對象中與研究者關係非常好的三位對翻譯過來的問卷題項的表述進行了逐題調整，使得填答者在填答的過程中能夠準確地瞭解其中的意思，有利於獲得真實信息。

4.2 問卷調查法

本研究中所使用的量表均為成熟量表。人-組織匹配、員工創造力、員工工作激情、主管自主支持感、組織創新支持感使用的都是由國外學者開發的量表。其中，主管自主支持感量表借鑑臺灣學者的翻譯，人-組織匹配量表借鑑楊英（2011）譯自Cable和Derue（2002）的量表，而員工工作激情量表、組織創新支持感量表都屬初次翻譯。對於初次翻譯的英文量表，本研究採用「雙向翻譯」的方法將其轉化為中文量表，因為工作激情量表的翻譯主要涉及心理學科，所以筆者邀請一位在中國高中畢業，並且在加拿大攻讀心理學專業的博士朋友將量表翻譯成中文，然后再請英文專業的老師將其回譯成英文，最后由專門研究心理學和人力資源管理領域的專家將其與原文進行了對比，來確保量表具有良好的內容效度。之后筆者通過深度訪談對問卷的表述逐句進行了潤色，使之符合中國人的閱讀習慣，從而形成了量表的初稿。下面分別對研究中使用到的每一個概念和量表做詳細的介紹。

4.2.1 關鍵概念及相關量表簡介

4.2.1.1 關鍵概念

本研究涉及的關鍵概念主要有：金融服務業、人-組織匹配、和諧型工作激情、員工創造力、主管自主支持感、組織創新支持感，對其概念分別解釋如下：

(1) 金融服務業

中國《國民經濟行業分類與代碼》[①] 將金融服務業分為 4 個中類和 15 個小類，其中 4 個中類分別為：銀行業（中央銀行、商業銀行、其他銀行）；證券業（證券市場管理、證券經紀與交易、證券分析與諮詢、證券投資）；保險業（人壽保險、非人壽保險、保險輔助服務）；其他金融活動（金融信託與管理、金融租賃、郵政儲蓄、財務公司、典當等等）。一般而言，學術研究中也是將金融服務業分為銀行、保險、證券和其他金融業[②]。本書的金融服務業就以該四個中類為調研對象。在上述行業就業的員工，就稱為金融服務業員工。

(2) 人-組織匹配（person-organization fit）

人-組織匹配（Person-Organization Fit，簡稱 P-O Fit）是個體與組織整體之間的協調、一致的狀態（Gregory 等，2010）。包括組織文化與價值觀的一致性（Congruence）、需求-供給匹配（Needs-Supplies Fit，指的是員工的需求、期望等與所從事的工作的吻合）和要求-能力匹配（Demands-Abilities Fit，指的是員工的知識和能力能夠滿足工作的要求）三個方面（Cable，2002）。

(3) 創造力（creativity）

本研究從結果角度來定義創造力，認為創造力就是指新穎的、有用的想法和點子的產生和提出（Amabile，1987；Oldham & Cummings，1996）。

(4) 和諧型工作激情（harmonious work passion）

本研究採用 Vallerand 對「和諧型工作激情」的定義。和諧型工作激情是指自主性內化的工作激情，是指個人自主地，有自由意志地喜歡自己的工作，並願意對工作投入大量時間和精力的強烈心理傾向（Vallerand；2003，2008）。

(5) 主管自主支持感的概念（perceived supervisory autonomy support）

主管自主支持感可界定為：員工感知到的主管通過提供一系列支持性行為創造外在情境，使其有利於員工自主需求的滿足和內在動機的提高（Deci 等，1989）。

(6) 組織創新支持感（Perceived organizational support for creativity）

組織創新支持感指的是員工對於組織激勵、尊重、獎勵、認可創造力的程度的感知（Scott & Bruce，1994；Zhou & George，2001；De Stobbeleir 等，2011）。

[①] GB/T 4754-2002，國民經濟行業分類與代碼 [S]. 2002.

[②] Drew. Accelerating innovation in financial service [J]. Log range planning, 1995, 28 (4)：11-21.

4.2.1.2 人-組織匹配（person-organization fit）量表

從目前的研究來看，直接測量和間接測量中的個體測量由於簡單易用，而為廣大研究者所青睞。本研究選用感知匹配的直接測量方式，因為本研究的仲介變量——和諧型工作激情是個體動機性變量（Liu & Chen，2011），Edwards（1993）和 Verquer 等（2003）認為，感知匹配的直接測量能夠顯示出人與組織匹配和個人層面變量之間的顯著相關性。

本研究選用 Cable 和 Derue（2002）的量表對人-組織匹配進行測量，Cable 和 Derue 測量了三個維度：價值觀一致性（values congruence）、N-S 匹配和 D-A 匹配，每個維度有三個題項，共九個題項。選用該量表的理由：第一，從本研究對人-組織匹配的定義來看，該量表恰好包含研究者想要研究的三個維度，與研究意圖十分切合；第二，該量表經國內、國外研究者廣泛採用，具有良好的信度和效度。

表 4-2　　　　　　　　　　　　人-組織匹配量表

變量	測量維度	量表題項	編號
人-組織匹配	一致性匹配	我個人的價值觀和本單位的價值觀非常相似	A11
		我個人的價值觀與本單位的價值觀及企業文化能夠匹配	A12
		本單位的價值觀與我個人在生活中的價值觀相符合	A13
	需求-供給匹配	我的工作能夠滿足我的精神與物質需求，是一份理想的工作	A21
		目前的工作正是我想要的工作	A22
		我目前所從事的工作，幾乎能給予我想要從工作當中得到的一切	A23
	要求-能力匹配	工作要求與我個人所具有的技能能夠很好地匹配	A31
		我的能力和所受的訓練非常適合工作對我的要求	A32
		我個人的能力及所受的教育能與工作要求相匹配	A33

資料來源：譯自 Cable 和 Derue（2002）的研究[①]

4.2.1.3 員工創造力（employee's creativity）量表

從目前的研究來看，對員工創造力的測量主要採用 Zhou 和 George 的創造

[①] Cable D M, Derue D S. The convergent and discriminant validity of subjective fit perceptions [J]. Journal of applied psychology, 2002, 87（5）: 875-883.

力量表以及 Tierney 等（1999）的量表。Zhou 和 George（2001）在 Scott 和 Bruce（1994）的創新行為量表基礎上開發了創造力量表，包括 13 個條目；Tierney 等（1999）在文獻回顧和員工訪談的基礎上，開發了一個包含 9 個條目的 6 點式 Likert 量表，本研究根據需要採用 Zhou & George（2001）開發的量表，該量表信度效度高（a＝0.96），在國內已經被廣泛採用。本研究在使用的時候剔除了兩個非常相似的題項，將 13 個條目減少到 11 個條目，量表詳見表 4-3。

表 4-3　　　　　　　　　　員工創造力量表

變量	量表題項	編號
員工創造力	我經常提出新的方法來實現工作目標	B1
	我會提出新的實用的方法來改進工作績效	B2
	我尋求新的服務方式、金融技術或者產品創意	B3
	我會提出新方法來提高工作效率	B4
	我本人是一個很有創造力想法的人	B5
	我願意承擔風險	B6
	我會鼓勵並支持別人新的想法	B7
	我在工作中有機會就會展示自己的創造力	B8
	我會為了實現新計劃制訂的詳細的計劃和進度表	B9
	我經常有解決問題的新方法	B10
	我會向別人推薦採用新的方法來完成工作任務	B11

資料來源：譯自 Zhou 和 George 的（2001）的研究①

4.2.1.4　和諧型工作激情（harmonious work passion）

Vallerand（2003）開發的「和諧型工作激情」量表，在國外情境中具有良好的信度和效度，其使用十分廣泛。目前，極少數的臺灣學者將「活動激情」量表翻譯成中文後，在 Vallerand（2003）量表的基礎上進行了修訂並進行實證研究，也發現其具有良好的信度和效度。

本研究使用該量表對和諧型工作激情進行測量。和諧型工作激情是單維度構念，共 7 個題項，如表 4-4 所示。

---

① Zhou, J, George, J M. When job dissatisfaction leads to creativity: Encouraging the expression of voice [J]. Academy of management journal, 2001, 44: 682-696.

表 4-4　　　　　　　和諧型工作激情和強迫新工作激情量表

變量	量表題項	編號
和諧型工作激情	我的工作讓我體驗各種經歷	C11
	在工作中發現的新知識讓我更加珍惜我的工作	C12
	我的工作帶給我許多難忘的經歷	C13
	我的工作能體現我自己的品位。	C14
	我的工作與我生活中的其他活動相協調	C15
	對我來說，我對工作的激情是我能掌控的	C16
	我的心完全被我喜歡的這份工作所占據	C17

資料來源：譯自 Vallerand 和 Houlfort（2003）的研究①

4.2.1.5　主管自主支持感（Perceived Supervisory Autonomy Support）

在自我決定論框架內，研究者開發出了自主支持問卷（Perceived autonomy support：The Climate Questionnaires），並在此基礎上編制了測量感知到的領導自主支持的工作環境問卷（The Work Climate Questionnaire，WCQ）。本研究問卷採用 Work Climate Survey（WCS），由 Deci，Connell 和 Ryan（1989）開發，共包含六個題項，如表 4-5 所示。本研究問卷採用 Work Climate Survey（WCS）。

表 4-5　　　　　　　　　　主管自主支持感

變量	量表題項	編號
主管自主支持感	我感覺主管給我提供了許多工作自主權	E1
	我感覺主管瞭解我	E2
	我的主管信任我的能力及工作表現	E3
	我的主管鼓勵我提出工作中的問題	E4
	我的主管願意理解我做事（工作）的方式	E5
	我的主管在提出工作建議前會先弄清我的看法	E6

資料來源：譯自 Deci 和 Ryan（1989）的研究②

4.2.1.6　組織創新支持感（Perceived organizational support for creativity）

對組織創新支持感的測量主要沿用由 Zhou 和 George（2001）根據 Scott 和

---

① Vallerand R J, Houlfort N. Passion At Work [J]. Stephen W. Gilliland, Dirk D. Steiner, and Daniel, Emerging Perspectives on Values in Organizations, 2003：175-204.

② Deci, E l, Connell, J P, Ryan, R M. Self-determination in a work organization [J]. Journal of applied psychology, 1989, 74 (4), 580-590.

Bruce（1994）的測量題項開發的量表。該量表包含一個維度，四個題項，如表 4-6 所示。

表 4-6　　　　　　　　　　　組織創新支持感

變量	量表題項	編號
組織創新支持感	我們公司鼓勵創造性	D1
	我們的領導尊重我們的創造性	D2
	我們公司的獎勵制度鼓勵創造性	D3
	我們公司公開表彰那些富有創造性的人	D4

資料來源：資料來源：譯自 Zhou 和 George 的（2001）的研究①

4.2.1.7　控制變量

本研究以金融服務業員工為研究對象，包含的人口統計變量有：性別、年齡、受教育程度、現單位工作年限以及職位級別。

4.2.2　調查問卷的編制

為了獲得企業員工的真實數據，我們在已有成熟量表的基礎上編制了調查問卷。

問卷主要包括兩個部分，第一部分是對員工人口統計學特徵的調查，主要包括員工的性別、年齡、工作年限、職位、學歷等方面。第二部分是對本研究概念模型中涉及的所有變量進行調查，目的是獲得數據，以驗證本研究的研究假設。問卷採用李克特 7 分制進行計量。其中：1＝完全不符合；2＝比較不符合；3＝有點不符合；4＝說不準；5＝有點符合；6＝比較符合；7＝完全符合。

4.2.3　研究對象的選擇

任何行業的發展都需要員工的創造力的發揮，但是，據研究數據顯示金融服務業屬於知識密集型服務行業，金融創新浪潮席捲全球，具有創造力企業比例達到 58%，高於製造業中 54% 和服務業平均水平 46%，因此，本研究選擇的研究對象為在創新行業中為佼佼者的金融服務業各個層次的員工。

4.2.4　預調研

為保證研究質量，本研究在大量發放問卷之前進行了小樣本預測試，預測

---

① Zhou, J, George, J M. When job dissatisfaction leads to creativity: Encouraging the expression of voice [J]. Academy of management journal, 2001, 44: 682-696.

試問卷考慮到獲取人脈和地理上的便利性，主要在雅安市的四家金融服務機構：中國銀行雅安分行、雅安市商業銀行、郵儲銀行雅安分行以及雨城區聯社發放問卷 100 份，在朋友、同學之間發放問卷 15 份。其中，朋友、同學發放的問卷為電子問卷，通過 Email 和 QQ 發送和回收；雅安市四家金融服務機構每家問卷為 25 份，由本人送至其相關辦公室，由主管代收後本人取回。所有問卷均為匿名形式填寫。共發放問卷 115，回收 112 份，回收率為 97.3%。問卷回收後對問卷進行篩選，剔除無效問卷，主要按照以下三個標準剔除無效問卷：①題項遺漏值超過 10%；②明顯為不認真填寫，如果問卷中連續 6 個題目的選擇相同，那麼這份問卷就無效；③反向題項與正向題項答案矛盾。最終剔除了無效樣本 23 份，獲得有效樣本為 89 份，樣本有效率為 79.4%。

4.2.4.1 預調研樣本描述性統計分析

表 4-7　　　　　　　　預調研樣本描述性統計

類別	組別	頻數	百分比（%）
性別	男	46	51.7
	女	43	48.3
年齡	25 歲以下	8	9.0
	26~30 歲	37	41.6
	31~35 歲	14	15.7
	36~40 歲	16	18.0
	41~50 歲	14	15.7
	51 歲及以上	0	0
學歷	高中及以下	1	1.1
	大專	23	25.8
	本科	58	65.2
	碩士及以上	7	7.9
職位	一般員工	56	62.9
	基層管理者	15	16.9
	中層管理者	17	19.1
	高層管理者	1	1.1

表4-7(續)

類別	組別	頻數	百分比（%）
本公司服務年限	3年以下	24	27.0
	3~5年	26	29.2
	6~10年	22	24.7
	11~15年	5	5.6
	15年以上	12	13.5
收入	3,000元/月以下	30	33.7
	3,001~4,500元/月	41	46.1
	4,501~6,000元/月	12	13.5
	6,001元/月以上	6	6.7
企業主營業務	銀行業	63	70.8
	保險業	5	5.6
	證券業	7	7.9
	其他金融機構	14	15.7

從上表可以看出本次大規模調研的樣本呈現出以下特徵：

第一，男女比例大致相當，男性比例略高於女性。

第二，金融服務業的從業人員年齡有年輕化的趨勢，絕大部分的從業人員年齡在40歲以下，尤以26~30歲的年輕人居多。

第三，從受教育程度來看，具有本科學歷的員工占樣本對象的絕大部分，占到了65.2%的比重。

第四，從被調查員工的職位來看，一般員工的人數占到了比重的62.9%。基層管理者、中層管理者和高層管理者均占到一定的比重。

第五，從工作年限來看，5年以下員工為最多。這說明隨著金融服務業的不斷發展，年輕化是趨勢。

第六，從收入來看，絕大部分雅安金融業的員工收入在4,500元以下，這從整個四川省來看應該是處於低收入水平。

第七，該調研數據的獲得主要來自於銀行業的員工。

4.2.4.2 預調研量表測量條目的篩選

利用小樣本數據，本研究主要從以下方面對題項進行了篩選。

(1) 項目分析

項目分析的主要目的是為了檢驗量表個別題項的適切或者可靠程度。項目分析最常用的判別指標是「臨界比值法」（critical ration，CR 值），是根據總分區分出兩組受試者：高分組和低分組，然后求高低分兩組受試者在每個題項的平均數差異的顯著性，然后將未達顯著水平的題項刪除。主要包括有以下幾個步驟：首先檢驗樣本是否符合多元正態分佈；處理量表的反向計分題項；求出量表總分；量表總分高低排序；找出高低分組上下 27% 處的分數；依據臨界分數將量表得分分成兩組；用 T 檢驗檢驗高低分組在每個題項上的差異；將 T 檢驗未達顯著性的題項刪除（吳明隆，2010）。

(2) 題項與總分相關

各變量測量題項反映的是相關的構念，因而題項得分應該彼此適度相關。一般而言，題項與總分的相關不但應該達到顯著，而且兩者間的相關要達到中高度的關係，也就是說相關係數至少要在 0.4 以上。（吳明隆，2010）。本研究參照該標準，題項與總分相關係數未達 0.4 者刪除。

(3) 修正的項目總相關分析（corrected-item total correlation，CITC）

修正的項目總相關是淨化測量題項的方法之一。一般認為當題項的 CITC 值小於 0.40 時，表示該題項與其餘題項的相關度較低，與其餘題項所要測量的潛在特質同質性不高，應該刪除此條目（吳明隆，2010）。

(4) 信度分析

信度（reliability）也即可靠性，指的是一份量表所測得結果的一致性（consistency）與穩定性（stability）。具體來說，信度是檢驗量表內部各測量題項彼此吻合的程度以及重測結果和第一次測量的結果一致的程度。

Cronbach α 系數是最經常使用的測量指標（$α = k(1 - \sum S_i^2 / S^2) / (k-1)$，其中：$\sum S_i^2$ 為量表題項的方差總和；S^2 為量表題項加總后方差）用於檢驗量表的內部一致性。一般認為在基礎研究中，信度至少應該達到 0.80 才可接受；但部分學者認為 Cronbach α 系數大於 0.70 就是高信度值；Nunnally（1987）認為在一般的探索性分析，特別是先導性研究中，Cronbach α 系數高於 0.5 都是可以接受的[①]。不過值得注意的是，Cronbach α 系數會隨著量表題項增加而提高（侯杰泰等，2004），因此，不能僅以 Cronbach α 系數的高低來作為衡量表信度高低的唯一標準。

---

① Nunnally, J C. On choosing a test statistic in multivariate analysis of variance [J]. Psychological bulletin, 83 (4), 579-586.

本研究主要依據表4-8判別標準。

表4-8　　　　　　　　　　判別標準表

題項	極端組比較	題項與總分相關		同質性檢驗		
	決斷值	題項與總分相關	校正題項與總分相關	題項刪除后的α值	共同性	因素負荷量
判別準則	≥3.000	≥0.400	≥0.400	≤量表信度值	≥0.200	≥0.450

4.2.4.3　預測量表的分析

（1）項目分析

在進行項目分析之前，需要先檢驗數據的正態性，見表4-9。

表4-9　　　　　　　　　　數據正態性檢驗

描述性統計							
	樣本量	均值	標準差	偏度		峰度	
	Statistic	Statistic	Statistic	統計	標準差	統計	標準差
A11	89	4.61	1.600	−0.454	0.255	−0.757	0.506
A12	89	4.71	1.463	−0.411	0.255	−0.383	0.506
A13	89	4.57	1.514	−0.323	0.255	−0.668	0.506
A21	89	4.74	1.620	−0.580	0.255	−0.365	0.506
A22	89	5.06	1.464	−0.566	0.255	−0.397	0.506
A23	89	4.46	1.380	−0.379	0.255	−0.224	0.506
A31	89	5.04	1.167	−0.967	0.255	1.136	0.506
A32	89	4.92	1.316	−0.709	0.255	−0.058	0.506
A33	89	5.11	1.426	−0.780	0.255	0.328	0.506
B1	89	4.68	1.221	−0.128	0.255	−0.551	0.506
B2	89	4.84	1.065	−0.251	0.255	−0.396	0.506
B3	89	4.84	1.065	−0.245	0.255	−0.397	0.506
B4	89	5.00	1.087	−0.489	0.255	0.205	0.506
B5	89	4.97	1.238	−0.559	0.255	0.196	0.506
B6	89	5.00	1.225	−0.380	0.255	−0.056	0.506
B7	89	5.31	1.202	−0.715	0.255	0.401	0.506
B8	89	4.94	1.132	−0.462	0.255	0.288	0.506

表4-9(續)

描述性統計								
B9	89	5.12	1.185	-0.412	0.255	0.142	0.506
B10	89	4.90	1.168	-0.018	0.255	-0.566	0.506
B11	89	4.95	1.251	-0.339	0.255	0.138	0.506
C11	89	5.10	1.234	-0.607	0.255	0.473	0.506
C12	89	5.32	1.275	-0.600	0.255	-0.028	0.506
C13	89	5.27	1.268	-0.841	0.255	1.044	0.506
C14	89	4.89	1.274	0.047	0.255	-0.424	0.506
C15	89	4.82	1.370	-0.287	0.255	-0.101	0.506
C16	89	5.07	1.195	-0.298	0.255	-0.439	0.506
C17	89	4.48	1.455	-0.238	0.255	-0.554	0.506
D1	89	4.88	1.304	-0.238	0.255	-0.047	0.506
D2	89	5.03	1.274	-0.165	0.255	-0.604	0.506
D3	89	4.88	1.338	-0.584	0.255	0.402	0.506
D4	89	4.94	1.495	-0.820	0.255	0.625	0.506
E1	89	4.87	1.342	-0.673	0.255	0.212	0.506
E2	89	4.80	1.307	-0.427	0.255	0.406	0.506
E3	89	5.02	1.314	-0.534	0.255	-0.098	0.506
E4	89	5.14	1.254	-0.547	0.255	0.119	0.506
E5	89	4.95	1.177	-0.509	0.255	0.472	0.506
E6	89	4.93	1.313	-0.675	0.255	0.603	0.506
ValidN (listwise)	89						

如表4-9所示，所有題項偏度系數絕對值小於3，峰度系數絕對值遠遠小於10，表明樣本數據符合多元正態分佈（Kline，1998），滿足獨立樣本t檢驗要求[①]。

根據項目分析程序以27%分位數為界的高低分組各條目均值t檢驗，0.05（雙側）顯著水平作為條目保留臨界條件，結果如表4-10所示。

[①] 吳治國. 變革型領導、組織創新氣氛與組織創新績效關聯模型研究[D]. 上海：上海交通大學博士論文，2008.

表 4-10　　　　　人-組織匹配分組后的獨立樣本 T 檢驗

	方差相等的 Levene's 檢驗		平均數相等的 T 檢驗						
	F	Sig.	t	df	Sig. (2-tailed)	平均差異	標準誤差異	差異的95%置信區間	
								下界	上界
A11	13.261	0.001	10.889	31.655	0.000	3.023	0.278	2.458	3.589
A12	9.970	0.003	11.834	34.852	0.000	2.938	0.248	2.434	3.442
A13	3.384	0.072	13.564	52	0.000	3.114	0.230	2.654	3.575
A21	12.591	0.001	10.558	34.413	0.000	2.938	0.278	2.373	3.503
A22	19.943	0.000	10.900	30.638	0.000	2.859	0.262	2.324	3.395
A23	2.616	0.112	7.337	52	0.000	2.295	0.313	1.667	2.923
A31	8.364	0.006	7.759	33.875	0.000	2.051	0.264	1.514	2.588
A32	21.876	0.000	8.716	29.705	0.000	2.423	0.278	1.855	2.992
A33	2.369	0.130	7.097	52	0.000	2.276	0.321	1.632	2.919

從表 4-10 的結果可以看出，各個題項的顯著性水平都顯著小於 0.05，故此，所有的題項得以保留。

從表 4-11 的結果可以看出，各個題項的顯著性水平都顯著小於 0.05，故此，所有的題項得以保留。

表 4-11　　　　　創造力分組后獨立樣本 T 檢驗

	方差相等的 Levene's 檢驗		平均數相等的 T 檢驗						
	F	Sig.	t	df	Sig. (2-tailed)	平均差異	標準誤差異	差異的95%置信區間	
								下界	下界
B1	1.747	0.192	-9.929	54	0.000	-2.179	0.219	-2.618	-1.739
B2	1.362	0.248	-10.086	54	0.000	-1.929	0.191	-2.312	-1.545
B3	0.814	0.371	-6.330	54	0.000	-1.494	0.236	-1.968	-1.021
B4	5.444	0.023	-9.144	45.023	0.000	-1.893	0.207	-2.310	-1.476
B5	7.311	0.009	-8.723	45.731	0.000	-2.214	0.254	-2.725	-1.703
B6	1.699	0.198	-5.884	54	0.000	-1.679	0.285	-2.251	-1.107
B7	3.928	0.053	-7.833	54	0.000	-1.964	0.251	-2.467	-1.462
B8	1.902	0.174	-8.333	54	0.000	-1.998	0.240	-2.479	-1.517
B9	0.367	0.547	-9.631	54	0.000	-2.143	0.223	-2.589	-1.697

表4-11(續)

	方差相等的 Levene's 檢驗		平均數相等的 T 檢驗						
	F	Sig.	t	df	Sig.(2-tailed)	平均差異	標準誤差異	差異的95%置信區間	
								下界	下界
B10	5.471	0.023	-11.275	47.384	0.000	-2.250	0.200	-2.651	-1.849
B11	0.028	0.867	-9.528	54	0.000	-2.106	0.221	-2.549	-1.662

從表4-12的結果可以看出，各個題項的顯著性水平都顯著小於0.05，故此，所有的題項得以保留。

表4-12　　和諧型工作激情分組后獨立樣本T檢驗

	方差相等的 Levene's 檢驗		平均數相等的 T 檢驗						
	F	Sig.	t	df	Sig.(2-tailed)	平均差異	標準誤差異	差異的95%置信區間	
								下界	下界
C11	1.149	0.289	-6.910	50	0.000	-1.885	0.273	-2.432	-1.337
C12	1.377	0.246	-9.818	50	0.000	-2.346	0.239	-2.826	-1.866
C13	3.088	0.085	-8.839	50	0.000	-2.385	0.270	-2.926	-1.843
C14	0.058	0.811	-12.580	50	0.000	-2.692	0.214	-3.122	-2.262
C15	0.226	0.636	-8.077	50	0.000	-2.423	0.300	-3.026	-1.821
C16	2.073	0.156	-11.115	50	0.000	-2.346	0.211	-2.770	-1.922
C17	3.538	0.066	-8.733	50	0.000	-2.500	0.286	-3.075	-1.925

從表4-13的結果可以看出，各個題項的顯著性水平都顯著小於0.05，故此，所有的題項得以保留。

表4-13　　組織創新支持感分組后獨立樣本T檢驗

	方差相等的 Levene's 檢驗		平均數相等的 T 檢驗						
	F	Sig.	t	df	Sig.(2-tailed)	平均差異	標準誤差異	差異的95%置信區間	
								下界	下界
D1	3.386	0.071	-11.113	52	0.000	-2.635	0.237	-3.110	-2.159
D2	3.285	0.076	-11.908	52	0.000	-2.547	0.214	-2.976	-2.118

表4-13(續)

	方差相等的 Levene's 檢驗		平均數相等的 T 檢驗						
	F	Sig.	t	df	Sig.（2-tailed）	平均差異	標準誤差異	差異的95%置信區間	
								下界	下界
D3	3.098	0.084	-10.259	52	0.000	-2.681	0.261	-3.206	-2.157
D4	17.104	0.000	-11.539	52	0.000	-3.159	0.274	-3.716	-2.603

從表4-14的結果可以看出，各個題項的顯著性水平都顯著小於0.05，故此，所有的題項得以保留。

表4-14　　　主管自主支持感分組后獨立樣本T檢驗

	方差相等的 Levene's 檢驗		平均數相等的 T 檢驗						
	F	Sig.	t	df	Sig.（2-tailed）	平均差異	標準誤差異	差異的95%置信區間	
								下界	下界
E1	1.560	0.215	-6.442	81	0.000	-3.627	0.563	-4.747	-2.506
E2	1.392	0.242	-6.473	81	0.000	-3.551	0.549	-4.642	-2.459
E3	0.113	0.737	-5.086	81	0.000	-2.804	0.551	-3.901	-1.707
E4	0.008	0.930	-5.181	81	0.000	-2.669	0.515	-3.695	-1.644
E5	0.717	0.399	-5.604	81	0.000	-2.715	0.484	-3.678	-1.751
E6	1.010	0.318	-4.934	81	0.000	-2.915	0.591	-4.090	-1.739

（2）修正的項目總相關與信度檢驗

從表4-15的結果可以看出，校正題項與總分相關均在0.5以上，刪除任何題項后都會降低Cronbach's系數，且Cronbach Alpha＝0.932，以上各項均不符合刪除條件，所以保留以上的9個條目。

表 4-15　　　　　　　　　　人-組織匹配的 CITC 和信度分析

變量	維度	題項	Scale Mean if Item Deleted	Scale Variance if Item Deleted	Corrected Item-Total Correlation	Cronbach's Alpha if Item Deleted	維度 Cronbach's Alpha	構念 Cronbach's Alpha
人-組織匹配	一致性匹配	A11	38.61	84.418	0.766	0.923	0.934	0.932
		A12	38.51	84.817	0.837	0.918		
		A13	38.65	83.772	0.846	0.918		
	需求-供給匹配	A21	38.48	85.397	0.717	0.926	0.851	
		A22	38.16	86.402	0.770	0.923		
		A23	38.76	91.299	0.618	0.931		
	要求-能力匹配	A31	38.18	90.324	0.803	0.922	0.896	
		A32	38.30	89.330	0.741	0.925		
		A33	38.11	89.557	0.664	0.929		

　　從表 4-16 的結果可以看出，校正題項與總分相關均在 0.5 以上，刪除任何題項后都會降低 Cronbach's 系數，且 Cronbach Alpha = 0.932，以上各項均不符合刪除條件，保留員工創造力的 11 個條目。

表 4-16　　　　　　　　　　員工創造力的 CITC 和信度分析

變量	題項	Scale Mean if Item Deleted	Scale Variance if Item Deleted	Corrected Item-Total Correlation	Cronbach's Alpha if Item Deleted	構念 Cronbach's Alpha
員工創造力	B1	49.88	81.120	0.712	0.926	0.932
	B2	49.72	83.258	0.714	0.926	
	B3	49.72	85.578	0.587	0.931	
	B4	49.56	82.400	0.744	0.924	
	B5	49.60	79.402	0.786	0.922	
	B6	49.56	83.305	0.602	0.931	
	B7	49.25	81.414	0.710	0.926	
	B8	49.62	80.721	0.800	0.922	
	B9	49.44	79.897	0.801	0.922	
	B10	49.66	80.669	0.774	0.923	
	B11	49.61	81.695	0.663	0.928	

　　從表 4-17 的結果可以看出，校正題項與總分相關均在 0.5 以上，刪除任何題項后都會降低 Cronbach's 系數，且 Cronbach Alpha = 0.891，以上各項均不符合刪除條件，所以保留以上的 7 個條目。

表 4-17　　　　　　　和諧型工作激情的 CITC 和信度分析

變量	題項	Scale Mean if Item Deleted	Scale Variance if Item Deleted	Corrected Item-Total Correlation	Cronbach's Alpha if Item Deleted	構念 Cronbach's Alpha
和諧型工作激情	C11	29.85	38.465	0.651	0.879	0.891
	C12	29.63	36.729	0.751	0.868	
	C13	29.68	36.866	0.746	0.868	
	C14	30.07	36.664	0.757	0.867	
	C15	30.14	36.753	0.682	0.876	
	C16	29.89	37.814	0.730	0.871	
	C17	30.47	38.314	0.529	0.897	

　　從表 4-18 的結果可以看出，校正題項與總分相關均在 0.5 以上，刪除任何題項后都會降低 Cronbach's 系數，且 Cronbach Alpha＝0.905，以上各項均不符合刪除條件，所以保留以上的 4 個條目。

表 4-18　　　　　　　組織創新支持感的 CITC 和信度分析

變量	題項	Scale Mean if Item Deleted	Scale Variance if Item Deleted	Corrected Item-Total Correlation	Cronbach's Alpha if Item Deleted	構念 Cronbach's Alpha
組織創新支持感	D1	14.85	13.353	0.821	0.865	0.905
	D2	14.70	14.418	0.707	0.904	
	D3	14.85	13.331	0.794	0.874	
	D4	14.79	12.011	0.833	0.861	

　　從表 4-19 的結果可以看出，校正題項與總分相關均在 0.5 以上，刪除任何題項后都會降低 Cronbach's 系數，且 Cronbach Alpha＝0.944，以上各項均不符合刪除條件，所以保留以上的 6 個條目。

表 4-19　　　　　主管自主支持感的 CITC 和信度分析

變量	題項	Scale Mean if Item Deleted	Scale Variance if Item Deleted	Corrected Item-Total Correlation	Cronbach's Alpha if Item Deleted	構念 Cronbach's Alpha
主管自主支持感	E1	24.84	32.037	0.838	0.933	0.944
	E2	24.91	32.097	0.861	0.930	
	E3	24.69	32.692	0.808	0.937	
	E4	24.57	32.525	0.872	0.929	
	E5	24.75	33.378	0.868	0.931	
	E6	24.78	33.437	0.751	0.944	

（3）效度分析

本研究的量表均來自於西方國家成熟的量表，內容效度得到了較好的保證。從各個量表的應用來看，本研究所使用的所有量表雖然翻譯自英文，但是都以中國員工為樣本進行過研究。本研究對效度的考察主要通過 KMO（Kaiser-Meyer-Olkin Measure of Sampling Adequacy）值和巴特立特球形檢驗（Bartlett's sphericitytest）判斷樣本是否適合進行因素分析，因為依據 Kaiser（1974）的觀點，可以從取樣適切性量表值的大小來判斷題項間是否適合進行因素分析。其判定標準見表 4-20。

表 4-20　　　　　效度分析判定標準

KMO 統計值	判別說明	因素分析適切性
0.90 以上	極適合進行因素分析	極佳的
0.80 以上	適合進行因素分析	良好的
0.70 以上	尚可進行因素分析	適中的
0.60 以上	勉強可進行因素分析	普通的
0.50 以上	不適合進行因素分析	欠佳的
0.50 以下	非常不適合進行因素分析	無法接受的

在選取題項的時候，需要考慮題項的因素負荷量。因素負荷量反映了題項變量對各個共同因素的關聯強度。Hari（1998）等認為，因素負荷量的選取標準與樣量相關。Tabachnich 等（2007）認為因素負荷量、解釋變異百分比以及

選取準則判斷標準如表 4-21 所示。

表 4-21　　　　　　　　題項選擇判定標準

因素負荷量	解釋變異量	題項變量狀況
0.71	50%	甚為理想
0.63	40%	非常好
0.55	30%	好
0.45	20%	普通
0.32	10%	不好
< 0.32	< 10%	舍棄

依據表 4-21，在本研究因素分析程序中，因子負荷量的挑選標準在 0.4 以上，此時共同因素可以解釋題項變量的百分比為 16%。下面分別對各個變量進行效度分析。在下面的分析中，因子抽取方法均採用主成分分析法。

①人-組織匹配的效度分析。

首先根據以上信度分析的結果，對 9 個題項進行 KMO 值和巴特立特球形檢驗，判斷樣本是否適合進行因素分析。

經檢驗，人-組織匹配量表的 KMO 值為 0.877，表明整體量表非常適合進行因素分析。巴特立特球形檢驗的卡方值為 672.374，達到了 0.05 顯著水平，$p = 0.000 < 0.05$，表明整體的相關矩陣間有共同因素存在，適合進行因素分析。同時，因素負荷量全部大於 0.4，所有題項的 MSA 值都大於 0.5，表明該量表適合進行因子分析和主成分分析，分析結果如表 4-22 所示。

表 4-22　　　　　　　　人-組織匹配的總方差解釋

成分	初始特徵值			提取成分后特徵值			轉置後特徵值		
	特徵值	解釋方差百分比	累計解釋百分比	特徵值	解釋方差百分比	累計解釋百分比	特徵值	解釋方差百分比	累計解釋百分比
1	5.904	65.604	65.604	5.904	65.604	65.604	2.745	30.503	30.503
2	1.026	10.292	75.896	1.026	10.292	75.896	2.538	28.198	58.701
3	0.752	8.357	84.252	0.752	8.357	84.252	2.300	25.551	84.252

從表 4-23 中可以看出，3 個共同因子一共解釋了人-組織匹配 84.252% 的方差，說明人-組織匹配具有很高的構念效度。從旋轉後因子載荷的結果來看，清晰地形成了三個共同因子，且三個因子的組成與原先的理論假設完全一致。

表 4-23　　　　　　人-組織匹配各操作變量的因子負荷量

操作變量	共同因子 1	共同因子 2	共同因子 3
A11	0.873		
A12	0.843		
A13	0.723		
A33		0.875	
A32		0.830	
A31		0.732	
A23			0.844
A22			0.788
A21			0.699

註：抽取方法為主成分分析方法；旋轉方法為最大變異法。因素負荷量小於 0.40 的未列出。

②員工創造力的效度分析。

員工創造力預試條目量表的 KMO 值為 0.893，表明整體量表非常適合進行因素分析。巴特立特球形檢驗的卡方值為 718.339，達到了 0.05 顯著水平，$p = 0.000 < 0.05$，表明整體的相關矩陣間有共同因素存在，適合進行因素分析。見表 4-24、表 4-25：

表 4-24　　　　　　　員工創造力的總方差解釋

成分	初始特徵值			提取成分后特徵值		
	特徵值	解釋方差百分比	累計解釋百分比	特徵值	解釋方差百分比	累計解釋百分比
1	6.590	59.911	59.911	6.590	59.911	59.911
2	0.952	8.653	68.563			
3	0.687	6.246	74.809			

表 4-25　　　　　　員工創造力操作變量的因子負荷量

操作變量題項	共同因子負荷量
b10	0.831
b4	0.827
b8	0.816
b9	0.801
b5	0.784
b1	0.784

表4-25(續)

操作變量題項	共同因子負荷量
b2	0.782
b11	0.774
b3	0.734
b7	0.682
b6	0.681

從表4-24中可以看出，員工創造力呈現單維特徵，一個共同因子解釋了約60%的方差，結果與原先設想一致。

③和諧型工作激情。

和諧型工作激情預試條目量表的KMO值為0.841，表明整體量表可以進行因素分析。巴特立特球形檢驗的卡方值為381.858，達到了0.05顯著水平，p=0.000 < 0.05，表明整體的相關矩陣間有共同因素存在，適合進行因素分析。見表4-26、表4-27：

表4-26　　　　和諧型工作激情的總方差解釋

成分	初始特徵值			提取成分后特徵值		
	特徵值	解釋方差百分比	累計解釋百分比	特徵值	解釋方差百分比	累計解釋百分比
1	3.965	56.643	56.643	3.965	56.643	56.643
2	0.883	12.611	69.254			
3	0.567	8.106	77.360			

表4-27　　　　和諧型工作激情操作變量的因子負荷量

操作變量題項	共同因子負荷量
c12	0.819
c14	0.785
c13	0.782
c16	0.747
c15	0.728
c11	0.723
c17	0.675

從表4-26中可以看出，一個共同因子一共解釋了約57%的方差，與原先

的理論設想是一致的。

④組織創新支持感效度分析。

組織創新支持感預試條目量表的 KMO 值為 0.748，表明整體量表可以進行因素分析。Bartlett's 球形檢驗的卡方值為 261.881，達到了 0.05 顯著水平，$p = 0.000 < 0.05$，表明整體的相關矩陣間有共同因素存在，適合進行因素分析。見表 4-28、表 4-29：

表 4-28　　　　　組織創新支持感的總方差解釋

成分	初始特徵值			提取成分后特徵值		
	特徵值	解釋方差百分比	累計解釋百分比	特徵值	解釋方差百分比	累計解釋百分比
1	3.119	77.978	77.978	3.119	77.978	77.978
2	0.531	13.268	91.246			
3	0.221	5.516	96.762			

表 4-29　　　　　組織創新支持感操作變量因子負荷量

操作變量題項	共同因子負荷量
D4	0.912
D1	0.904
D3	0.883
D2	0.830

從分析結果來看，一個因素解釋了組織創新支持感的近 78% 的方差，且每個因子的負荷量都在 0.80 以上，具有很好的構念效度。

⑤主管自主支持感效度分析。

主管自主支持感預試條目量表的 KMO 值為 0.889，表明整體量表非常適合進行因素分析。巴特立特球形檢驗的卡方值為 496.558，達到了 0.05 顯著水平，$p = 0.000 < 0.05$，表明整體的相關矩陣間有共同因素存在，適合進行因素分析。見表 4-30、表 4-31：

表 4-30　　　　　主管自主支持感總方差解釋

Component	初始特徵值			提取成分后特徵值		
	特徵值	解釋方差百分比	累計解釋百分比	特徵值	解釋方差百分比	累計解釋百分比
1	4.717	78.621	78.621	4.717	78.621	78.621

表4-30(續)

Component	初始特徵值			提取成分後特徵值		
	特徵值	解釋方差百分比	累計解釋百分比	特徵值	解釋方差百分比	累計解釋百分比
2	0.463	7.723	86.345			
3	0.334	5.565	91.909			

表4-31　　　　　　主管自主支持感題項因子負荷量

操作變量題項	因子負荷量
E4	0.915
E5	0.912
E2	0.906
E1	0.889
E3	0.869
E6	0.825

　　由上述分析可知，一個因素解釋了組織創新支持感的近79%的方差，且每個因子的負荷量都在0.80以上，具有很好的構念效度，因此保留所有題項。

　　對上述量表的分析可知，由於本研究採用的量表均為成熟量表，因此從預調研分析來看就具有較好的信度和效度。研究初次翻譯為中文使用的量表有和諧型工作激情量表和組織創新支持感量表，因為在前期對量表的內涵及表達進行了仔細的推敲，從預調研的分析來看，這些量表在中國的社會環境下也具有良好的信度和效度。

4.3　共同方法偏差的檢驗

　　共同方法偏差（Common Method Biases，CMB）是由於數據來源相同、測量的環境、題項的語境以及題項本身的某些特徵，或者評分者特徵所導致的預測變量與效標標量之間的人為共變，其對研究成果有可能產生嚴重的混淆並可能潛在的誤導研究結論。

　　共同方法偏差已經引起研究者們的廣泛重視。在實際的研究中，經常採用Harman單因素檢驗的方法來檢驗共同方法偏差。這種方法通常做法就是對所

有變量進行探索性因子分析，如果未旋轉的因子分析只提取了一個因子或者某個因子的解釋力特別大，超過了建議值的 50%（Dobbins，1997）[①]，這個時候就可以判斷存在嚴重的共同方法偏差。另外一種方法是採用驗證性因子分析，設定公因子數為「1」，檢驗單一因子所解釋的變異量。

本研究共有 37 個測量題項（人-組織匹配 9 個、員工創造力 11 個、和諧型工作激情 7 個、組織創新支持感 4 個以及主管自主支持感 6 個），將所有題項全部放在一起做探索性因子分析，採用主成分、未旋轉、同時提取特徵值大於 1 的因子。結果如表 4-32 所示，在未經旋轉時提取特徵值大於 1 的因子個數一共是 9 個，其中第一主成分解釋了 40.186% 的變異量，未超過建議值 50%。因此，不存在嚴重的共同方法偏差。

表 4-32　　　　全部測量題項的探索性因子分析

成分	初始特徵值			提取成分後的特徵值		
	特徵值	解釋方差百分比	累計解釋方差百分比	特徵值	解釋方差百分比	累計解釋方差百分比
1	18.486	40.186	40.186	18.486	40.186	40.186
2	4.931	10.720	50.906	4.931	10.720	50.906
3	3.658	7.952	58.858	3.658	7.952	58.858
4	2.410	5.239	64.097	2.410	5.239	64.097
5	2.057	4.472	68.569	2.057	4.472	68.569
6	1.663	3.615	72.184	1.663	3.615	72.184
7	1.329	2.889	75.073	1.329	2.889	75.073
8	1.084	2.357	77.430	1.084	2.357	77.430
9	1.035	2.250	79.679	1.035	2.250	79.679

註：1. 特徵值小於 1 的數據略去；2. 採用主成分分析法

4.4　大樣本的數據收集與處理

經過以上對小樣本數據信度和效度的檢驗，對相關題項進行了刪減和修正，使得需要研究的問卷經過修正後滿足研究需要的信度和效度。在此基礎上，本研究發放正式問卷，進行了大樣本的數據收集和分析。

[①] Eby L T, Dobbins G H.. Collectivistic orientation in teams: an individual and group-levelanalysis [J]. Journal of organizational behavior, 1997, 18: 275-295.

4.4.1 大樣本抽樣

4.4.1.1 抽樣對象的確定

大規模的問卷調查於 2012 年 11 月到 2013 年 1 月間進行。本研究的研究對象為金融服務業的員工。具體的調查數據主要來自於四川省的成都、雅安、資陽、樂山、廣安、瀘州等地級市，另外還有部分問卷來自重慶、長沙、鎮江、北京、武漢等地。本研究通過問卷瞭解員工對個人與組織匹配的感知，對和諧型工作激情的感知以及創造力的感知，為探求人-組織匹配對員工創造力的影響提供了數據基礎。

4.4.1.2 抽樣方法

眾所周知，樣本是按照一定的抽樣規則從總體中抽取的一部分單位的集合，在樣本的抽取和選擇過程中，研究者往往遵循不同的抽樣規則。根據抽取方式的不同，抽樣方法有概率抽樣和非概率抽樣。一般來說，統計學中的抽樣推斷都是建立在概率抽樣的基礎之上的。常用的概率抽樣方法有隨機抽樣、分層抽樣、整群抽樣和系統抽樣。由於整群抽樣的樣本單元分佈相對比較集中，調查實施過程相對便利，能大幅度降低調查費用，因此本研究絕大部分樣本來源採用了多階段整群抽樣的方法。具體操作步驟如下：

第一步，按照四川省行政區劃和經濟的發展狀況抽取了成都、綿陽、瀘州、資陽、樂山、廣安、雅安七個群，每個群預計抽取樣本約為 150 個。

第二步，在每個城市抽取其中的 4~5 家金融機構進行較為全面的調查。每個城市抽取的金融機構一般為四家，以雅安為例，抽取的樣本為四大行：中國人民建設銀行、中國農業銀行、中國工商銀行和中國銀行，每家銀行投放 30 份紙質問卷。在成都市，抽取了 xx 保險公司以及四家商業銀行（對方要求不能說明具體單位），考慮到問卷收集的便利性，問卷收集方式為電子問卷，每家單位發放 30 份電子問卷。其餘地市均按照上述方法來抽取樣本，每個地市約為 150 份問卷。通過整群抽樣方式，共投放問卷 1,000 份，最後共獲得來自七個城市的問卷 868 份，問卷回收率為 86.8%。

除此之外，本研究還有極少數的問卷來自於其他地區。這部分問卷的特點是通過朋友和同學關係收集，一共獲得了 45 份問卷，數量非常少。

按照與預調研樣本一致的刪除規則，研究最後得到了有效問卷 764 份，樣本有效回收率為 83.7%。

4.4.2 樣本情況

表 4-33　　　　　　顯變量的數據正態性檢驗

	樣本量	均值	標準差	偏度 統計	偏度 標準差	峰度 統計	峰度 標準差
A11	764	5.51	1.342	−1.344	0.088	1.792	0.177
A12	764	5.57	1.259	−1.218	0.088	1.607	0.177
A13	764	5.50	1.282	−1.185	0.088	1.363	0.177
A21	764	5.46	1.507	−1.258	0.088	1.301	0.177
A22	764	5.50	1.472	−1.122	0.088	0.752	0.177
A23	764	4.89	1.561	−0.749	0.088	0.019	0.177
A31	764	5.51	1.182	−1.263	0.088	2.077	0.177
A32	764	5.53	1.214	−1.126	0.088	1.462	0.177
A33	764	5.62	1.183	−1.397	0.088	2.653	0.177
B1	764	5.29	1.270	−0.900	0.088	0.783	0.177
B2	764	5.39	1.177	−1.108	0.088	1.819	0.177
B3	764	5.30	1.242	−1.029	0.088	1.365	0.177
B4	764	5.46	1.174	−1.180	0.088	2.131	0.177
B5	764	5.41	1.242	−0.916	0.088	0.967	0.177
B6	764	5.41	1.332	−1.226	0.088	1.813	0.177
B7	764	5.76	1.108	−1.053	0.088	1.337	0.177
B8	764	5.38	1.218	−0.842	0.088	0.787	0.177
B9	764	5.44	1.188	−0.904	0.088	0.822	0.177
B10	764	5.41	1.173	−0.874	0.088	0.887	0.177
B11	764	5.56	1.181	−0.941	0.088	0.995	0.177
C11	764	5.50	1.304	−1.240	0.088	1.816	0.177
C12	764	5.64	1.236	−1.233	0.088	1.755	0.177
C13	764	5.68	1.231	−1.189	0.088	1.882	0.177
C14	764	5.43	1.298	−0.806	0.088	0.483	0.177
C15	764	5.22	1.461	−0.933	0.088	0.441	0.177
C16	764	5.43	1.288	−0.975	0.088	1.105	0.177
C17	764	5.09	1.509	−0.833	0.088	0.282	0.177
D1	764	5.43	1.505	−1.105	0.088	0.920	0.177
D2	764	5.45	1.440	−1.039	0.088	0.753	0.177
D3	764	5.32	1.483	−1.005	0.088	0.711	0.177
D4	764	5.34	1.541	−1.088	0.088	0.762	0.177
E1	764	5.23	1.425	−1.100	0.088	1.049	0.177

表4-33(續)

	樣本量	均值	標準差	偏度 統計	偏度 標準差	峰度 統計	峰度 標準差
E2	764	5.21	1.423	-0.887	0.088	0.468	0.177
E3	764	5.40	1.342	-1.035	0.088	1.115	0.177
E4	764	5.44	1.337	-1.150	0.088	1.426	0.177
E5	764	5.28	1.335	-0.962	0.088	0.798	0.177
E6	764	5.23	1.416	-0.987	0.088	0.791	0.177

如表4-33所示，所有題項偏度系數絕對值小於3，峰度系數絕對值遠遠小於10，表明樣本數據符合多元正態分佈（Kline，1998），滿足獨立樣本t檢驗要求①。

大樣本特徵見表4-34：

表4-34　　　　　　　　大樣本特徵（N=764）

變量名稱	變量編碼	變量內容	人數	百分比（%）
性別	1	男	347	45.4
	2	女	398	52.1
		缺失值	19	2.5
年齡	1	25歲及以下	135	17.7
	2	26~30歲	238	31.2
	3	31~35歲	107	14.0
	4	36~40歲	108	14.1
	5	40~50歲	150	19.6
	6	51歲及以上	19	2.5
		缺失值	7	0.9
教育程度	1	高中及以下	20	2.6
	2	大專	238	31.2
	3	本科	478	62.6
	4	碩士及以上	21	2.7
		缺失值	7	0.9

---

① 吳治國. 變革型領導、組織創新氣氛與組織創新績效關聯模型研究［D］. 上海：上海交通大學博士論文，2008.

表4-34(續)

變量名稱	變量編碼	變量內容	人數	百分比（%）
職位	1	一般員工	523	68.5
	2	基層管理者	127	16.6
	3	中層管理者	89	11.6
	4	高層管理者	18	2.4
		缺失值	7	0.9
工作年限	1	3年以下	228	29.8
	2	3~5年	168	22.0
	3	6~10年	96	12.6
	4	11~15年	58	7.6
	5	15年以上	205	26.8
		缺失值	9	1.2
合計			764	100%

從表4-34可以看出本次大規模調研的樣本呈現出以下特徵：

第一，男女比例相當，女性比例略高於男性。

第二，金融服務業的從業人員年齡有年輕化的趨勢，絕大部分的從業人員年齡在40歲以下，尤以26~30歲的年輕人和40~50歲的具有較長工作年限和豐富工作經驗的員工為最多。

第三，從受教育程度來看，具有本科學歷的員工占樣本對象的絕大部分，占了62.6%的比重。因為本次研究的調查對象以四川省為主，並且考慮到了地區經濟和金融發展的差異，因此在抽樣的時候涉及了一些經濟不發達地區如雅安、廣安鄰水，在這部分樣本中，還有大部分員工是專科學歷甚至以下。而在成都等經濟發達地區，絕大部分為本科及研究生以上學歷。可見，金融服務業的從業人員具有學歷較高的特點。

第四，從被調查員工的職位來看，呈現一個典型的金字塔形，符合組織結構的特徵，一般員工的人數占到了比重的68.5%。基層管理者、中層管理者和高層管理者均占到一定的比重。

第五，從工作年限來看，5年以下員工為最多。說明隨著金融服務業的不斷發展，年輕化是趨勢。

4.4.3 正式量表的信度和效度檢驗

在對數據的研究使用時，由於要考慮到有些量表是通過直接翻譯西方量表來對中國情境進行測量，因而很可能會存在理解上的偏差，從而會帶來對因子

提取方面的差異性。因此，在使用過程中，本研究採用的方法是將現有數據分成兩個部分，一半數據用來進行探索性因子的分析，用來決定因子的數目和結構；另外一半的數據用來進行驗證性因子分子，以此來觀測變量與因子結構之間的匹配程度。

在小樣本分析的基礎上，本研究在 764 份大樣本中隨機抽取 50% 的數據，來進行大樣本數據的信度和效度檢驗，見表 4-35。

表 4-35　　　　　　調查問卷的信度與效度檢驗（N=382）

變量	測量題項	因子載荷	Cronbach α 值	量表的 KMO	被解釋的方差（%）
一致性匹配	A11	0.720	0.911	0.891	82.796
	A12	0.819			
	A13	0.861			
需求-供給匹配	A21	0.785	0.886		
	A22	0.810			
	A23	0.804			
要求-能力匹配	A31	0.790	0.869		
	A32	0.793			
	A33	0.677			
員工創造力	B1	0.824	0.941	0.930	63.641
	B2	0.852			
	B3	0.777			
	B4	0.853			
	B5	0.810			
	B6	0.661			
	B7	0.736			
	B8	0.815			
	B9	0.809			
	B10	0.842			
	B11	0.775			
和諧型工作激情	C11	0.794	0.935	0.918	73.053
	C12	0.862			
	C13	0.845			
	C14	0.894			
	C15	0.836			
	C16	0.891			
	C17	0.857			

表4-35(續)

變量	測量題項	因子載荷	Cronbach α 值	量表的KMO	被解釋的方差（%）
組織創新支持感	D1	0.933	0.958	0.837	89.063
	D2	0.942			
	D3	0.941			
	D4	0.958			
主管自主支持感	E1	0.870	0.958	0.915	83.281
	E2	0.916			
	E3	0.927			
	E4	0.916			
	E5	0.930			
	E6	0.915			

4.4.4 驗證性因子分析和組合信度

在取得預試數據之後，本研究對所要研究的5個潛變量進行了探索性因子分析，在獲得大樣本數據之後，有必要對潛變量進一步進行驗證性因子的分析。本研究使用樣本的另外50%的數據（N=382）對潛變量的收斂效度和區分效度進行了進一步檢驗。驗證性因子分析（CFA）使用結構方程模型，A-mos6.0進行驗證性因子以及本研究的模型進行檢驗。

事實上，CFA可以視為SEM當中的測量模型檢驗。當在SEM中僅涉及測量模型的檢驗，而沒有結構模型的概念，即是驗證性因子分析。

（1）驗證性因子分析的操作步驟

驗證性因子分析一般分為以下步驟：第一步，發展假設模型。也就是針對測量問卷涉及題目和特定的理論基礎或先期假設構建一個有待檢驗的因素結構模型。第二步，模型的識別。也就是將測量模型轉換為便於統計分析的SEM分析模型。第三步，進行SEM分析。這一步最重要的工作就是將研究數據整理出適合SEM分析的數據庫類型。第四步，結果分析。這一步對SEM報告結果進行分析，檢驗各項數據的正確性。第五步，模型修正。根據模型適配性檢驗的相關指標對模型進行評價並修正，以獲得最佳的匹配和結果。一般情況下，對模型的修正從三個方面入手：第一是對問卷中各題目與潛在變量之間關係的確認；第二是從測量殘差觀察模型的擬合度；第三是從因素間的相關性來檢驗模型的擬合度。第六步，報告最終結果。根據以上分析得到最終的結論。

(2) 模型內部擬合檢驗

一個模型是否可以被接受，除了從模型整體擬合來看之外，還必須從模型內部來衡量每一個潛在變量的合宜性，又稱為內部擬合。在具體的做法上，多數人採用的策略包括四項檢驗：項目質量、組合信度（CR 或 ρ_c）、平均變異萃取量（AVE 或 ρ_v）、因素區辨力。見表 4-36：

表 4-36　　　　　　　　　模型內部擬合檢驗方法

項目	指標或方法	判斷準則
項目質量檢驗	λ	針對因素載荷判斷，$\lambda \geq 0.55$ 就可認為很好。
組合信度	CR 或 ρ_c	有學者建議 ρ_c 達 0.60 即可。
平均變異萃取量	AVE 或 ρ_v	ρ_v 達 0.50 即說明潛變量的聚斂能力十分理想。
因素區辨力	相關係數區間估計法	若兩個潛變量相關係數的 95% 置信區間沒有涵蓋 1.00，表示潛變量有很好的區辨力。
	競爭模式比較法	完全相關模型和效度模型比較，若後者顯著地優於前者，則說明兩個潛變量間有很好的區辨力。
	AVE 比較法	比較兩個潛變量的 ρ_v 平均值是否大於兩個潛變量的相關係數平方，則說明兩個潛變量間有較好的區辨力。

資料來源：邱皓政，林碧芳 2009 年的研究[1]

(3) 模型適配性檢驗指數介紹

模型適配度檢驗是 SEM 分析用來評估研究者所提出假設模型是否合適。在 SEM 中，假設模型適配性是以原假設的形式存在，原假設代表假設模型與實際觀察數據相符合；備擇假設則表示理論模式不能反映觀察數據。如果模型擬合度不理想，代表研究者提出的假設模型可能存在某些問題，也可能是模型設定，或參數估計等導致模型無法與觀察數據擬合。SEM 提供了評價模型擬合度的評價指數，如表 4-37 所示。

---

[1] 邱皓政，林碧芳. 結構方程模型的原理與應用 [M]. 北京：中國輕工業出版社，2009.

表 4-37　　　　　　　　　　　模型適配性檢驗指數比較

指標類型	指標名稱與性質	範圍	判斷值	適用情形
卡方檢驗	χ^2 檢驗：理論模型與觀察模型的擬合程度。	—	p>0.05	說明模型的解釋力，該值越大說明模型擬合度越好。
	χ^2/df：考慮模型複雜度后的卡方值。	—	<5，<3 更好	不受模型複雜度影響。該值越小表示模型擬合度越好。
適合度數	GFI：假設模型可以解釋觀察數據的比例	0~1	>0.90 或者>0.85	GFI 值越接近 1，表示模型擬合度越高。
	AGFI：考慮模型複雜度后的 GFI。	0~1*	>0.90 或者>0.85	AGFI 值越接近 1，表示模型擬合度越高。
	PGFI：考慮模型的簡效性（degreeof-parsimony）。	0~1	>0.50	PGFI 值越接近 1，表示模型越簡單。
	NFI：比較假設模型與獨立模型的卡方差異。	0~1	>0.90 或者>0.85	說明模型對原假設的改善程度。
	NNFI：考慮模型複雜度后的 NFI。	0~1*	>0.90 或者>0.85	說明模型對原假設的改善程度。不受模型複雜度影響。
替代性指數	NCP：假設模型的卡方值距離中央卡方分佈的離散程度。	—	越接近 0 越好。	NCP 值越大模型越不理想。
	CFI：假設模型與獨立模型的非中央性差異。	0~1	>0.90 或者>0.85	說明模型較原假設模型的改善程度，特別適合小樣本。
	RMSEA：比較理論模型和飽和模型的差距	0~1	<0.1，<0.05 更好	不受樣本數與模型複雜度影響。
	AIC：經過簡效調整的模型擬合度的波動性。	—	越小越好	適用於效度復核，非嵌套模型比較。
	CAIC：經過簡效調整的模型擬合度的波動性。	—	越小越好	適用於效度復核，非嵌套模型比較。
	CN：產生不顯著卡方值的樣本規模。	—	>200	反映樣本規模的適切性。

表4-37(續)

指標類型	指標名稱與性質	範圍	判斷值	適用情形
殘差分析	RMR：未標準化假設模型整體殘差。	—	越小越好	瞭解殘差特性。
	SRMR：標準化假設模型整體殘差。	0~1	<0.08	瞭解殘差特性。

註：* 指數值可能會超過範圍之外

資料來源：邱皓政、林碧芳 2009 的研究①

儘管以上這些指數為判斷模型的優劣提供了一些參照基準，但是這些模型擬合指數只是反映分析技術上的程度，並非理論依據，而模型的檢驗應以理論為依歸，進行統計決策和分析時，應該具有一定的合理性。

(4) 收斂效度與區分效度

建構效度是通過利用現有的理論或命題來考察當前測量工具或手段的效度。建構效度涉及一個理論的關係結構中其他概念（或變量）的測量。建構效度可以分為收斂效度和區分效度。建構效度是指量表能夠測量出的抽象且有假設性的概念或變量的程度，又分成收斂效度（Convergent validity）和區分效度（Discriminant validity）。來自相同概念或變量的題項，彼此之間的相關程度高，稱為收斂效度高；來自不同概念或變量的題項，彼此之間的相關程度越低越好，稱為區分效度高。

收斂效度通過驗證性因子分析（Confirmation Factor Analysis，CFA）來檢驗。首先，檢查量表的違犯估計。檢查各潛變量測量題項的標準化載荷值是否在0.5~0.95之間，且對應的t值都達到顯著性水平；其次，觀察各個因子的平均變異抽取量（Average Variances Extracted，AVE）是否大於0.5，且統計上顯著（t值大於1.98）。如果上述檢驗都通過，說明該變量具有較好的收斂效度。

區分效度採用總分相關（part-whole correlation）來檢驗。根據Fornell和Larcker（1981）的建議，比較各因子本身平均方差萃取值（Avarage Variance Extracted，AVE，顯示潛變量的各個觀察變量對該潛變量的平均方差解釋程度）的算術平方根是否大於該因子與其他因子的相關係數。如果各因子AVE的算術平方根和它與其他因子的相關係數相比較明顯大，就表明量表具有良好的區分效度。

(5) 組合信度（Construct Reliability，CR）

在結構方程模型分析中，信度的主要評價指標就是組合信度，它主要用於評價從屬於一個潛變量的所有觀測變量之間的內在一致性。其公式如下：

---

① 邱皓政、林碧芳. 結構方程模型的原理與應用 [M]. 北京：中國輕工業出版社，2009.

$$CR = \frac{(\sum \lambda_i)^2}{(\sum \lambda_i)^2 + \sum \varepsilon_j}$$

其中，λ_i 是第 i 項的標準化載荷，ε_j 是第 j 項的殘差項，即各觀測變量標準化載荷之和在總載荷中的比重。一般而言，組合信度低於 0.5，說明該變量的信度太差，而高於 0.8，則說明該變量的信度非常好。而 Fornell 和 Larcker（1981）認為，基於結構方程模型的組合信度（CR）值大於 0.6 就說明其信度很好。

（6）各變量的收斂、區分效度與適配性檢驗結果

①人-組織匹配的 CFA 分析。

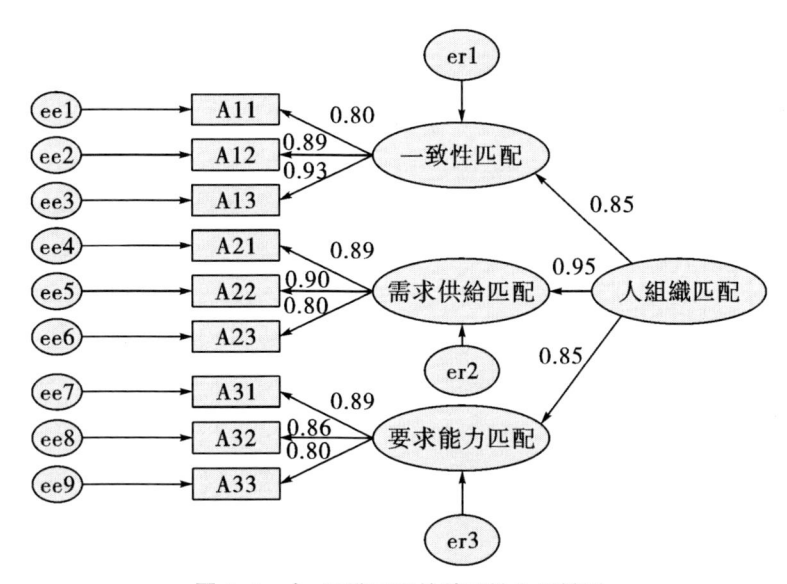

圖 4-1　人-組織匹配的驗證性分析模型

表 4-38　　　　　人-組織匹配的驗證性因子分析結果

因子結構	測量題項	標準化載荷（R）	臨界比（C. R.）	組合信度	AVE
一致性匹配	A11	0.801	21.507	0.908, 8	0.769, 3
	A12	0.892	26.973		
	A13	0.933			

表4-38(續)

因子結構	測量題項	標準化載荷（R）	臨界比（C. R.）	組合信度	AVE
需求-供給匹配	A21	0.888	19.882	0.897,2	0.744,7
	A22	0.901	20.247		
	A23	0.796			
要求-能力匹配	A31	0.886	18.956	0.887,2	0.724,3
	A32	0.862	19.542		
	A33	0.803			
擬合優度	X^2/df = 1.898，GFI = 0.973，AGFI = 0.950，NFI = 0.984，CFI = 0.992，RMSEA = 0.049					

從上述探索性分析的結果表明，人-組織匹配是一個二階因子結構，包含了三個維度共9個題項。在模型的驗證中可以看出，人-組織匹配的驗證性因子分析的擬合優度指標均達到了擬合優度所要求的最小值，這說明測量模型是有效的。每個維度的組合信度均在0.80以上，每個因子提取的平均方差抽取量的平方根均在0.70以上，遠超過要求的0.50的臨界值，同時，各個題項的因子標準化載荷均在0.70以上，這說明該量表的整體收斂效度好，適合做進一步的分析。

人-組織匹配變量三個維度之間的區分效度檢驗結果如表4-39所示。其中，對角線上的括號內數值為三個維度的AVE的平方根，其餘數值為維度之間的相關係數。從表4-39中數值的大小可以看出，人-組織匹配各維度AVE的平方根均大於其所在的行和列上的相關係數值，證實了人-組織匹配的三個測量維度彼此可以有效區分。

表4-39　人-組織匹配三個維度之間的區分效度檢驗結果

	一致性匹配	需求-供給匹配	要求-能力匹配
一致性匹配	0.877		
需求-供給匹配	0.696	0.863	
要求-能力匹配	0.625	0.685	0.851

②員工創造力的CFA分析。

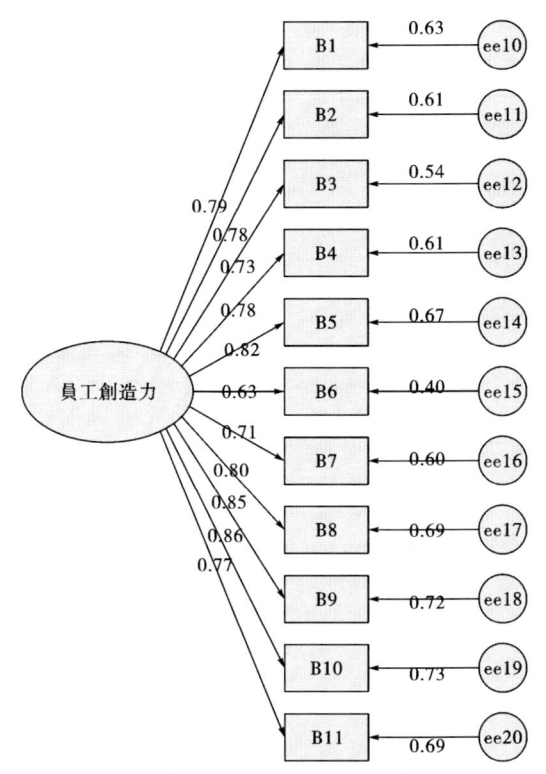

圖 4-2　員工創造力的驗證性分析模型

表 4-40　　　　　　員工創造力的驗證性因子分析結果

因子結構	測量題項	標準化載荷（R）	臨界比（C. R.）	組合信度	AVE
員工創造力	B1	0.793		0.944,2	0.607,6
	B2	0.780	22.169		
	B3	0.732	15.578		
	B4	0.781	16.894		
	B5	0.818	17.981		
	B6	0.633	12.912		
	B7	0.708	14.807		
	B8	0.828	18.093		
	B9	0.848	18.687		
	B10	0.857	19.000		
	B11	0.768	16.324		
擬合優度	\multicolumn{5}{l}{χ2/df = 2.877，GFI = 0.952，AGFI = 0.919，NFI = 0.967，CFI = 0.978，RMSEA = 0.070}

4　研究方法與數據分析

從上述探索性分析的結果表明，員工創造力是一個單因子結構。在模型的驗證中可以看出，員工創造力的驗證性因子分析的擬合優度指標均達到了擬合優度所要求的最小值，這說明測量模型是有效的。組合信度在 0.80 以上，因子提取的平均方差抽取量的平方根在 0.60 以上，超過要求的 0.50 的臨界值，同時，各個題項的因子標準化載荷大部分在 0.70 以上，最小者為 0.633。這說明該量表的整體收斂效度好，適合做進一步的分析。

③和諧型工作激情。

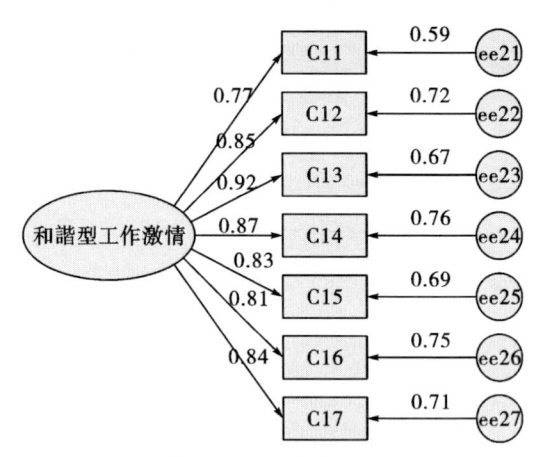

圖 4-3　和諧型工作激情的驗證性分析模型

表 4-41　　　　和諧型工作激情的驗證性因子分析結果

因子結構	測量題項	標準化載荷（R）	臨界比（C. R.）	組合信度	AVE
和諧型工作激情	C11	0.768		0.942,1	0.699,4
	C12	0.849	18.132		
	C13	0.820	17.228		
	C14	0.870	18.773		
	C15	0.834	17.630		
	C16	0.866	18.585		
	C17	0.843	15.828		
擬合優度	X2/df = 2.285，GFI = 0.982，AGFI = 0.954，NFI = 0.988，CFI = 0.993，RMSEA = 0.058					

從上述探索性分析的結果表明，員工和諧型工作激情是一個單因子結構。

在模型的驗證中可以看出，員工和諧型工作激情的驗證性因子分析的擬合優度指標均達到了擬合優度所要求的最小值，這說明測量模型是有效的。組合信度在 0.90 以上，因子提取的平均方差抽取量的平方根在 0.60 以上，超過要求的 0.50 的臨界值，同時，各個題項的因子標準化載荷大部分在 0.80 以上，最小者為 0.768。這說明該量表的整體收斂效度好，適合做進一步的分析。

④組織創新支持感。

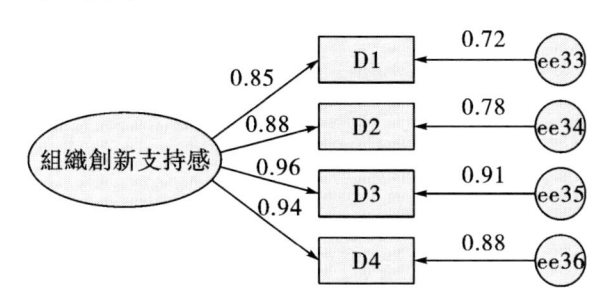

圖 4-4　組織創新支持感的驗證性分析模型

表 4-42　　　　組織創新支持感的驗證性因子分析結果

因子結構	測量題項	標準化載荷（R）	臨界比（C. R.）	組合信度	AVE
組織創新支持感	D1	0.849		0.949,1	0.823,6
	D2	0.883	32.229		
	D3	0.956	26.701		
	D4	0.938	25.960		
擬合優度	$\chi^2/df = 0.075$，GFI = 1，AGFI = 0.999，NFI = 1，CFI = 1，RMSEA = 0.000					

從上述探索性分析的結果表明，組織創新支持感是一個單因子結構。在模型的驗證中可以看出，組織創新支持感的驗證性因子分析的擬合優度指標均達到了擬合優度所要求的最苛刻的水平，這說明測量模型是有非常效的。該模型的 $\chi^2/df = 0.075$，GFI = 1，AGFI = 0.999，NFI = 1，CFI = 1，RMSEA = 0.000，組合信度為 0.95，因子提取的平均方差抽取量的平方根超過 0.80，同時，各個題項的因子標準化載荷都在 0.80 以上。這說明該量表的整體收斂效度非常好，適合做進一步的分析。

⑤主管自主支持感

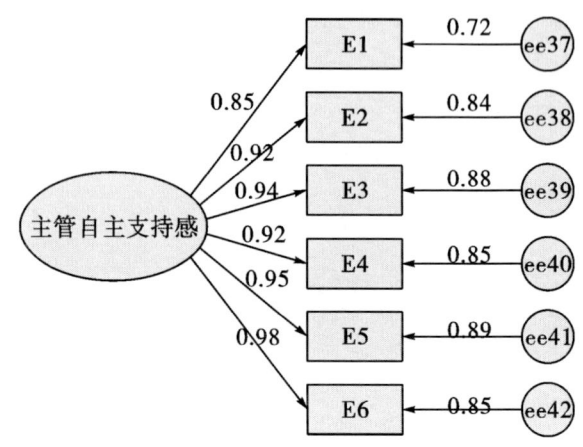

图 4-5　主管自主支持感的验证性分析模型

表 4-43　　　　主管自主支持感的验证性因子分析结果

因子结构	测量题项	标准化载荷（R）	临界比（C. R.）	组合信度	AVE
主管自主支持感	E1	0.847		0.968,8	0.838,2
	E2	0.919	29.877		
	E3	0.936	26.192		
	E4	0.920	25.306		
	E5	0.945	26.841		
	E6	0.923	25.324		
拟合优度	χ^2/df = 3.034，GFI = 0.982，AGFI = 0.946，NFI = 0.993，CFI = 0.995，RMSEA = 0.073					

　　从上述探索性分析的结果表明，主管自主支持感是一个单因子结构。通过模型验证可以看出，主管自主支持感的验证性因子分析的拟合优度指标均达到了拟合优度所要求的最小值，除了 χ^2/df = 3.034 略超过较为严格的水平 3 外，RMSEA = 0.073 略超过严格水平 0.05 外，其余指标均在 0.94 以上，这说明测量模型是有效的。组合信度在 0.90 以上，因子提取的平均方差抽取量的平方根在 0.80 以上，远远超过要求的 0.50 的临界值，同时，各个题项的因子标准化载荷全部在 0.80 以上。这说明该量表的整体收敛效度好，适合做进一步的分析。

4.5　本章小結

第一，本章在已有理論模型的基礎上，採用深度訪談的方式，進一步確定了理論模型的變量和各個變量之間的關係。

第二，考慮本研究主要採用問卷調查的方法，本部分內容對各個變量的概念、涉及的問卷題項、來源進行了詳細的介紹。

第三，對預調研問卷進行了信度和效度處理，刪除不符合要求的題項，修改問卷的表達方式。

第四，在收集到大樣本數據之後，對數據的基本情況、量表的信度、效度以及擬合程度進行了詳細分析，為后文的假設檢驗打下了堅實的基礎。

5 數據分析與假設檢驗

5.1 描述性統計分析

(1) 各變量的描述性統計分析

在問卷設計時，本研究採用的7點李克特量表（1代表完全不符合，2比較不符合，3有點不符合，4說不準，5有點符合，6比較符合，7完全符合），各個題項的得分越高，表明被調查者對該題項與自己的契合程度越高。從表5-1可以看出，大部分變量或者變量的維度的得分均值均處在5左右，說明被調查者的評價大多處於認為量表評價狀況與實際狀況「有點符合」的狀態。各變量的描述性統計如表5-1所示。

頻數（Frequency）：頻數是一個變量在各個變量值上取值的個數，頻數分析可以瞭解變量的取值狀況。當計數單元中數量很多的時候，頻數分析特別有用，可以據此初步判斷數據分佈是正態分佈、偏態分佈，還是均勻分佈。

均值（Mean）：就是算術平均數，是數據集中趨勢的最主要的統計量。它可以反映一組數據的一般情況，也可以進行不同組數據的比較，觀察組與組之間的差別。

標準差（Std. deviation）：又稱均方根差，反映變量的離中趨勢，樣本標準差越大，數據的波動就越大。

表 5-1　　　　　　　　樣本各變量的描述性統計表

	統計量	均值	標準差	偏度 統計	偏度 標準差	峰度 統計	峰度 標準差
人-組織匹配	764	5.454,2	1.073,59	-1.020	0.088	1.296	0.177
一致性匹配	764	5.527,4	1.194,96	-1.135	0.088	1.321	0.177

表5-1(續)

統計量	均值	標準差	偏度 統計	偏度 標準差	峰度 統計	峰度 標準差
需求-供給匹配	764	5.283,9	1.372,82	-0.996	0.088	0.659	0.177
要求-能力匹配	764	5.551,4	1.075,52	-1.306	0.088	2.360	0.177
和諧型工作激情	764	5.428,8	1.128,94	-0.880	0.088	1.004	0.177
員工創造力	764	5.438,6	0.985,55	-0.911	0.088	1.550	0.177
主管自主支持支持感	764	5.297,2	1.275,91	-1.062	0.088	1.236	0.177
組織創新支持感	764	5.387,0	1.405,95	-1.031	0.088	0.810	0.177

（2）相關性分析

相關分析（Correlation Analysis）用來研究各變量間的相關程度。描述變量之間相關程度的統計量稱為相關係數，研究中最常採用的相關係數是Pearson係數。為了后面便於分析變量之間的迴歸關係，首先應該分析變量之間的相關關係。從表5-2的具體數據可以看到，各個變量間呈現一種較為明確的正相關關係。其中，自變量與自變量之間的相關係數雖然較高，但是全部低於臨界值0.7。同時，為了更大程度避免多重共線性，在后面的數據處理中，結構方程模型使用的全部數據為標準化后的數據，做調節效應分析時數據全部經過了中心化處理。

表5-2　　　　　　變量及其各維度間相關係數

	人-組織匹配	一致性匹配	需求-供給匹配	要求能力匹配	和諧型工作激情	員工創造力	主管自主支持支持感	組織創新支持感
人-組織匹配	1							
一致性匹配	0.876**	1						
需求供給匹配	0.913**	0.695**	1					
要求能力匹配	0.857**	0.624**	0.684**	1				
和諧型工作激情	0.749**	0.575**	0.708**	0.700**	1			
員工創造力	0.697**	0.629**	0.559**	0.673**	0.731**	1		
主管自主支持支持感	0.662**	0.577**	0.611**	0.563**	0.670**	0.626**	1	
組織創新支持感	0.639**	0.571**	0.601**	0.512**	0.590**	0.565**	0.653**	1

註：** 表示在置信度（雙側）為0.01水平時相關性顯著；* 表示在置信度（雙側）為0.05水平時相關性顯著

5.2 人口統計特徵的方差分析

控制變量指除自變量以外使因變量發生變化的其他重要因素,如年齡、性別、受教育程度等。如果不對這種類型的變量加以控制的話,將會影響自變量與因變量之間的關係[①]。本研究設定的控制變量有員工的個人特徵,主要包括:性別、年齡、受教育程度、職位、在現企業工作年限五個方面。根據統計檢驗的方法和原理,對性別採用獨立樣本 T 檢驗的方法,對年齡、受教育程度以及工作年限和職位採用單因素方差分析。

(1) 性別的獨立樣本 T 檢驗

獨立樣本 T 檢驗是利用來自兩個總體的獨立樣本來推斷兩個總體的均值是否存在顯著差異。兩個總體必須要求相互獨立。在本研究中,來自不同性別的被調查者(男性樣本為 347,女性樣本為 398)的抽樣數據是相互獨立的,滿足獨立樣本 T 檢驗的前提條件。檢驗結果如表 5-3 所示。

表 5-3　　　　　　　　　　性別的獨立樣本 T 檢驗表

	方差相等 Levene's 檢驗		平均數相等的 T 檢驗						
	F	Sig.	t	df	Sig. (2-tailed)	平均差異	標準誤差異	差異的95% 置信區間	
								下界	下界
一致性匹配	3.349	0.068	-0.427	743	0.669	-0.037,38	0.087,51	-0.209,18	0.134,43
需求-供給匹配	1.532	0.216	1.600	743	0.110	0.161,05	0.100,65	-0.036,55	0.358,65
要求-能力匹配	2.098	0.148	0.458	743	0.647	0.036,08	0.078,83	-0.118,68	0.190,85
和諧型工作激情	0.899	0.343	0.610	743	0.542	0.050,42	0.082,70	-0.111,94	0.212,79
員工創造力	0.008	0.930	-0.049	743	0.961	-0.003,59	0.072,66	-0.146,24	0.139,05
主管自主支持感	0.059	0.808	1.381	743	0.168	0.129,13	0.093,52	-0.054,46	0.312,72
組織創新支持感	0.838	0.360	0.891	743	0.373	0.092,11	0.103,41	-0.110,89	0.295,11

註:方差齊次性檢驗和均值差異檢驗的顯著水平均為 0.05

由表 5-3 的檢驗結果可以看出,性別這一變量對人-組織匹配、和諧型工作激情以及員工創造力和主管自主支持感、組織創新支持感的影響均不顯著。這表明,金融服務業的男性員工和女性員工在判斷這些變量與自身狀況的符合

[①] Pedhazur, E J, Schmelkin, L P. Measurement, Design, and Analysis: An Integrated Approach [M]. New Jersey: Lawrence erlbaum associates Inc, 1991.

度上不存在明顯差異。

（2）員工年齡的方差分析

當需要檢驗三組或者三組以上數據均值是否存在顯著差異時，需要採用方差分析。方差分析是根據樣本方差對總體均值進行統計推斷的方法，能夠解決多個均值是否相等的檢驗問題。方差分析的目的是檢驗各個水平的均值是否相等，實現這個目的的手段是通過方差的比較。方差分析所研究的是分類型自變量對數值型因變量的影響，根據影響事件因素的個數，分為單因素方差分析、雙因素或多因素方差分析。觀察值之間的差異來自兩個方面，一個是由不同水平造成的系統性差異，一個是由於抽選樣本的隨機性而產生的差異。這兩個方面產生的差異可以用兩個方差來衡量：一個是由系統性因素和隨機性因素共同造成的水平之間的方差；另一個是僅由隨機性因素造成的水平內部的方差。如果不同的水平對結果沒有影響，則在水平之間的方差中，僅僅有隨機因素的差異，所以兩個方差的比值應接近於1；反之，則兩個方差差異較大。由於方差分析無法控制分析中存在的某些隨機因素，對結果的準確性有較大的影響，因此在可能的情況下，可以採用協方差分析來迴避方差分析所存在的明顯弊端。表 5-4 主要考察年齡對各個變量及其維度的影響。

表 5-4　　　　　　　　員工年齡的樣本方差分析

		離差平方和	自由度	離差平方根	F	P 值.
一致性匹配	組間	2.001	5	0.400	0.277	0.926
	組內	1,086.472	751	1.447		
	總計	1,088.474	756			
需求-供給匹配	組間	37.741	5	7.548	4.061	0.001
	組內	1,396.026	751	1.859		
	總計	1,433.767	756			
要求-能力匹配	組間	18.999	5	3.800	3.323	0.006
	組內	858.767	751	1.143		
	總計	877.765	756			
和諧型工作激情	組間	24.981	5	4.996	4.008	0.001
	組內	936.072	751	1.246		
	總計	961.053	756			
員工創造力	組間	10.920	5	2.184	2.287	0.044
	組內	717.019	751	0.955		
	總計	727.939	756			

表5-4(續)

		離差平方和	自由度	離差平方根	F	P值
主管自主支持支持感	組間	41.697	5	8.339	5.267	0.000
	組內	1,189.120	751	1.583		
	總計	1,230.817	756			
組織創新支持感	組間	33.722	5	6.744	3.457	0.004
	組內	1,465.094	751	1.951		
	總計	1,498.816	756			

註：顯著水平均為0.05

由表5-4的統計數據可以看出，不同年齡的員工在需求-供給匹配、要求-能力匹配、和諧型工作激情、員工創造力以及主管自主支持感和組織創新支持感上均有顯著差異。一致性匹配卻在年齡這個變量的差異上表現不顯著。這可能是因為，不同年齡階段進入該組織的員工，大部分員工都選擇的是「自己比較認可組織的文化」。為了進一步分析這種差異的具體情況，有必要進行進一步的LSD多重比較。

表5-5　各變量及維度年齡水平LSD法多重比較的結果

因變量	(I) 年齡	(J) 年齡	均值差 (I-J)	標準誤	Sig.	比較結果
需求-供給匹配	25歲及以下	31~35歲	-0.559,37*	0.176,47	0.002	25歲及以下小於31歲以上
		36~40歲	-0.650,68*	0.176,02	0.000	
		40~50歲	-0.388,26*	0.161,75	0.017	
		51歲及以上	-0.656,54*	0.334,07	0.050	
	26~30歲	31~35歲	-0.355,20*	0.158,69	0.025	26~30歲小於31~40歲
		36~40歲	-0.446,52*	0.158,18	0.005	
要求-能力匹配	25歲及以下	26~30歲	-0.303,70*	0.115,22	0.009	25歲及以下較低
		31~35歲	-0.470,68*	0.138,41	0.001	
		36~40歲	-0.440,14*	0.138,05	0.001	
		40~50歲	-0.405,59*	0.126,86	0.001	
和諧型工作激情	25歲及以下	26~30歲	-0.425,91*	0.120,29	0.000	25歲以下較低
		31~35歲	-0.503,49*	0.144,51	0.001	
		36~40歲	-0.533,89*	0.144,13	0.000	
		40~50歲	-0.378,07*	0.132,45	0.004	
員工創造力	25歲及以下	26~30歲	-0.234,09*	0.105,28	0.026	25歲以下較低
		36~40歲	-0.307,67*	0.126,14	0.015	
	51歲及以上	26~30歲	-0.477,79*	0.232,94	0.041	50歲及以上較低
		31~35歲	-0.482,18*	0.243,26	0.048	
		36~40歲	-0.551,38*	0.243,09	0.024	

表5-5(續)

因變量	(I) 年齡	(J) 年齡	均值差（I-J）	標準誤	Sig.	比較結果
主管自主支持感	25歲及以下	26~30歲	-0.436,40*	0.135,58	0.001	26~40歲年齡段顯著高於其他年齡段
		31~35歲	-0.417,09*	0.162,87	0.011	
		36~40歲	-0.380,88*	0.162,45	0.019	
	40~50歲	26~30歲	-0.444,77*	0.131,18	0.001	
		31~35歲	-0.425,46*	0.159,23	0.008	
		36~40歲	-0.389,25*	0.158,80	0.014	
	51歲及以上	26~30歲	-0.921,76*	0.299,98	0.002	
		31~35歲	-0.902,45*	0.313,26	0.004	
		36~40歲	-0.866,24*	0.313,04	0.006	
組織創新支持感	40~50歲	26~30歲	-0.445,20*	0.145,61	0.002	40~50歲小於26~40歲
		31~35歲	-0.617,19*	0.176,74	0.001	
		36~40歲	-0.483,00*	0.176,26	0.006	

註：* 顯著水平均為0.05

由5-5表可以看出，在需求-供給匹配感知方面，30歲及以下的人群與30歲以上的人群有顯著差異，30歲以下人群對需求-供給匹配的感知要明顯低於30歲以上的人群。在組織裡面，應當說這是一種很普遍的現象，因為剛進入組織不久的年輕人是開銷大、培訓需求大的群體，而恰恰這部分年輕人是在組織中收入較低並且沒有進入組織核心的群體，因而，這部分人對需求-供給的匹配感知會明顯低於其他年齡段，有一種投入多而收穫少的感覺。

從要求-能力匹配感知方面的差異來看，仍然是25歲及以下的年輕人感知到的匹配程度要明顯小於25歲以上的人群。這也是一個很普遍的現象。年輕人進入組織時間不長，很多業務技能並不是那麼駕輕就熟，在適應整個行業的過程中正面臨適應和壓力階段，因而這部分年輕人的要求-能力匹配感知會若於其他年齡階段。而且從數據中我們可以看到，這種要求-能力感知與其他年齡段均值差最大是在31~35歲，很明顯，在組織中，這部分人既在入職的10多年時間裡掌握了大量的行業知識和經驗，又感到自己業務能力尚有提升的空間，是在要求-能力匹配感知方面比較樂觀的一個群體。

從和諧型工作激情這一變量的差異來看，也主要體現在25歲以下員工與其他年齡組（除51歲及以上員工）的差異。從和諧型工作激情所測量的內容來看，主要指的是員工喜歡自己的工作並願意投入大量的時間和精力進行自己的工作的動機。剛入職不久的員工實際上從統計數據來看，是人員跳槽、流動的主要群體，因而，要求這一部分就業動機尚不穩定的群體具有很高的工作激情是不太現實的。

在自己感知到個人創造力方面，25歲以下的員工感知到的個人創造力要低於26~30以及36~40這一年齡階段的人群。儘管按理來講年輕人會有更高的創造力，但是對於剛剛進入職場不久的25歲以下員工，要求-能力匹配、需求-供給匹配感知很多都還沒有達到較高的程度，因而對自己的創造力感知較低就比較正常。而51歲以上人群感知到的創造力是要明顯低於26~40歲的人群，則是當人年齡較大的時候，很多人的創造力會呈現下降的趨勢。

在主管自主支持的感知上，25歲及以下以及40歲以上的人群感知到主管自主支持感較低。尤其是40歲以上的人群，較之25歲以上40歲以下的人群而言，其感受到的主管自主支持感尤其低。原因可能主要是由於這部分人群有較高的自主支持的期望。剛入職人群大部分從非常自由的大學生活進入職場，難免有被人控制之感；而40歲以上的人群會隨著自己的地位、收入的增長對自主支持的要求越來越高，從而會與現實產生的一定的矛盾，故而對該指標評價較低。

組織創新支持感40~50歲員工要顯著低於26~40歲員工，其原因可能是跟主管自主支持感的原因一樣，是由於個人期望的提升，導致感知到的支持感較低。

(3) 員工學歷水平的方差分析

表5-6　　　　　　　員工學歷水平的樣本方差分析

		離差平方和	自由度	離差平方根	F	P 值.
一致性匹配	組間	16.792	3	5.597	3.944	0.008
	組內	1,068.780	753	1.419		
	總計	1,085.572	756			
需求-供給匹配	組間	26.204	3	8.735	4.790	0.003
	組內	1,373.078	753	1.823		
	總計	1,399.281	756			
要求-能力匹配	組間	16.015	3	5.338	4.659	0.003
	組內	862.862	753	1.146		
	總計	878.876	756			
和諧型工作激情	組間	17.977	3	5.992	4.856	0.002
	組內	929.187	753	1.234		
	總計	947.164	756			

表5-6(續)

		離差平方和	自由度	離差平方根	F	P值
員工創造力	組間	23.840	3	7.947	8.396	0.000
	組內	712.678	753	0.946		
	總計	736.518	756			
主管自主支持支持感	組間	31.177	3	10.392	6.610	0.000
	組內	1,183.862	753	1.572		
	總計	1,215.039	756			
組織創新支持感	組間	8.197	3	2.732	1.396	0.243
	組內	1,473.887	753	1.957		
	總計	1,482.084	756			

註：顯著水平均為0.05

由表5-6的統計數據可以看出，不同學歷水平的員工在一致性匹配、需求-供給匹配、要求-能力匹配、和諧型工作激情、員工創造力以及主管自主支持感上均有顯著差異。而組織創新支持感這個變量在學歷的差異上表現不顯著。為了進一步分析這種差異的具體情況，有必要進行進一步的LSD多重比較。

表 5-7　　各變量及維度學歷水平LSD法多重比較的結果

因變量	(I) 學歷	(J) 學歷	均值差（I-J）	標準誤	Sig.	比較結果
一致性匹配	大專	本科	-0.276,70*	0.094,51	0.004	本科 > 大專
需求-供給匹配	碩士及以上	高中及以下	-1.396,83*	0.421,91	0.001	碩士及以上 < 其他各學歷層次
		大專	-0.986,15*	0.307,40	0.001	
		本科	-1.071,16*	0.301,08	0.000	
要求-能力匹配	本科	大專	0.222,98*	0.084,92	0.009	本科 > 大專及碩士
		碩士及以上	0.695,10*	0.238,67	0.004	
和諧型工作激情	本科	大專	0.245,76*	0.088,13	0.005	本科 > 大專和碩士及其以上
		碩士及以上	0.696,53*	0.247,67	0.005	
員工創造力	本科	高中及以下	0.501,04*	0.222,04	0.024	本科 > 高中和大專
		大專	0.361,04*	0.077,18	0.000	
主管自主支持感	本科	高中及以下	0.663,14*	0.286,18	0.021	本科 > 其他三個學歷層次
		大專	0.351,70*	0.099,47	0.000	
		碩士及以上	0.660,97*	0.279,56	0.018	

註：*顯著水平均為0.05

從表 5-7 可以看出：

第一，從一致性匹配來看，本科生和大專生的感知差異明顯，對一致性匹配的感知本科生要高於大專生。這可能是因為從一開始的擇業機會而言，本科生的擇業機會一般會優於大專生，因而本科生所選擇的工作也許從一開始就考慮了自己的價值觀與該組織文化的匹配以及自己今後職業生涯的發展。

第二，從需求-供給匹配來看，碩士及以上學歷要明顯低於其他三個層次的學歷。這很大一個原因是學位越高，越會對工作的薪酬及發展機會等抱有較高的期望，因而當進入組織時，反而會感受到組織提供給自己的東西不如想像的多。

第三，從要求-能力匹配來看，本科生的感知要大於大專生和碩士及其以上學歷。這很可能是因為，大專生在當今飛速發展的金融服務業的知識運用有些時候會感覺到不足，而碩士及其以上學歷則會感覺自己的專業知識水平在這樣的一個行業可能是綽綽有餘的，因而從匹配感知來看反而是本科生為最高。

第三，從對和諧型工作激情、員工創造力和主管自主支持感判斷的差異性來看，本科生都要明顯高於其他幾個學歷層次。

（4）員工職位水平的方差分析

表 5-8　　　　　員工職位水平的樣本方差分析

		離差平方和	自由度	離差平方根	F	P 值
一致性匹配	組間	12.290	3	4.097	2.891	0.035
	組內	1,066.928	753	1.417		
	總計	1,079.219	756			
需求-供給匹配	組間	33.886	3	11.295	6.087	0.000
	組內	1,397.273	753	1.856		
	總計	1,431.159	756			
要求-能力匹配	組間	13.658	3	4.553	3.982	0.008
	組內	860.899	753	1.143		
	總計	874.557	756			
和諧型工作激情	組間	21.308	3	7.103	5.657	0.001
	組內	945.485	753	1.256		
	總計	966.793	756			
員工創造力	組間	23.060	3	7.687	8.091	0.000
	組內	715.341	753	0.950		
	總計	738.401	756			

表5-8(續)

		離差平方和	自由度	離差平方根	F	P 值
主管自主支持支持感	組間	16.542	3	5.514	3.421	0.017
	組內	1,213.503	753	1.612		
	總計	1,230.045	756			
組織創新支持感	組間	22.317	3	7.439	3.795	0.010
	組內	1,475.840	753	1.960		
	總計	1,498.157	756			

註：* 顯著水平均為0.05

由5-8表的統計數據可以看出，不同學歷水平的員工在一致性匹配、需求-供給匹配、要求-能力匹配、和諧型工作激情、員工創造力以及主管自主支持感、組織創新支持感傷上均有顯著差異。為了比較具體詳細的差異，下面進一步進行LSD分析。

表 5-9　　各變量及維度職位水平 LSD 法多重比較的結果

因變量	(I) 職位	(J) 職位	均值差 (I-J)	標準誤	Sig.	比較結果
一致性匹配	高層管理者	一般員工	0.830,82*	0.285,35	0.004	高層 > 其他層次職位
		基層管理者	0.816,27*	0.299,79	0.007	
		中層管理者	0.747,97*	0.307,63	0.015	
需求-供給匹配	中層管理者	一般員工	0.471,18*	0.156,20	0.003	中層 > 一般
	高層管理者	一般員工	1.046,75*	0.326,55	0.001	高層 > 一般和基層
		基層管理者	0.899,89*	0.343,07	0.009	
要求-能力匹配	中層管理者	一般員工	0.274,55*	0.122,61	0.025	中層 > 一般
	高層管理者	一般員工	0.712,43*	0.256,32	0.006	高層 > 一般和基層
		基層管理者	0.640,77*	0.269,29	0.018	
和諧型工作激情	中層管理者	一般員工	0.342,17*	0.128,49	0.008	中層 > 一般和基層
		基層管理者	0.308,18*	0.154,90	0.047	
	高層管理者	一般員工	0.886,31*	0.268,62	0.001	高層 > 一般和基層
		基層管理者	0.852,32*	0.282,21	0.003	
員工創造力	中層管理者	一般員工	0.271,91*	0.111,76	0.015	中層 > 一般
		一般員工	1.037,37*	0.233,65	0.000	
	高層管理者	基層管理者	0.953,36*	0.245,47	0.000	高層 > 其他層次職位
		中層管理者	0.765,46*	0.251,90	0.002	

表5-9(續)

因變量	(I) 職位	(J) 職位	均值差（I-J）	標準誤	Sig.	比較結果
主管自主支持感	中層管理者	一般員工	0.288,13*	0.145,56	0.048	中層＞一般
	高層管理者	一般員工	0.804,97*	0.304,32	0.008	
		基層管理者	0.720,41*	0.319,72	0.025	
組織創新支持感	中層管理者	一般員工	0.342,01*	0.160,53	0.033	中層＞一般
	高層管理者	一般員工	0.923,63*	0.335,61	0.006	高層＞一般和基層
		基層管理者	0.823,80*	0.352,59	0.020	

註：*顯著水平均為0.05

由表5-9的分析數據我們看到了一個驚人的結果，不管是在哪個變量和某個變量的哪個維度，都呈現出中層管理者和高層管理者顯著高於一般員工和基層管理者的情況。實際上，這與每一個企業的實際情況是吻合的。首先，一般而言，具有較高匹配度和較高創造力評價的人容易成為中層和高層管理者，同時，當他們成為組織的管理和領導者之後，往往對組織的支持感以及自身匹配和創造能力具有更高的評價，因而，在上述的幾個變量上，高層和中層管理者都顯著高於一般員工以及基層員工。

（5）員工服務年限的方差分析

表5-10　　　　　員工服務年限的樣本方差分析

		離差平方和	自由度	離差平方根	F	P值.
一致性匹配	組間	10.606	4	2.652	1.865	0.115
	組內	1,066.252	750	1.422		
	總計	1,076.858	754			
需求-供給匹配	組間	40.971	4	10.243	5.556	0.000
	組內	1,382.539	750	1.843		
	總計	1,423.509	754			
要求-能力匹配	組間	8.733	4	2.183	1.893	0.110
	組內	864.954	750	1.153		
	總計	873.686	754			
和諧型工作激情	組間	16.960	4	4.240	3.370	0.010
	組內	943.607	750	1.258		
	總計	960.567	754			
員工創造力	組間	2.174	4	0.543	0.558	0.693
	組內	730.667	750	0.974		
	總計	732.841	754			

表5-10(續)

		離差平方和	自由度	離差平方根	F	P 值
主管自主支持支持感	組間	20.952	4	5.238	3.267	0.011
	組內	1,202.357	750	1.603		
	總計	1,223.308	754			
組織創新支持感	組間	34.012	4	8.503	4.344	0.002
	組內	1,467.899	750	1.957		
	總計	1,501.911	754			

註：顯著水平均為0.05

由表5-10的統計數據可以看出，不同服務年限的員工在需求-供給匹配、和諧型工作激情、以及主管自主支持感、組織創新支持感傷上均有顯著差異。而在一致性匹配、要求-能力匹配以及員工創造力方面沒有顯著差異。為了比較具體詳細的差異，下面進一步進行LSD分析。

表5-11　　各變量及維度職位水平LSD法多重比較的結果

因變量	(I)服務年限	(J)服務年限	均值差(I-J)	標準誤	Sig.	比較結果
需求-供給匹配	3年以下	6~10年	-0.387,10*	0.165,19	0.019	5年以下員工 < 5年以上員工
		11~15年	-0.688,71*	0.199,67	0.001	
		15年以上	-0.426,97*	0.130,68	0.001	
	3~5年	6~10年	-0.352,22*	0.173,71	0.043	
		11~15年	-0.653,82*	0.206,77	0.002	
		15年以上	-0.392,09*	0.141,30	0.006	
和諧型工作激情	3年以下	6~10年	-0.358,00*	0.136,47	0.009	3年以下員工 < 5年以上員工
		11~15年	-0.379,78*	0.164,96	0.022	
		15年以上	-0.245,56*	0.107,96	0.023	
	3~5年	6~10年	-0.336,01*	0.143,51	0.019	3~5年的員工 < 6~15年員工
		11~15年	-0.357,79*	0.170,82	0.037	
主管自主支持感	3~5年	11~15年	-0.457,03*	0.192,83	0.018	3~5年 < 11~15年
	15年以上	3年以下	-0.248,59*	0.121,87	0.042	15年以上員工 < 6~15年及3年以下員工
		6~10年	-0.372,35*	0.156,59	0.018	
		11~15年	-0.580,67*	0.188,31	0.002	

表5-11(續)

因變量	(I)服務年限	(J)服務年限	均值差(I-J)	標準誤	Sig.	比較結果
組織創新支持感	6~10年	3年以下	0.367,17*	0.170,21	0.031	6~15年創造力支持感較高
		3~5年	0.437,44*	0.178,99	0.015	
		15年以上	0.605,09*	0.173,02	0.000	
	11~15年	3~5年	0.456,38*	0.213,06	0.033	
		15年以上	0.624,04*	0.208,07	0.003	

註：顯著水平均為0.05

由表5-11的統計結果可知：

第一，在需求-供給匹配方面，入職5年以下的員工匹配感知要明顯低於5年以上的員工。這其中最重要的一個原因是雖然在組織選拔初期不論是組織還是員工都會考慮到自身與組織的匹配，但是經過一段時間的磨合，匹配程度會相應提高。尤其是需求-供給方面，很多員工通過自身努力實現了自我感知的需求-供給的較佳匹配，也有部分員工拋棄了不切實際的幻想，從客觀角度來看待組織可以給予個人的薪酬和發展機會等，因而工作年限較長的員工相應來說其需求-匹配感知較高。而在一致性匹配和要求-能力匹配上，不同工作年限的員工差異並不大，但是從實際情況看，似乎入職時間較短的員工在這兩個方面的匹配度應該也會更低一些。

第二，在和諧型工作激情方面，入職較短員工的和諧型工作激情普遍要低於入職時間較長的員工。這很可能是因為入職時間較短的員工工作尚處於磨合階段、學習階段以及艱難的探索階段，因此很難體會到工作中的「和諧」的激情。

第三，主管自主支持感方面，工作時間為3~5年的員工和15年以上的員工感知到的組織自主支持感較低。這與年齡與主管支持感之間的差異關係非常類似，這主要還是來源於這兩類人群對主管自主支持感的主觀期望。

第四，從組織創新支持感來看，入職6~15年的人群感知到的組織創新支持感最高，主要原因是這部分人群既熟悉了組織環境和業務知識，又年輕力壯正是幹事業的黃金時期，因而這部分人體會到的組織創新支持感會比較高。

通過對以上各變量進行人口統計特徵的獨立樣本T檢驗和單方差分析，將分析結果匯總為如表5-12所示。從匯總結果可以看出，對研究模型中的因變量有顯著影響的人口統計特徵變量有：年齡、學歷和職位。在后面的研究中控制變量的選取主要選用在員工創造力方面有顯著差異的變量，主要包括年齡、學歷和職位。

表 5-12　　　　　　獨立樣本 T 檢驗及方差分析結果匯總

	性別	年齡	學歷	職位	工作年限
人-組織匹配			√	√	√
一致性匹配			√	√	
需求-供給匹配		√	√	√	
要求-能力匹配		√	√		√
和諧型工作激情		√	√		√
員工創造力		√	√	√	
主管自主支持感		√	√	√	
組織創新支持感		√		√	√

5.3　人-組織匹配對員工創造力影響的假設檢驗

侯杰泰等（2004）指出，在運用結構方程模型對理論模型進行檢驗的時候，需要對收集的數據進行中心化或者標準化的處理。本研究在採用結構方程模型的方法驗證人-組織匹配及其各個維度對員工創造力的影響時，直接效應和仲介效應均採用的標準化後的數據進行的驗證。

5.3.1　人-組織匹配與員工創造力的關係

（1）人-組織匹配與員工創造力的關係

從人-組織匹配對員工創造力影響的理論模型來看，χ^2/df 為 4.069，大於最佳建議值 3，但是小於可接受值 5，該比值相對較大的一個很重要的原因可能是因為樣本量較大。GFI 值為 0.924，AGFI 值為 0.899，NFI 值為 0.951，CFI 為 0.963，這幾個指標均接近或者超過 0.90，RMSEA 的值為 0.063，小於建議值 0.08。綜合以上各項擬合指標，表明該模型擬合情況較好，如表 5-13 所示。

表 5-13　　　人-組織匹配對員工創造力影響關係模型擬合指標

擬合指標	χ^2/df	GFI	AGFI	NFI	CFI	RMSEA
數值	4.069	0.924	0.899	0.951	0.963	0.063

圖5-1 的結果顯示，人-組織匹配對員工創造力的標準化路徑系數為0.77，P值為0.000，達到顯著水平，表明人-組織匹配對員工創造力的影響關係模型成立，且人-組織匹配與員工創造力之間有很強的相關關係，數據支持了假設H1。

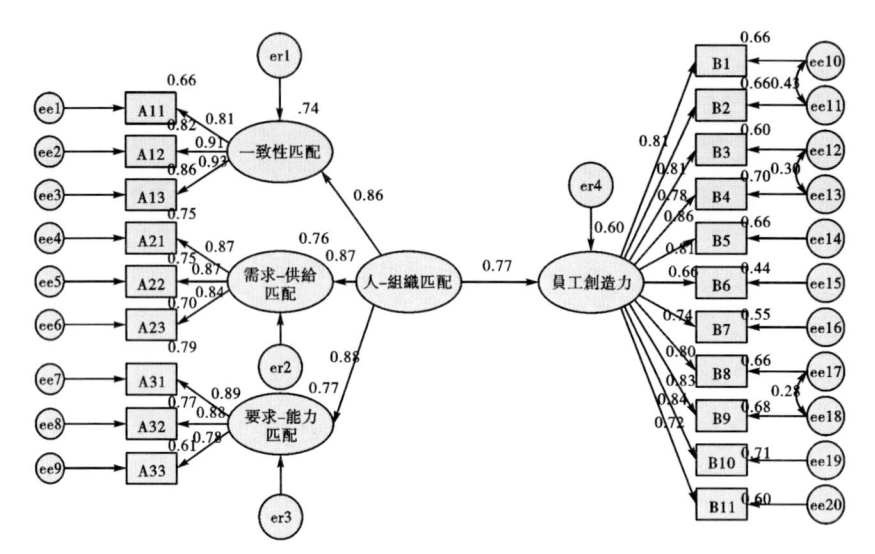

圖5-1 人-組織匹配與員工創造力關係路徑

(2) 人-組織匹配各個維度與員工創造力的關係

從人-組織匹配各個維度對員工創造力影響的理論模型來看，X^2/df 為3.702，大於最佳建議值3，但是小於可以接受值5。GFI值為0.932，AGFI值為0.907，NFI值為0.957，CFI為0.969，這幾個指標均超過0.90，RMSEA的值為0.071，小於建議值0.08。綜合以上各項擬合指標，表明該模型擬合情況較好，如表5-14所示。

表5-14 人-組織匹配各個維度對員工創造力影響關係模型擬合指標

擬合指標	X2/df	GFI	AGFI	NFI	CFI	RMSEA
數值	3.701	0.932	0.907	0.957	0.969	0.071

圖5-2 的結果顯示，人-組織匹配三個維度對員工創造力的影響是不一樣的，從路徑係數來看，其中以要求能力匹配與員工創造力之間的關係最為密切，其次為一致性匹配，其係數均在0.000的水平上顯著，假設支持了H1a和H1c，不支持H1b。需求供給匹配與創造力的關係不顯著。

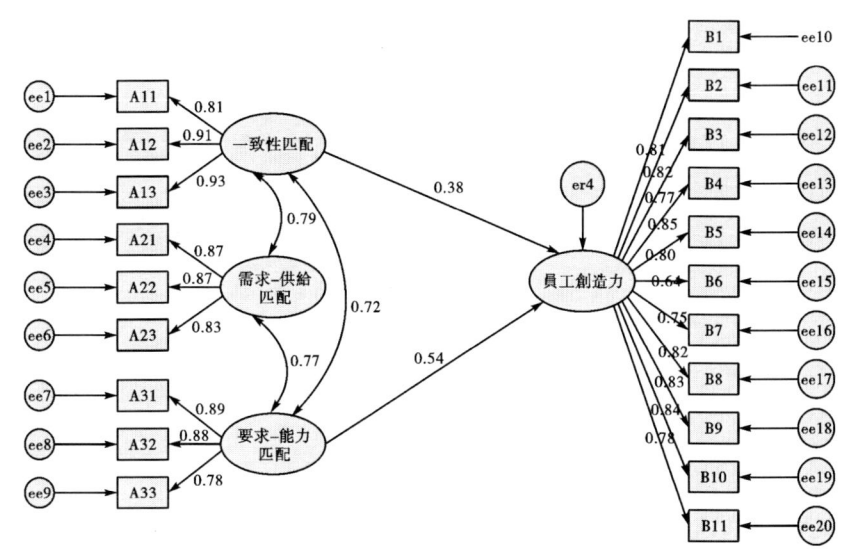

圖 5-2　人-組織匹配各維度與員工創造力關係路徑

註：在 0.05 水平上不顯著的關係沒有標註

　　本研究認為，員工創造力的獲得主要來自於自身內部滿足的獲得，如感覺到個人價值觀與組織文化的匹配。當感覺一個組織有自己喜歡的氛圍和價值理念時，個體會願意奉獻自己的聰明才智於工作之上，從而獲得創造力。同時，從人與工作匹配的角度來看，影響員工創造力的一個很大的原因是個體是否擁有進行創造的必要條件——與組織發展要求相匹配的知識、技能和能力。實際上，創新是有前提的，這種前提，就是個體必須具備基本的組織要求的知識和技能。在此基礎上，如果能激發員工的工作激情，才會帶來源源不斷的員工創新，而如果員工不具備這些能力，即使再想創想，恐怕也是心有餘而力不足。而較之於這兩點，組織是否能夠滿足員工所期望的物質方面的需求，卻不是員工最為關注的。之前的部分研究也得到了與本研究相似的結論，即從維度上來看，一致性匹配和要求-能力匹配與員工創造力正相關，而需求-供給匹配與員工創造力關係不顯著（楊英，2011；王震等，2011）。

5.3.2　人-組織匹配與和諧型工作激情的關係

（1）人-組織匹配與和諧型工作激情的關係

　　從人-組織匹配與和諧型工作激情關係的理論模型來看，χ^2/df 為 4.827，大於最佳建議值 3，但是小於可接受值 5。GFI 值為 0.934，AGFI 值為 0.902，NFI 值為 0.958，CFI 為 0.967，這幾個指標均超過 0.90，RMSEA 的值為

0.059，小於建議值 0.08。綜合以上各項擬合指標，表明該模型擬合情況較好，如表 5-15 所示。

表 5-15　人-組織匹配與和諧型工作激情關係模型擬合指標

擬合指標	χ2/df	GFI	AGFI	NFI	CFI	RMSEA
數值	4.827	0.934	0.902	0.958	0.967	0.059

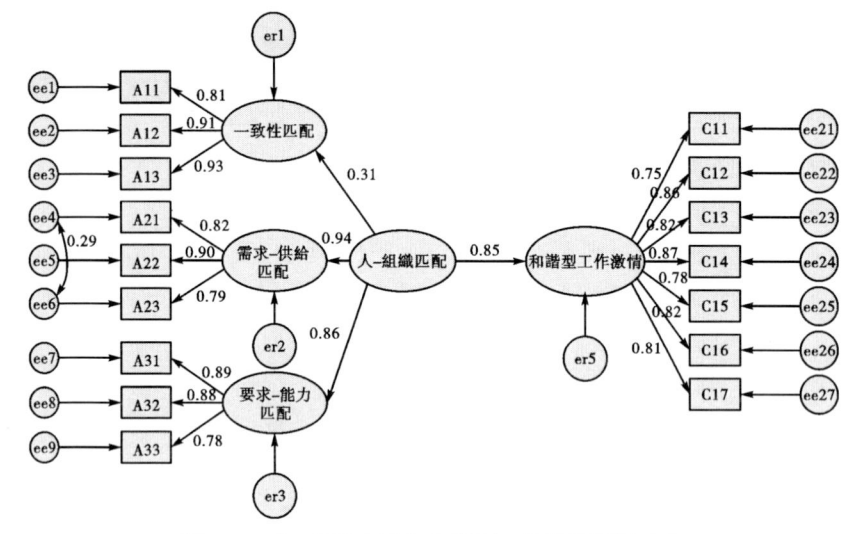

圖 5-3　人-組織匹配與和諧型工作激情關係路徑

上圖 5-3 的結果顯示，人-組織匹配對和諧型工作激情的標準化路徑系數為 0.85，P 值為 0.000，達到顯著水平，表明人-組織匹配對和諧型工作激情的影響關係模型成立，且人-組織匹配與員工和諧型工作激情之間有很強的相關關係，數據支持了假設 H2。

（2）人-組織匹配各個維度與和諧型工作激情的關係

從人-組織匹配各個維度與和諧型工作激情關係的理論模型來看，χ²/df 為 4.564，大於最佳建議值 3，但是小於可接受值 5。GFI 值為 0.938，AGFI 值為 0.907，NFI 值為 0.961，CFI 為 0.970，這幾個指標均超過 0.90，RMSEA 的值為 0.068，小於建議值 0.08。綜合以上各項擬合指標，表明該模型擬合情況較好，如表 5-16 所示。

表 5-16 人-組織匹配各維度與和諧型工作激情關係模型擬合指標

擬合指標	X2/df	GFI	AGFI	NFI	CFI	RMSEA
數值	4.564	0.938	0.907	0.961	0.970	0.068

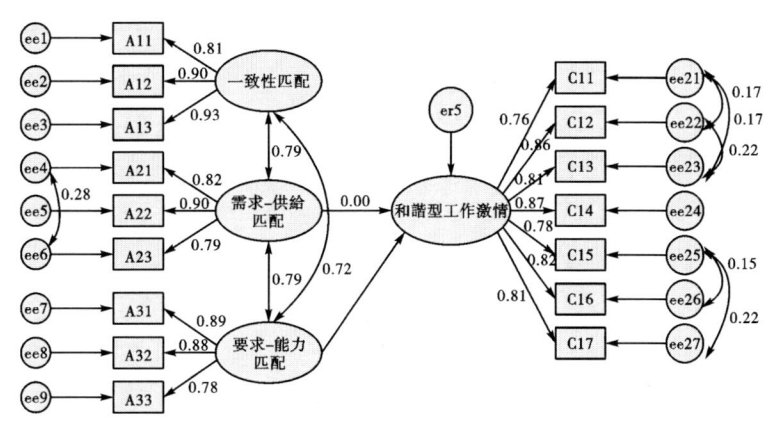

圖 5-4 人-組織匹配各維度與和諧型工作激情關係路徑

註：在 .05 水平上不顯著的沒有標註

圖 5-4 的結果顯示，人-組織匹配三個維度對和諧型工作激情的影響是不一樣的。從路徑系數來看，其中以需求供給匹配與員工創造力之間的關係最為密切，其次為要求能力匹配，其系數均在 0.000 的水平上顯著。假設支持了 H2b 和 H2c，不支持 H2a，一致性匹配與和諧型工作激情的關係不顯著。

從結論上來看也是符合常理的。因為，需求-供給匹配和要求能力匹配是人與工作匹配的兩個方面，而工作激情的來源，很有可能主要來自於「工作」本身與人的匹配。因為這尚屬開拓性的研究，因此沒有以前的實證研究作為參考。

5.3.3 和諧型工作激情與員工創造力之間的關係

從人-組織匹配各個維度與和諧型工作激情關係的理論模型來看，X^2/df 為 4.678，大於最佳建議值 3，但是小於可接受值 5。GFI 值為 0.919，AGFI 值為 0.887，NFI 值為 0.952，CFI 為 0.962，這幾個指標除 AGFI 值外其餘均超過 0.90，RMSEA 的值為 0.069，小於建議值 0.08。綜合以上各項擬合指標，表明該模型擬合情況較好，如表 5-17 所示。

表 5-17　和諧型工作激情與員工創造力關係模型擬合指標

擬合指標	χ2/df	GFI	AGFI	NFI	CFI	RMSEA
數值	4.678	0.919	0.887	0.952	0.962	0.069

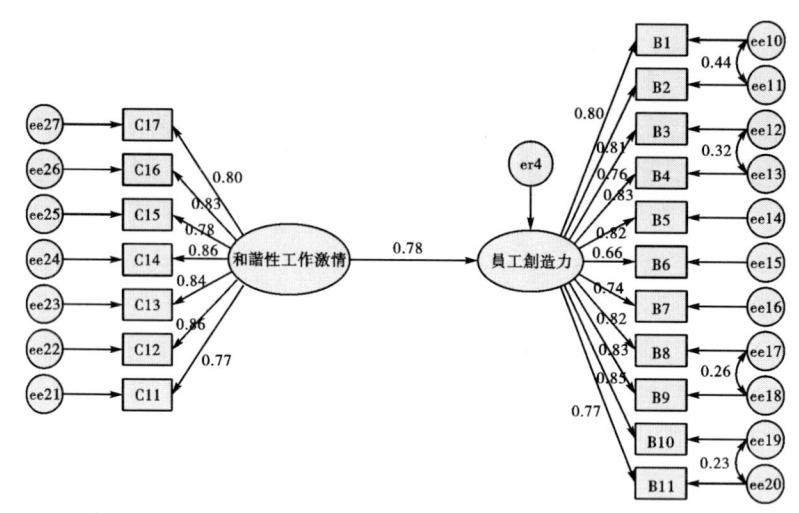

圖 5-5　和諧型工作激情與員工創造力關係路徑

從上圖 5-5 的結果顯示，和諧型工作激情對員工創造力的標準化路徑系數為 0.78，P 值為 0.000，達到顯著水平，表明和諧型工作激情對員工創造力的影響關係模型成立，且和諧型工作激情與員工創造力之間有很強的相關關係，數據支持了假設 H3。

5.3.4　和諧型工作激情在人-組織匹配與員工創造力之間的仲介作用

5.3.4.1　仲介效應介紹

（1）仲介變量的內涵

1932 年，為了彌補華生的「刺激-反應」公式的不足，托爾曼提出仲介變量的概念，強調注意有機體內部因素在行為中的作用，從整體水平上對行為進行心理分析。托爾曼認為仲介變量就是推出處於自變量和因變量之間的過程，把 S-R 理解為 S-O-R，仲介變量就是在 O（有機體）內正在進行的活動。它是完全可以客觀定義和定量的，它能客觀、精確地同一定的自變量和因變量聯繫起來。考慮自變量 X 對因變量 Y 的影響，如果 X 通過影響變量 M 來影響 Y，則稱 M 為仲介變量。一般而言，當一個變量在某種程度上能解釋自變量和因

變量之間的關係時，我們就認為它可能起到了仲介效應。

(2) 仲介效應的檢驗

圖 5-6 表示的是一個包含了仲介效應的因果關係鏈。這個簡化模型包含三個變量：自變量 X、因變量 Y、仲介變量 M。它們之間有三條因果路徑，其中兩條對因變量 Y 產生影響：路徑 c′和路徑 b；此外還有一條是從自變量 X 指向仲介變量的路徑 a。

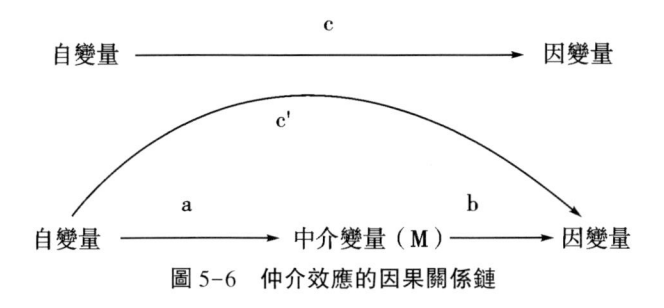

圖 5-6　仲介效應的因果關係鏈

以最簡單的三變量為例，假設所有的變量都已經中心化，則仲介關係可以用迴歸方程表示如下：

Y = cx+e1　(1)
M = ax+e2　(2)
Y = c'x+bM+e3　(3)

上述 3 個方程路徑圖：

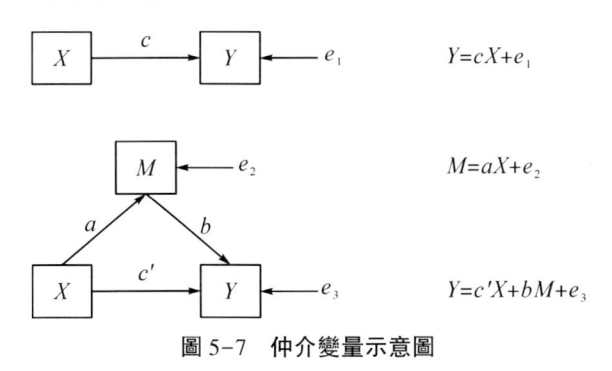

圖 5-7　仲介變量示意圖

第一步是建立因果關係。要建立兩個變量之間的因果關係，必須滿足三個主要標準：兩個變量間存在關聯；這種關係不是虛假相關；發生的時間上有先后和關係。對該標準滿足程度較低的可能只是一個簡單的相關關係，一般只有用嚴格的方法滿足了所有條件，才能證明是因果關係。

第二步檢驗仲介效應。如果一個變量滿足以下條件，就說明它起到了仲介變量的作用：自變量的變化能夠顯著地解釋仲介變量的變化（路徑 a）；仲介變量的變化能顯著地解釋因變量的變化（路徑 b）；當控製路徑 a 和 b 時，自變量與因變量之間在之前所表現出的顯著作用就減小或不存在了（路徑 c）。這時我們就說 M 在 X 與 Y 之間起到了仲介作用。Barron 和 Kenny（1986）提出了仲介效應的檢驗步驟和判定標準：①仲介變量對自變量的迴歸分析，迴歸系數達到顯著性水平；②因變量對自變量迴歸，迴歸系數也要達到顯著性水平；③因變量同時對自變量和仲介變量的迴歸，仲介變量的迴歸系數要達到顯著性水平，自變量的迴歸系數減小。當自變量的回顧系數減小到不顯著水平時，說明仲介變量起到了完全仲介作用，自變量完全通過仲介變量影響因變量；當自變量的迴歸系數減小，但仍然達到顯著性水平時，仲介變量只是有部分仲介作用，即自變量一方面直接對因變量起作用，另一方面通過仲介變量影響因變量。溫忠麟等（2011）提出了一個新的檢驗仲介效應的程序，具體檢驗流程如圖 5-8。

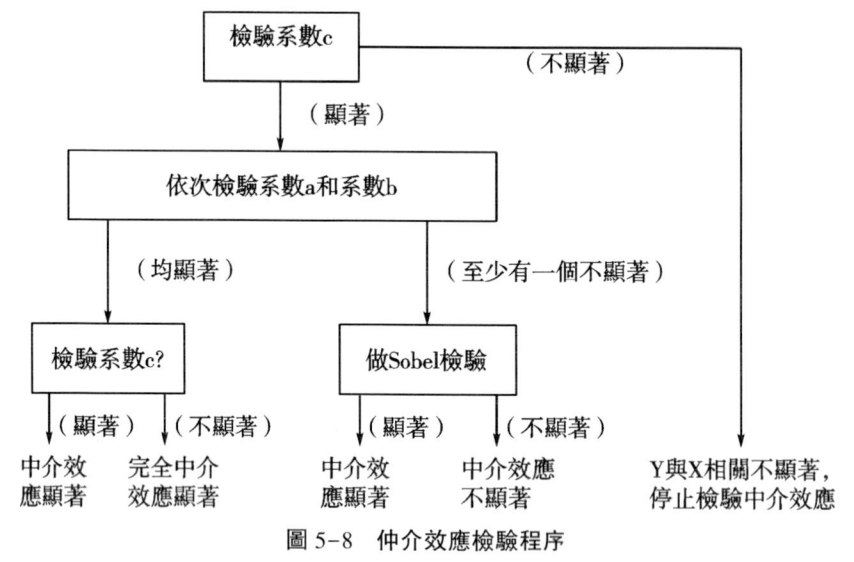

圖 5-8 仲介效應檢驗程序

資料來源：溫忠麟，劉紅雲，侯杰泰（2011）的研究①

---

① 溫忠麟，劉紅雲，侯杰泰著. 調節效應和仲介效應分析 [M]. 北京市：教育科學出版社，2011：76.

5.3.4.2 人-組織匹配為因變量和諧型工作激情的仲介作用

從和諧型工作激情在人-組織匹配與員工創造力關係中仲介作用模型擬合指標來看，χ^2/df 為 4.017，大於最佳建議值 3，但是小於可接受值 5。GFI 值為 0.878，AGFI 值為 0.851，NFI 值為 0.919，CFI 為 0.938，均超過可接受值 0.85，RMSEA 的值為 0.064，小於建議值 0.08。綜合以上各項擬合指標，表明該模型擬合情況較好，如表 5-18 所示。

表 5-18　　　和諧型工作激情在人-組織匹配與
員工創造力關係中仲介作用模型擬合指標

擬合指標	χ^2/df	GFI	AGFI	NFI	CFI	RMSEA
數值	4.017	0.878	0.851	0.919	0.938	0.064

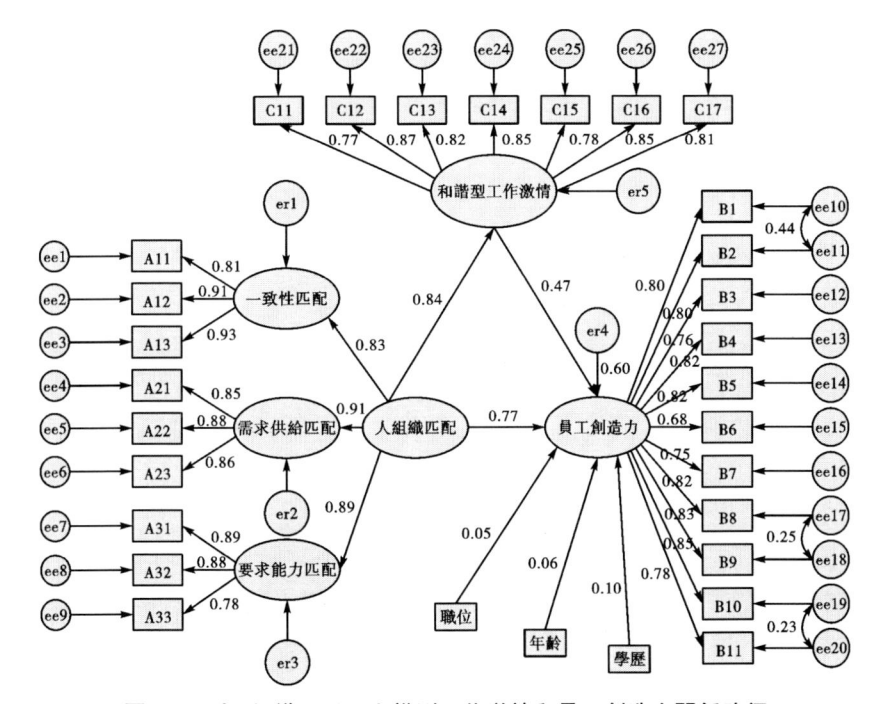

圖 5-9　人-組織匹配、和諧型工作激情和員工創造力關係路徑

如圖 5-9 所示，依據仲介作用的判斷原則，在模型中加入控製變量——職位、年齡和學歷。圖中標準化路徑系數顯示，除學歷對員工創造力的路徑系數在 0.000 的顯著水平上顯著，年齡對員工創造力的影響 0.05 水平上顯著，而職位對員工創造力的影響在 0.1 水平上顯著。其中，學歷和職位對員工創造力

有顯著正向影響，而年齡卻對員工創造力有顯著的負向影響。模型中（如表5-19所示），人-組織匹配與和諧型工作激情之間的標準化路徑系數是0.838，顯著性水平為0.000；和諧型工作激情與員工創造力之間的標準化路徑系數為0.468，顯著性水平為0.000；人-組織匹配與員工創造力之間的標準化路徑系數為0.368，顯著性水平為0.000，如表所示。根據仲介作用的判定條件，員工創造力同時對人-組織匹配和和諧型工作激情迴歸，首先，和諧型工作激情與員工創造力之間的標準路徑系數達到顯著水平，而人-組織匹配與員工創造力之間的迴歸系數減少，從0.77減至0.37，且0.37的標準化路徑系數仍然在0.000的水平上顯著，因而判定和諧型工作激情在人-組織匹配與員工創造力之間起到了部分仲介作用，其仲介作用占總效應的比重為0.84×0.47/0.77＝0.513，這說明仲介效應占總效應的比重超過一半，驗證了之前提出的假設H4。

表5-19　　人-組織匹配、和諧工作激情、員工創造力部分
仲介作用模型的參數估計

	標準化因子載荷	標準誤差（S. E.）	臨界比（C. R.）	顯著性概率
和諧型工作激情<人-組織匹配	0.838	0.044	19.139	0.000
員工創造力<和諧型工作激情	0.468	0.059	8.080	0.000
員工創造力<人-組織匹配	0.368	0.059	6.296	0.000
員工創造力<學歷	0.100	0.045	3.928	0.000
員工創造力<年齡	-0.060	0.019	-2.209	0.027
員工創造力<職位	0.052	0.034	1.933	0.053

（2）人-組織匹配各個維度與和諧型工作激情以及員工創造力的路徑

從和諧型工作激情在人-組織匹配各個維度與員工創造力關係中仲介作用模型擬合指標來看，X^2/df 為3.690，大於最佳建議值3，但是小於可接受值5。GFI值為0.889，AGFI值為0.860，NFI值為0.928，CFI為0.946，均超過可接受值0.85，RMSEA的值為0.060，小於建議值0.08。綜合以上各項擬合指標，表明該模型擬合情況較好，如表5-20所示。

表5-20　　人-組織匹配各維度、和諧工作激情、
員工創造力部分仲介作用模型的參數估計

擬合指標	X^2/df	GFI	AGFI	NFI	CFI	RMSEA

表5-20(續)

擬合指標	X2/df	GFI	AGFI	NFI	CFI	RMSEA
數值	3.690	0.889	0.860	0.928	0.946	0.060

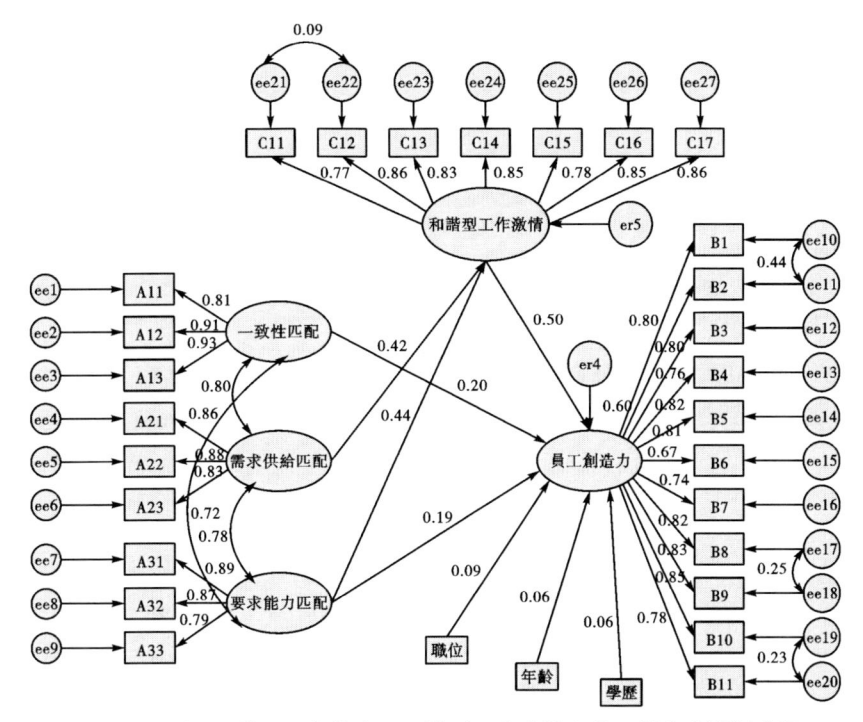

圖5-10 人-組織匹配各維度、和諧型工作激情和員工創造力關係路徑

為了便於觀察變量之間的關係，上述模型中只表明了變量之間的顯著關係。結合圖5-10和表5-21可以看到，一致性匹配、要求能力匹配、和諧型工作激情與員工創造力均呈現顯著正向相關關係，需求供給匹配，要求能力匹配與和諧型工作激情之間呈現顯著正向關係。學歷與員工創造力之間呈現顯著正向關係。三個控制變量均在 0.05 水平上顯著，其中，學歷和職位對員工創造力有顯著正向影響，而年齡卻對員工創造力有顯著的負向影響。

根據仲介作用的判斷原則，在模型中加入控制變量學歷。模型中，要求能力匹配與和諧型工作激情之間的標準化路徑係數是 0.445，顯著性水平為 0.000；和諧型工作激情與員工創造力之間的標準化路徑係數為 0.497，顯著性水平為 0.000；要求能力匹配與員工創造力之間的標準化路徑係數為 0.191，顯著性水平為 0.000，如表 5-21 所示。根據仲介作用的判定條件，員工創造

力同時對要求能力匹配和和諧型工作激情迴歸，首先，和諧型工作激情與員工創造力之間的標準路徑系數達到顯著水平，而要求能力匹配與員工創造力之間的迴歸系數減少，從 0.54 減至 0.191，且 0.191 的標準化路徑系數仍然在 0.000 的水平上顯著，因而判定和諧型工作激情在要求能力匹配維度與員工創造力之間起到了部分仲介作用，其仲介作用占總效應的比重為 0.445×0.497/0.54＝0.410，這說明仲介效應占總效應的比重接近一半，驗證了之前提出的假設 H4a。

表 5-21　　　　人-組織匹配各維度、和諧工作激情、
員工創造力部分仲介作用模型的參數估計

	標準化因子載荷	標準誤差(S. E.)	臨界比(C. R.)	顯著性概率
和諧型工作激情<需求供給匹配	0.416	0.039	8.181	0.000
和諧型工作激情<要求能力匹配	0.445	0.055	8.604	0.000
員工創造力<和諧型工作激情	0.497	0.049	10.400	0.000
員工創造力<一致性匹配	0.203	0.033	5.143	0.000
員工創造力<要求能力匹配	0.191	0.055	3.766	0.000
員工創造力<學歷	0.088	0.044	3.545	0.000
員工創造力<年齡	-0.056	0.018	-2.088	0.037
員工創造力<職位	0.060	0.033	2.300	0.021

5.4　調節效應檢驗

5.4.1　有仲介的調節模型和有調節的仲介模型

（1）調節變量的內涵

通俗的說，調節變量就是「視情況而定」「因人而異」。比如，同樣的一次失敗經歷對不同類型的人的影響卻是大相徑庭，高自我效能感的人傾向於將失敗歸因於自己努力不足，於是他們會更加努力並堅持下去；低自我效能感的人則把失敗歸結為能力不足，於是會自暴自棄。在這裡我們看到一次失敗的經歷（自變量）對人的行為（因變量）的影響隨著自我效能（調節變量）的變化而變化。如果兩個變量之間的關係（如 Y 與 X 的關係）是變量 M 的函數，

稱 M 為調節變量。也就是說，Y 與 X 的關係受到第三個變量 M 的影響。這種有調節變量的模型一般的用圖 5-11 表示。

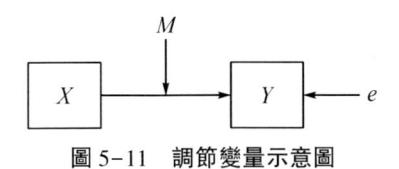

圖 5-11　調節變量示意圖

尤其在相關分析框架下，調節變量被看作影響另外兩個變量零次相關的第三個變量。例如，Stern 等（1982）發現改變生活的事件與嚴重的疾病之間的正相關關係，不可控事件（如喪偶）比可控事件（如離婚）更強烈一些。在 Stern 等（1982）的研究中，如果可控的生活變化已經降低了患病的概率，然而變化的生活事件與患病之間的關係由正號變為負號，那麼調節效應就可能產生了。

(2) 有仲介的調節效應的檢驗

如果一個模型包含多個變量，可能會同時包含仲介變量和調節變量。圖 5-12 表示的是有仲介的調節模型。

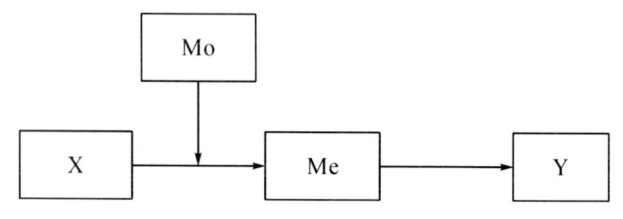

圖 5-12　有仲介的調節模型示意圖

資料來源：溫忠麟，劉紅雲，侯杰泰（2011）的研究①

註：X 表示自變量，Me 表示仲介變量，Y 表示因變量，Mo 表示調節變量

Muller（2005）[②] 提出其具體操作步驟如下：

第一步，建立模型：

$$Y = b_{10} + b_{11}X + b_{12}M0 + b_{13}XM0 + \varepsilon_1 \tag{1}$$

$$Me = b_{20} + b_{21}X + b_{22}M0 + b_{23}XM0 + \varepsilon_2 \tag{2}$$

$$Y = b_{30} + b_{31}X + b_{32}M0 + b_{33}XM0 + b_{34}Me + b_{35}MeM0 + \varepsilon_3 \tag{3}$$

其中，X 表示自變量，Me 表示仲介變量，Y 表示因變量，Mo 表示調節變量，ε_1、ε_2、ε_3 表示迴歸方程的誤差項，b_{ij}（$i, j \neq 0$）表示影響係數。

第二步，檢驗步驟：

首先，在檢驗有仲介的調節作用時，前提條件是，自變量與調節變量的交互項與因變量之間的關係顯著（即 b_{13} 顯著）。

其次，b_{23}、b_{34} 顯著，說明自變量與調節變量的交互項與仲介變量關係

---

① 溫忠麟，劉紅雲，侯杰泰著. 調節效應和仲介效應分析 [M]. 北京市：教育科學出版社. 2011：76.

② Muller D, Judd C M, Yzerbyt V Y. When moderation is mediated and mediation is moderated [J]. Journal of personality and social psychology, 2005, 89 (6)：852 - 863.

顯著，仲介變量與因變量關係顯著，說明調節變量對自變量與仲介變量的關係產生調節影響。

（3）有調節的仲介效應的檢驗

圖5-13表示的是有調節的仲介模型。

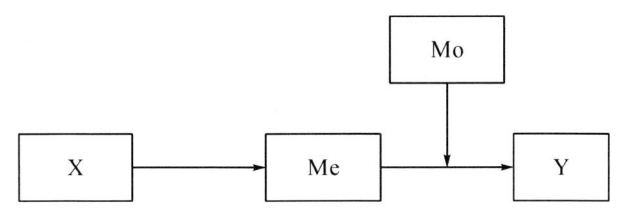

圖5-13 有調節的仲介模型示意圖

註：X表示自變量，Me表示仲介變量，Y表示因變量，Mo表示調節變量。

第一步：建立模型

$$Y = b10 + b11X + b12M0 + b13XM0 + \varepsilon 1 \tag{1}$$

$$Me = b20 + b21X + b22M0 + b23XM0 + \varepsilon 2 \tag{2}$$

$$Y = b30 + b31X + b32M0 + b33XM0 + b34Me + b35MeM0 + \varepsilon 3 \tag{3}$$

其中，X表示自變量，Me表示仲介變量，Y表示因變量，Mo表示調節變量，$\varepsilon 1$、$\varepsilon 2$、$\varepsilon 3$表示迴歸方程的誤差項，bij（i，j≠0）表示影響係數。

第二步，檢驗步驟

在檢驗有調節的仲介作用時，首先，總效應應當顯著（即b11顯著，P<0.05）而且自變量與調節變量交互作用對因變量影響不顯著（即b13不顯著）。

其次，b21、b35顯著，說明自變量與仲介變量關係顯著，仲介變量與調節變量的交互項與因變量關係顯著，說明調節變量對仲介變量與因變量的關係產生調節影響。

5.4.2 主管自主支持感的調節作用檢驗

表 5-22　　主管自主支持感在人−組織匹配與員工創造力之間的調節仲介效應檢驗結果

預測變量	方程 1 員工創造力 b	t	方程 2 和諧型工作激情 b	t	方程 3 員工創造力 b	t
自變量：人−組織匹配	0.520***	15.244	0.542***	17.453	0.289***	7.391
調節變量：主管自主支持感	0.304***	9.075	0.309***	10.113	0.180***	5.366
自變量×調節變量：人−組織匹配×主管自主支持感	0.055*	1.942	−0.006	−0.220	0.037	0.859
仲介變量：和諧型工作激情					0.420***	10.826
仲介變量×調節變量：和諧型工作激情×組織創新支持感					0.026	0.595
F 值 R2 ΔR2	292.412*** 0.536 0.536		404.508*** 0.615 0.079		228.908*** 0.601 −0.014	

註：以上分析的數據皆為經過中心化處理的數據；

表中的 b 值為標準化迴歸係數，其中 * 表示 P < 0.1，** 表示 P < 0.05，*** 表示 P < 0.01

根據 Muller（2005）的論述，有仲介的調節效應存在，首先，必須滿足自變量與調節變量乘積與因變量之間的關係顯著；第二，自變量與調節變量的交互項與仲介變量迴歸標準化系數顯著的同時仲介變量與因變量之間的標準化系數顯著。

對有仲介的調節分析步驟及結果（如表 5-22 所示）如下：

第一步的迴歸分析中，自變量與調節變量乘積與因變量員工創造力之間的標準化迴歸係數為 0.055，在 0.1 的水平上顯著，這滿足了有仲介的調節檢驗的第一步條件。

第二步以仲介變量和諧型工作激情為因變量，自變量、調節變量及自變量與調節變量的交互作用項進入的迴歸模型中，自變量與調節變量的標準化迴歸係數為−0.006，在 0.01 水平上不顯著。

觀察這幾個係數之間的關係，滿足第一個條件：自變量與調節變量的交互項與因變量之間的關係顯著，但是不滿足第二個條件，因此，判斷主管自主支

持感在人-組織匹配與和諧型工作激情之間不起調節作用。

5.4.3 組織創新支持感的調節作用檢驗

表 5-23　　　　組織創新支持感在人-組織匹配與
員工創造力之間的調節仲介效應檢驗結果

預測變量	方程1 員工創造力 b	t	方程2 和諧型工作激情 b	t	方程3 員工創造力 b	t
自變量：人-組織匹配	0.562***	16.519	0.622***	19.789	0.267***	6.849
調節變量：組織創新支持感	0.199***	5.950	0.183***	5.948	0.117***	3.769
自變量×調節變量：人-組織匹配×組織創新支持感	-0.019	-0.693	-0.026	-0.986	-0.074*	-1.764
仲介變量：和諧型工作激情					0.471***	12.497
仲介變量×調節變量：和諧型工作激情×組織創新支持感					0.083**	1.987
F值（P值） R2 ΔR2	263.526*** 0.510 0.510		353.112*** 0.582 0.072		223.196*** 0.596 0.014	

註：以上分析的數據皆為經過中心化處理的數據；表中的b值為標準化迴歸係數，其中 * 表示 P < 0.1, ** 表示 P < 0.05, *** 表示 P < 0.01。

對有調節的仲介分析步驟及結果如下：

在第一步的迴歸分析中，自變量對因變量的總效應為0.562在0.01的水平上顯著，且自變量與調節變量的交互作用為-0.019，在0.1水平上不顯著，這說明組織創新支持感在人-組織匹配與員工創造力之間不存在調節效應，滿足了有調節的仲介效應檢驗的前提條件。

第二步以仲介變量和諧型工作激情為因變量、自變量及自變量與調節變量的交互作用的迴歸分析中，自變量的標準化迴歸係數為0.622，在0.01的水平上顯著，滿足步驟二的檢驗條件。

第三步以員工創造力為因變量，自變量、仲介變量及各自與調節變量的交互作用等五個變量同時進入模型，其中，重點考察仲介變量與調節變量交互作用的迴歸係數，據表中所示，仲介變量與調節變量交互作用的標準化迴歸係數為0.083在0.05的水平上顯著，對應t值為1.987，這說明對員工創造力的預

測作用顯著。

由此得到結論：組織創新支持感對和諧型工作激情與員工創造力之間的關係存在調節作用。即：當組織創新支持感高時，通過人-組織匹配提升員工的和諧工作激情，將增強員工的創造力；當組織創新支持感低時，會降低和諧工作激情對員工的創造力的影響。

5.5 研究假設檢驗結果匯總

本研究旨在探討金融服務業人-組織匹配對員工創造力的影響機理，揭示人-組織匹配、和諧型工作激情以及員工創造力、組織創新支持感等幾個變量之間的邏輯關係。通過小樣本預調研和大樣本的數據收集，一共在銀行、保險公司、證券公司以及其他金融服務機構收集到764份有效問卷，並且運用獨立樣本T檢驗、因子分析、相關分析、方差分析、迴歸分析以及結構方程建模等方法對所研究的概念模型進行了基於數據的統計檢驗，檢驗結果匯總如表5-24所示。

表5-24　　　　　　　　研究假設檢驗結果匯總

假設編號	假設內容	是否得到支持
H1	人-組織匹配對員工創造力具有顯著的正向影響	支持
H1a	一致性匹配對員工創造力具有顯著的正向影響	支持
H1b	需求-供給匹配對員工創造力具有顯著的正向影響	不支持
H1c	要求-能力匹配對員工創造力具有顯著的正向影響	支持
H2	人-組織匹配對和諧型工作激情具有顯著的正向影響	支持
H2a	一致性匹配對和諧型工作激情具有顯著的正向影響	不支持
H2b	需求-供給匹配對和諧型工作激情具有顯著的正向影響	支持
H2c	要求-能力匹配對和諧型工作激情具有顯著的正向影響	支持
H3	和諧型工作激情對員工創造力有顯著的正向影響	支持
H4	和諧型工作激情在人-組織匹配與員工創造力之間起仲介作用	支持（部分仲介）

表5-24(續)

假設編號	假設內容	是否得到支持
H4a	和諧型工作激情在一致性匹配與員工創造力之間起仲介作用	不支持
H4b	和諧型工作激情在需求供給匹配與員工創造力之間起仲介作用	不支持
H4c	和諧型工作激情在要求能力匹配與員工創造力之間起仲介作用	支持 (部分仲介)
H5	組織創新支持感越強，和諧型工作激情對員工創造力的影響越大	支持
H6	主管自主支持感越強，人-組織匹配對和諧型工作激情影響越大	不支持

5　數據分析與假設檢驗　163

6 結論與展望

本章依據第五章的「數據分析與假設檢驗」分析結果，簡要闡述本研究得出的相關結論，並結合本研究的金融服務業，探究理論模型及研究假設所揭示的實踐意義，最后指出本文研究局限性並對后續研究進行展望。

6.1 研究結論與討論

本研究基於自我決定論和組織支持理論，並在與金融服務業從業人員進行深度訪談的基礎上提出了人-組織匹配與員工創造力關係的理論模型，比較深入地分析了人-組織匹配這一表達員工與組織互動的變量與員工創造力之間的關係及其作用機理。很顯然，在一個如此注重創新的時代，在一個任何行業都要求以「創新」求得生存與發展並尋求突破的時代，員工的創造力是每一個組織必然關注的主題，提高員工創造力是許多企業想盡辦法而未能成真的夢想。同時，對任何一個組織而言，「匹配」顯然也是從高層管理者到基層員工夢寐以求的事情。對高層管理者而言，企業發展戰略與企業本身的匹配，企業人力資源與企業戰略的匹配，其落腳點必然都基於員工與組織匹配的匹配這一基本點上，且只有匹配，才可能使企業走得更高更遠。而對員工而言，80后員工開始走上職場舞臺的中央，90后也開始躍躍欲試，對這一部分群體而言，「匹配」對於他們更加有著非凡的意義（調研樣本中絕大部分的員工年齡都在30歲以下）。一份工作，顯然不是完全追求養家糊口薪酬待遇，而是要充分考慮個人偏好與個人所有的知識技能的結合，這顯然，就是在追求自我與組織的「匹配」。「匹配」本身就意味著和諧，因而在這種員工價值觀與組織文化匹配，員工工作能力與工作要求匹配，員工的需求也能得到組織滿足的情況下，和諧型的工作激情產生了，員工願意投入大量的時間和精力給自己認可、喜歡並且能夠勝任的工作和組織。在這種情況下，尤其輔以組織對創造力的支持，

員工的創造力便產生了。

金融服務業是薪酬排行近幾年一致居於前列且創新要求高於其他行業的知識密集型行業，尤其需要探討員工的創造力問題，使用國內流行的搜索引擎百度「銀行員工創造力」「保險員工創造力」，其搜索結果之多令人嘆為觀止。正基於金融服務業對員工創造力的高度關注，很多研究員工創造力和工作激情的調查對象都選擇了金融服務業（Liu & Chen，2011；陳芳倩，2005）。從金融服務業的招聘要求上，我們也可以看到這是一個非常注重員工創造力發展和創新的行業。在招聘條件上，絕大部分的銀行招聘都會出現這樣的人員素質要求：熱愛金融事業；認同企業文化和價值觀；創新意識等字眼。而從 2012 年保險業內勤崗位要求來看，大部分要求具備創新精神和管控能力，同時要求熱愛保險行業、認同公司企業文化等，可見，實際上，從招聘開始，金融服務業就開始將是否對金融服務業有激情和是否具有創新意識等列入了考察範疇。從金融服務業從業人員的素質要求上來看，因為是知識密集型行業，因而其對於專業水平和素質的要求要明顯高於其它行業，但是，從目前的現實情況來看，又存在著現有從業人員知識結構比較單一的問題，在創造力方面難以有較大的突破，因此，從招聘環境開始，就要關注「匹配」，並在后繼培訓中不斷提升員工的創造力。

正是基於這樣的一種思路，本研究構建模型並取得了理論模型構建和實踐數據擬合較為一致的結果，實踐數據證實了大部分理論模型的假設。與過去的研究相比，本研究具有以下幾個特點：①以自我決定論為基礎，採用和諧型工作激情為仲介變量，探討了人-組織匹配與員工創造力之間的關係。在這一問題的研究上，大部分研究者研究了人-組織匹配對員工創造力或者創新行為的直接影響。同時，這與楊英（2011）的研究以心理授權為仲介，研究人-組織匹配與員工創新行為之間的關係有較大的差異。②本文的研究樣本為金融服務業員工，在人-組織匹配與員工創造力和創新行為的研究中，大部分研究以學生或者其他行業的員工做研究，這拓展了研究的樣本的多樣性。③本研究基於行業特點考慮了兩個調節變量，這在其他研究中也是較少的。本研究得到的結論主要有以下幾個方面：

6.1.1 驗證了和諧型工作激情量表在中國的適應性

在以前的研究中，很少有對「工作激情」的定量研究，絕大部分研究都停留在定性研究上。Vallerand 依據自我決定論不同的內化方式，將工作激情分為「和諧型工作激情」和「強迫型工作激情」，實際上，在 Vallerand 之前，

並沒有學者將工作激情進行分類，學者們所描述的「工作激情」，其實絕大部分就是指的「和諧型工作激情」。

在之前的研究中，鮮有研究者研究和諧型工作激情量表在中國情境下的應用。在此次的翻譯和應用中發現，以金融服務業員工為樣本情況下驗證的和諧型工作激情確屬單維度量表，在中國情境下仍然具有良好的信度和效度，這為以後進一步對工作激情的研究提供了一個有效的測量工具。

同時，組織創新支持感量表也是具有四個題項和單一維度的量表，具有良好的信度和效度，后來的研究者可以在中國情境下放心使用。

從對「和諧型工作激情」的測量來看，Vallerand 等（2003）通過研究加拿大大學生喜愛的活動，編制了一個包含和諧型激情和強迫型激情的二元激情初始問卷。同年，Vallerand, R. J. 和 Houlfort, N.（2003）根據「活動激情」在工作場所的適用性，有針對性地提出了同樣包含 14 個題項的「工作激情」量表，但明確指出，該量表經由法文翻譯而來，故採用英文時，信效度並沒有進行過檢驗。但後續的研究者在進行「工作激情」的研究中很多都採用了該量表，並發現該量表具有良好的信度和效度（Geneviève L. Lavigne et al., 2011; Violet T. Hoet al., 2011; Liu & Chen, 2011; Jacques Forest et al., 2011）。目前，Vallerand 等（2003）開發的量表，是在研究工作激情中使用最為廣泛的量表。其中，Liu 和 Chen（2011）的研究雖然是用英文寫作並發表，但他們就是採用 Vallerand 的和諧型工作激情量表在中國銀行員工進行測量並得到了較高的信度和效度反饋。

6.1.2 人-組織匹配是員工創造力的重要前因變量

本研究的實證研究結果表明，人-組織匹配是員工創造力的重要前因變量，其與員工創造力的相關性高達 0.77。該結果與研究者的結果基本是一致的，如 Van Maanen 和 Schein（1979）的研究就發現有創造力的個體是那些與組織匹配良好的人。很明顯，在一個自己喜歡的組織文化下工作，並擁有一份自己喜歡的可勝任的工作，是個人創造力發揮的一個重要前提條件。

6.1.2.1 一致性匹配對員工創造力的直接影響

本研究的實證檢驗結果支持假設 H1a 和 H1c，即一致性匹配對員工創造力具有直接顯著影響，路徑系數為 0.38，在 0.000 水平上顯著；要求-能力匹配對員工創造力具有直接顯著的正向影響，路徑系數為 0.54，在 0.000 水平上顯著。該結果與其他學者的研究一致，楊英（2011），孫健敏和王震（2009）的研究證明個人與組織在價值觀上的一致性與員工創新行為正相關。

这表明，一致性匹配和要求-能力匹配是影響員工創造力的重要因素。個人價值觀與組織文化之間的匹配體現了員工與組織在價值觀上的匹配，反映了員工與組織在目標設定、價值觀念、處事方式等方面的一致性程度。這種一致性帶來的結果通常是，個體在組織中通常來說會感覺到心情舒暢，而心情舒暢和積極情感是可以產生創造力的（Isen，2000）。尤其是當個體知覺到組織鼓勵創新的價值觀以後，如果個體一致以來認可組織的文化，便會將組織所提倡的價值觀與自身價值觀進行比較，與組織價值觀保持一致，這樣不僅能獲得動態匹配，對個體在組織中的發展來講也是非常有好處的。在這種情況下，個體自然而然會展現出組織所期望的創造力。例如銀行業，便是典型的「嫌貧愛富」的行業，一旦某些貸款組織經營出現問題，首先開始動作的便是銀行，這樣做的主要目的是為了不使企業蒙受更大的損失。如果作為一個員工覺得銀行這樣做是「不道德」「乘人之危」，可能在某些崗位上組織價值觀就會與自己的價值觀背道而馳，處理事情的過程本就是價值觀衝突的一種痛苦的過程，更不要講創造性地去處理問題了。

6.1.2.2　要求-能力匹配對員工創造力的直接影響

Amabile（1983）的創造力成分模型中描述了員工知識技能與創造力的關係。他提出創造力包括「工作動機」「領域相關知識和能力」「創造力相關技能」三項要素所產生的結果。后來其修正成分模型，加入了「社會環境」成分。強調支持的社會環境會主要通過直接影響內在動機從而影響創造歷程。實際上，要求-能力匹配中的能力就是指的員工所具有的「領域相關知識和能力」，很明顯，這種「領域相關知識和能力」充分而又突出的員工，相比起那些知識技能不足以勝任目前工作的員工來講，更可能突破現有的框架，提出「新穎的」「有用的」主意和點子。這一點在金融服務業體現得尤為突出，金融服務業的金融、法律、會計等都具有極強的專業性及綜合性，對員工的從業素質要求較高，只有實現個人的素質能力與金融服務業要求的匹配，才可能談得上創新。以證券行業某些公司的專業要求為例，崗位中光是特別要求複合背景的就有11個，技術資格證書要求主要有證券從業資格證書、CPA、CFA、律師資格、英語等。統計證券行業144條招聘信息，其中明確指出要求具有證券從業資格證書上崗的一共有73個，占50.69%；表明擁有CFA證書可以優先考慮的有16個，占11.11%，必須持有CFA資格上崗的有1個，占0.69%；提出擁有CPA證書可以優先考慮的有13個，占9.03%，指出必須持有CPA資格上崗的有2個，占1.39%；說明擁有律師資格優先的有9個，占6.25%；明確表明需要英語能力的有7個，占4.86%。可見，在金融服務業，要求-能力的

匹配尤為重要，這從要求-能力匹配與創造力之間關係的高度相關就可見一斑。

6.1.2.3 需求-供給匹配對員工創造力的直接影響

通過結構方程模型的路徑分析，本研究的實證檢驗結果不支持假設 H1b，即需求-供給匹配對員工創造力不具有顯著正向影響。這與楊英（2011）、Amabile（1996）、孫健敏和王震（2009）等人的研究結果一致。

基於社會交換理論，我們一般認為組織如果能夠滿足員工的需要，員工就會努力工作以回報組織，從而會表現出更多的創造力，然而數據並未支持這一假設。依據赫茨伯格雙因素理論，究其原因，金融服務業的很多員工的收入較之其他行業屬於較高收入，這種在工作中能給予員工的物質上的滿足對金融服務業很多員工而言主要是屬於保健因素而不屬於激勵因素。我們知道，通常來說，保健因素多數只能消除員工對工作的不滿，很難激勵努力工作，員工本身並未因此而感受到工作本身帶來的樂趣和滿足，因此，這是很難激勵員工去創新的。

6.1.3 人-組織匹配是員工和諧型工作激情的重要前因變量

研究結果顯示，人-組織匹配對和諧型工作激情的標準化路徑系數為0.85，P 值為 0.000，達到顯著水平，表明人-組織匹配與員工和諧型工作激情之間有很強的相關關係，數據支持了假設 H2。根據文獻，和諧型工作激情的來源主要來源於認同、喜愛以及自主性的內化。本研究以自我決定論和相關實證研究為基礎，認為人-組織、人-工作的匹配可以增強三種基本心理需求的滿足、自主感、勝任感和歸屬感，而這三種基本心理需求的滿足可以帶來自主性動機的增強，而和諧型工作激情恰恰是一種自主性的工作動機，實證數據也支持了這一推演結論。

之前也已經有部分臺灣和國外研究者（胡怡婷，2006；趙勁築，2009；陳芳倩，2005；李蕙秀，2010；Blau，1987；Nyambegera，2001）對人-組織匹配與工作激情以及與工作激情相關的變量的關係進行了實證研究，結果表明，人-組織匹配是預測員工工作激情的一個重要前因變量，結論與本研究的結論是一致的。

6.1.3.1 一致性匹配對員工和諧型工作激情的直接影響

從數據結果來看，人-組織匹配三個維度對和諧型工作激情的影響是不一樣的，從路徑系數來看，假設不支持 H2a，一致性匹配與和諧型工作激情的關係不顯著。

從結論上來看，依據 Vallerand（2003）對「和諧型活動激情」的定義認為，「和諧型活動激情」的來源主要是來源於對「活動」的認同、喜愛和匹配，那麼，「和諧型工作激情」來源，也應該來源於對工作本身的認同、喜愛和匹配，因此，人-組織匹配中的人-工作匹配維度，就與「和諧型工作激情」有更為密切的關係，而外部環境與個體的匹配，則不是形成和諧型工作激情的主要來源。結合金融服務業員工的情況來考察，說明「和諧型工作激情」的產生主要來源於金融行業員工對工作本身的認可，而不是組織文化，而對其創造力的影響，組織文化與個人價值觀的一致性確是一個重要的方面。

6.1.3.2　需求-供給匹配和要求-能力匹配對員工和諧型工作激情的直接影響

從路徑系數來看，其中以需求供給匹配與員工創造力之間的關係最為密切（0.60），其次為要求能力匹配（0.36），其系數均在 0.000 的水平上顯著，假設支持了 H2b 和 H2c。這一結果既可以從自我決定論中得到解釋，也與臺灣研究者趙勁築（2009）的研究是一致的。要求-能力匹配與需求-供給匹配都屬於人-工作匹配的範疇，這兩者表明的是個體在能從工作中得到物質和精神的回報，並且自己的知識技能和能力可以勝任工作的要求，基於自我決定論的「和諧型工作激情」形成機理表明，這兩點，都可以激發個體對工作本身的認同和喜愛，從而可以帶來「和諧型工作激情」。

6.1.4　和諧型工作激情是員工創造力的重要前因變量

研究結果顯示，和諧型工作激情對員工創造力的標準化路徑系數為 0.78，P 值為 0.000，達到顯著水平，表明和諧型工作激情對員工創造力的影響關係模型成立，且和諧型工作激情與員工創造力之間有很強的相關關係，數據支持了假設 H3。

早前有少量研究關注了和諧型工作激情（工作激情）對員工創造力的影響。如臺灣研究者蔡玉華（2009）以高科技產業員工 351 人為研究對象，通過調查問卷的方式進行實證研究，最后得到如下結論：工作激情對員工創造力產生顯著影響。其中和諧型和強迫型工作激情都會對工作滿意度產生顯著的正向影響，員工的和諧性激情程度越高，員工創造力程度也越高。Perttula（2004）的研究表明，激情與員工效率有正向關係，工作倦怠有負向關係，他同時還驗證了激情與員工創造力的關係，發現兩者的關係不顯著。Liu 和 Chen（2011）以自我決定理論為基礎，研究發現和諧型工作激情在團隊自主性支持和個體自主性導向與創造力的關係中起到了完全仲介作用，在工作單元自主性支持與員

工創造性之間起到了部分仲介作用。

實際上，大量的研究已經發現，感知會影響員工動機，而動機則會影響員工的認知、情感和行為，此類研究研究了內在動機、外在動機與創造力之間的關係，尤其是內在動機與創造力之間的關係，得到了較為一致的積極的結論。然而，Chen（2011）指出，和諧型工作激情相對於內在動機，是一種更為優質的自主性動機，這種動機應當有利於員工創造力的產生，對其進行了實證研究並得出了積極結論。雖然沒有進行實證研究，Gange（2005）已經得出了和Chen一樣的結論。當一個員工喜歡自己的工作並願意投入大量的時間和精力在工作中，並且可以自主控製自己的精力和投入時，無疑會產生一種「和諧」的工作心境，從而刺激其創造力的產生和提升。

6.1.5　和諧型工作激情在人–組織匹配與員工創造力之間起仲介作用

和諧型工作激情在人–組織匹配與員工創造力之間起仲介橋樑作用，仲介效應占總效應的51.3%，和諧型工作激情在要求能力匹配與員工創造力之間起仲介作用，仲介效應占總效應的41%。

實證研究表明和諧型工作激情在自變量與因變量之間起部分仲介作用，這一結果說明，人–組織匹配和要求能力匹配既可以直接對員工創造力產生影響，也可以通過和諧型工作激情對創造力產生影響。

雖然之前的研究結果表明，匹配與各種優質結果，如「高績效，高組織承諾，高滿意度，高創造力」總是聯繫在一起的，然后，卻鮮有人去探討其中的原因，為何匹配會導致這麼多優質的結果？本研究的人–組織匹配與創造力之間的關係同樣是鮮有人討論。本研究從Greguras（2009）和Chen（2011）的研究中獲得靈感，將和諧型工作激情作為連接人–組織匹配與員工創造力之間的橋樑，並發現和諧型工作激情確實起到了仲介作用。這或許可以表明，自主性動機可能是溝通匹配與各種行為績效的仲介橋樑，自主性動機的滿足可以創造一些優質的結果。

6.1.6　組織創新支持感在和諧型工作激情和員工創造力之間起調節作用

根據組織創新支持感調節檢驗的結果，其在和諧型工作激情、員工創造力之間起調節作用。這意味著，當員工感知到較高的組織創新支持時，會增強和諧型工作激情對員工創造力的影響，而當員工感知到較低的組織創新支持時，則會降低和諧型工作激情對員工創造力的影響。

從理論推理上講，內部動機及自主性動機可以帶來員工創造力，而從實證

研究來看卻不盡然，因此，研究者嘗試在這兩者之間加入調節變量進行進一步研究。Woodman 和 Schoenfeldt（1989），Woodman et al.（1993）在其早期的模型中構建了個體、團隊以及組織層面特徵對創新行為的聯合影響，並且考慮了創造力環境的調節作用。Shalley 等（2009）發現支持性的工作環境在員工的成長需求強度（動機性變量）與創造力之間起調節作用。Zhang 等（2010）的研究發現領導對創造力的支持在心理授權與創造性過程的投入之間起調節作用。Farmers 等（2003）的研究也發現，組織創新價值感在創造力角色認同和員工創造力之間起調節作用。

在實踐中，為了激發員工的創新行為，金融服務業的文化、口號幾乎都包含有「創新」二字，並且在現實中真正有好點子的人也會得到精神鼓勵和物質鼓勵，但是管理者們所期望的「全員創新熱潮」卻沒有到來。實際上，員工工作激情與員工創造力的關係會受到員工感知到的創造力支持的影響。員工缺乏創造力的背後，根本原因不是沒有資金、設備、場地等硬體設施，而是缺乏自主、寬鬆的、鼓勵冒險與試錯的創新氛圍，無法為創新人才提供良好的創新「軟環境」，沒有這種環境，員工即使有再高的工作激情，可能都是短暫的，更別提將自主性的動機轉化為創造力。

實踐中的表現也同樣如此，組織創新支持感在人-組織匹配、和諧型工作激情和員工創造力之間確實起調節作用。

6.1.7 人口統計變量對相關變量及其維度的影響

本書以金融服務業為樣本，人口統計變量對絕大部分的變量和維度的影響都是顯著的，尤其是對因變量的影響中，主要是學歷、年齡和職位會對員工創造力產生顯著的影響，在仲介變量中，學歷、年齡和職位、工作年限會對員工的和諧型工作激情產生影響。因此，本研究主要分析學歷、年齡和職位三個人口統計變量的影響。

第一，學歷。從結構方程的結果來看，學歷對員工創造的影響係數是三個控制變量中最大的，學歷的高低對員工創造力高低具有顯著正向影響。從實際情況來看，金融服務業對學歷要求確實正在進一步提高，以 2013 年校園招聘數據分析，95%的銀行對學歷的要求是本科及以上，只有 2%的銀行放寬到大專和專科層次。近年來碩博研究生的比例也越來越高（在某些管理部門可達 10%~30%不等），明確提出要求招聘博士從事研究規劃類工作。同時，崗位不同，學校和學歷層次不同，級別越高、區域優勢越明顯則學校和學歷要求越高。總行和分行的崗位區別在於，總行基本要求碩士及以上，並且重點大學畢

業（211，985，國際200），而分行基本要求本科及以上。城區支行要求研究生及以上，並且重點大學畢業；而郊縣支行要求本科及以上。據《金融統計年鑒》數據顯示，以中國農業銀行為例，1999年本科及以上學歷占8.4%；2006年本科及以上學歷占22.8%；2010年本科及以上學歷占31.9%。銀行業自2000年左右起開始大量引進本科生以後，中國銀行系統從業人員的整體學歷水平仍然逐步提升且銀行系統從業人員學歷結構明顯高於社會平均水平。從證券業來看，截至2011年10月底，行業從業人員中，具有全日制本科及以上學歷人員占比達到68%左右，從保險行業來看，根據保監局的調查顯示，保險機構從業人員中，本科及以上占比不到20%，高管群體中這一比例也不足35%。從這些數據中我們可以發現，第一，這個數據與本研究所獲得大樣本數據的比重是基本一致的；第二，為了提高組織的創新能力，確實需要高素質的創造力人才，並且已經在這方面開始行動。

第二，年齡。從年齡與創造力關係上來看，我們得到一個結論是年齡與員工創造力成反向顯著關係。從LSD分析結果來看，金融服務業員工創造力最旺盛的階段是在26~50歲的階段，這一階段的人群既較為適應組織，度過了磨合階段，又在多年的工作生涯中歷練了各種經驗，因而具有較強的創造力也就不足為奇。

第三，職位。從職位與創造力的關係上來看，職位越高的人，所展現出來的創造力越強。這個結果的產生可能有這樣的原因，首先，因為創造力強，所以獲得高的職位，第二，高的職位可以獲得更多的支持和資源，這樣可以更加激發這種類型的員工的創造性，這是良性循環的過程。尤其是在金融服務業，能否獲得資源對於職業的成功是至關重要的。在金融服務業，在選擇人才時除了要評估從業人員的年齡、學歷背景，工作經驗、專業能力與職業道德外，還非常看重是從業人員的個人關係與客戶資源，因為這可以為銀行帶來直接的業績與利潤，資源型的銀行人才在市場上顯得越來越受歡迎。

6.2 研究結論對管理實踐的啟示

6.2.1 人-組織匹配對雇傭過程的影響

金融服務業作為一個員工薪酬較高，人員流動不大（除少數基層人員外），目前被很多人視為具有較好發展前景的行業，不論是從招聘選拔、社會化還是人員的配置和培訓環節，都應該要考慮人-組織匹配問題。人-組織的

匹配本身就是關注的員工與組織的相容性、和諧性問題。選拔和招聘環節以及員工進入組織之後的社會化進程深刻影響著員工-組織匹配的程度，而員工個體特徵與組織特徵的兼容毫無疑問可以對員工的離職行為、滿意度、組織承諾、創造力、績效等帶來影響，這些對員工心理和行為的影響對組織而言同樣是重要而深遠的。下面就從以下四個方面來闡述人-組織匹配對組織功效的影響以及由此產生的對員工工作激情和創造力的影響。

（1）求職者對其與組織匹配的感知會影響他/她的工作選擇決策

在與金融服務業員工進行深度訪談的時候，有這樣的一個問題「在選擇這份工作的時候您考慮過您與這份工作的匹配嗎？」。20位面談者中，其中的回答有「我覺得相對而言銀行的工作較為穩定，比較適合我自己」「保險這一塊雖然很多人不認可，不理解，但是我覺得特別鍛煉人，我從找工作的時候就考慮好了的，我主要想利用這個機會鍛煉自己的能力，而且我覺得我的溝通表達能力、資源都還不錯，適合干這個」「銀行裡面干雖然辛苦，加班也多，但是待遇還不錯，這個肯定是要考慮的，不然一開始找這份工作干嘛？」「我比較喜歡民企，比國企的人際關係簡單多了，層級太明顯的地方我就有點待不下去」……這些回答說明，實際上，從一開始，金融服務業的員工在考慮自己的工作選擇時，就考慮了自己的需求和組織的實際情況，考慮了「匹配」這個問題，而且，這種匹配的感知，直接影響了他們的擇業決策。從實證研究的結論來看，也有諸多研究證實了求職者的職業決策會受到其感知到的「匹配」的影響。

實證研究支持了這個假設，工作搜尋者會受到他們的個性與組織特徵之間一致性的影響（C. L. Adkins 等，1994；Cable and Judge，1997；Chatman，1991；Hambleton 等，2000；Karren and Graves，1994）。

（2）招聘者對求職者與組織的匹配感知會影響其招聘決策

Bowen 等（1991）提出，在組織選拔組織非常需要且長期雇傭的員工時，人-組織匹配時一個至關重要的因素，尤其是員工的個性與組織文化一致的情況下，員工會具有更強的靈活性，可以在不同的工作崗位間流動。Harris（1989）、Karren&Graves（1994）都認為，雖然面試的信度和效度有很多問題，但是在評價人與組織匹配的過程中，這仍然是一種最為有效的方法，他們認為結構化面試是評價匹配的最為有效的方法之一。

但是很顯然，在招聘過程中評價匹配的時候，只能是招聘者知覺匹配，而幾乎不可能是實際匹配（Cable&Judge，1995）。Cable 和 Judge（1997）提出了一個組織選拔中人-組織匹配的模型，結果表明，招聘者對員工-組織匹配的

評價對他們的僱傭推薦以及組織的僱傭決策具有很大作用（見圖6-1）。

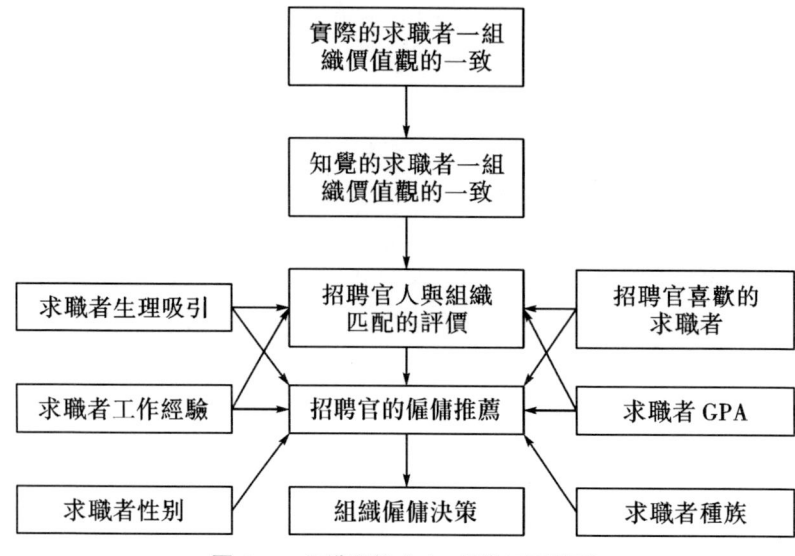

圖6-1　組織選拔中人-組織匹配模型

資料來源：根據 Judge & Cable（1997）的研究整理①

6.2.2　人-組織匹配對員工創造力影響的進一步探討

6.2.2.1　人-組織匹配對個體變量及創造力的影響

人-組織匹配對組織中的個體具有極其重要的影響，在文獻中，個人-組織匹配已經被驗證出和員工績效（Kolenko & Aldag, 1989）、組織認同（Saks & Ashforth, 1997）、組織承諾（Vancouver & Schmitt, 1991）、工作滿意度（Taris & Feij, 2000）、參與度（Kolenko & Aldag, 1989）顯著正相關，而與壓力（French, Caplan & Harrison, 1982）、缺勤率（Saks & Ashforth, 1997）離職意願（Cable & Judge, 1996）、離職（O'Reilly, Chatman & Caldwell, 1991）顯著負相關。

人-組織匹配強調個人特徵與組織特徵的匹配，但是，組織管理者要辯證地看待「人-組織匹配」，在匹配的基礎上，要承認差異性，因為匹配的持續會帶來同質性的提高，而同質性不利於員工創新，因為，相似的心智模式很可能會阻礙發散性思維，而發散性思維可以提高個體創造力（Basadur, Wakaba-

---

① Judge T A, Cable D M. Interviewers' perceptions of person-organization fit and organizational selection decisions [J]. Journal of applied psychology, 1997, 82: 546-561.

yashi & Graen, 1990; Mumford & Gustafson, 1988）。同時，也有一些研究已經表明，異質性可以提高員工的創新能力。如 Shin 和 Zhou（2007）發現團隊成員的專業異質性與團隊創造力正相關。在這種情形下，組織在招聘選拔中可選擇一些與組織適度不匹配的員工，這種不匹配也許能刺激組織產生新觀念，促進組織特徵的優化，從長期來看可以促使組織持續健康發展。

6.2.2.2 「適度」「動態」匹配與員工創造力

實際上，從人-組織匹配對個體的影響來看，一般的結論都是積極的，但是，當這種影響擴展到組織層面後，高度的匹配是否能夠帶來益處卻受到了一些學者的質疑。Argris（1957）認為一旦組織擁有太多同質性的員工，組織便會變得無效率並缺乏創新。Greenhalgh（1983）認為組織在成熟階段「不匹配」對於創造力反而是有利的。Schneider 則指出組織在創業階段需要高水平的匹配，而在成熟階段則需要採用戰略的多元化以及文化變革來不斷刺激匹配-不匹配-匹配這樣的動態匹配過程，刺激員工創造力的產生。人-組織匹配對員工創造力的影響是複雜的，要從以下幾個方面來考慮這個問題：

（1）人-組織匹配的短期靜態和長期動態

很顯然，人力資源管理實踐可以通過一系列人力資源管理職能如招聘選拔、社會化過程、培訓、人員配置來達到人-組織匹配短期匹配的目的，並實現員工滿意度、創造力以及工作績效的提升。但是，從長期觀點來看，組織所面臨的環境、目標、戰略都在不斷地發生改變，這個時候，必然會不斷地產生「不匹配」，而員工面臨這些不匹配時，只能不斷地調整自己的知識、技能、才干（KSAs），才可能與組織的發展匹配，並最終為組織帶來好的結果。

（2）組織在不同發展階段人-組織匹配的差異對員工創造力的影響

Schneider 認為，組織在不同的發展週期需要不同的匹配水平。在組織的初創期，凝聚和合作對組織來說是最為重要的組織文化，而人-組織高度匹配恰好能夠帶來文化價值觀一致性的氛圍，使組織獲得高績效，在創業期，要使人與組織達到良好匹配，最重要的事情是招聘高素質的人才，既認可組織的價值理念，又要具有優質的知識、技能、才干（KSAs），這樣才會推動組織的快速發展。當組織進入成熟階段以後，應該採用創新戰略、多元化戰略和文化變革等方式來刺激員工不斷地提高自己以適應環境達到「動態匹配」，從而實現組織的保鮮和發展，提升員工的創造力水平，詳見圖6-2。

同時，Schneider 還認為，對基層員工希望是與組織的高度匹配，但是在

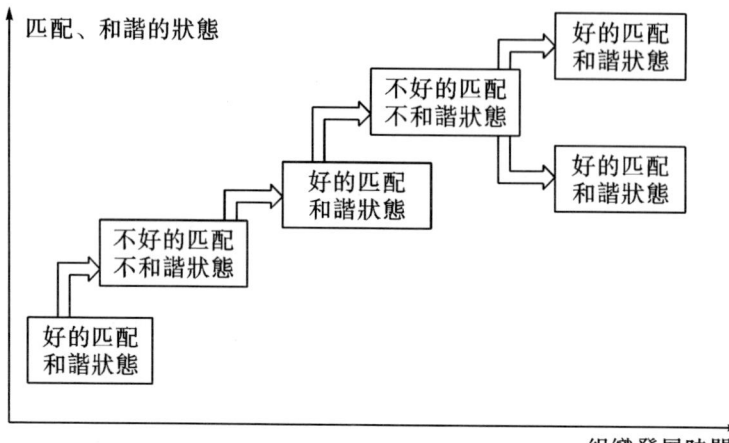

圖 6-2 人-組織匹配的動態匹配與組織和諧
資料來源：王萍（2008）的研究①。

選擇高層員工的時候，在匹配的前提下，要考慮成員構成的「異質性」問題，包括他們的背景、性別、專業和個性等，這樣可以激發不同思想，從而有利於決策創新。

6.2.3　優化人-組織匹配，提升員工和諧型工作的激情和創造力

6.2.3.1　組織角度優化人-組織匹配，提升員工和諧型工作的激情和創造力
（1）員工進入組織前-工作分析和組織分析

組織如果在求職者的選擇工作的階段便採取一系列措施來幫助應聘者瞭解組織和職位，對於提高匹配程度和減少資源浪費是非常有效的。

工作分析就是組織確定某一項工作的任務、性質以及什麼樣的人員可以勝任這一工作，並提供與工作本身要求有關的信息的一道程序。它為廣泛變化的組織和管理職能提供了信息基礎，包括選拔和員工安置（Carless, 2007, Gatewood & Feild, 1994; Jenkins & Griffith, 2004; Schofield, 1993; Wernimont, 1988; Wilde, 1993）、培訓和發展（Campbell, 1989; Mitchell, Ruck, & Driskill, 1988; Wooten, 1993）、績效評估（Latham & Fry, 1988）、薪酬福利（Henderson, 1988; Taber & Peters, 1991; Weinberger, 1989）、工作描述和工作設計（Davis & Wacker, 1988; Gael, 1988b, Konczak, 2007）、雇傭公平和組

---

① 王萍. 人與組織匹配的理論與方法的研究 [D]. 武漢：武漢理工大學, 2008.

織公民行為（Berwitz, 1988; Simola, Taggar, & Smith, 2007; Thacker, 1990; Veres, Lahey, & Buckly, 1987）。工作分析為應聘者提供了詳細的知識、技能、才干（KSAs）的要求，因此非常有利於求職者根據自身實際情況來選擇組織，組織在提供了這部分信息之后實際上篩除了一部分與組織知識、技能、才干（KSAs）不匹配的應聘者。

組織分析指根據組織的特徵來界定和評價工作環境。它描繪了導致組織效率的行為和責任，並且描繪了與這些行為和責任最可能相關的個體特徵。從長期來看，組織的價值觀是相對穩定的，因此這種穩定性對於匹配更為重要。因為，應聘者可以判斷自己的特徵有哪些是與組織特徵特質一致的，從而在篩選之前作出自己的判斷和選擇。

（2）員工進入組織后－人力資源管理職能各個環節的動態匹配

很顯然，匹配對創造力有顯著正向影響，而人－組織匹配前因變量的研究主要集中在兩個方面，一個是組織對員工的招聘和選拔環節，另外一個是員工社會化過程（Chatman, 1991）。並且，當員工了進入組織之后，根據社會認知理論，員工會根據自身的實際情況調整其與組織的匹配狀態，從而實現與組織的動態匹配，該過程如下圖6-3所示。

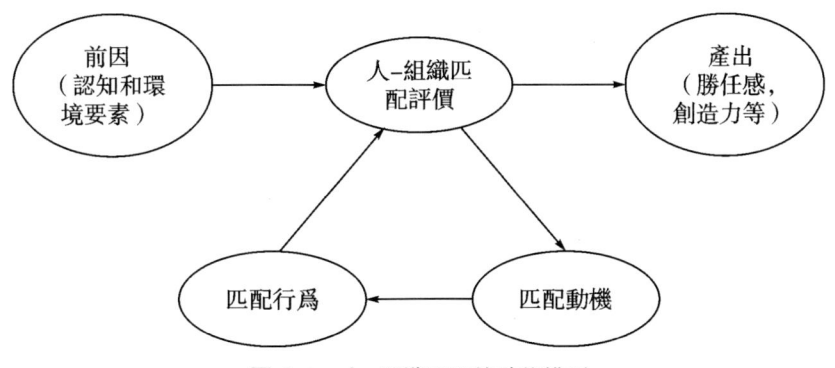

圖6-3 人－組織匹配的動態模型

資料來源：根據 Wingreen（2007）的研究整理[1]

下面分別從人力資源管理的各個環節，來說明「匹配」重點。

①招聘選拔階段：綜合考察應聘者素質，重點關注員工價值觀與組織價值

---

[1] Wingreen S C, Blanton J E. A social cognitive interpretation of person—organization fitting: The maintenance and development of professional technical competency [J]. Human resource management, 2007, 46（4）：631-650.

觀與要求-能力的契合。在前文的研究中，人-組織匹配包含三個維度：價值觀匹配、需求-供給匹配和要求-能力匹配，從數據研究得到的結論中我們有如下發現。

價值觀匹配和要求-能力匹配對員工創造力具有直接顯著的正向影響，這說明員工只有認同企業的價值理念，才會全身心地為企業工作，才可能創新。一般而言，價值觀與企業文化不匹配的滿意度低，員工跳槽率較高，對企業來說也是很大的一種資源浪費。

要求-能力匹配對員工創造力具有直接顯著的正向影響。研究還發現要求能力匹配與勝任感、員工組織承諾、工作績效、工作激情呈顯著正相關（Gary J. Greguras 和 Diefendorff, 2009）。這表明，如果一個員工僅僅只是認同企業的價值觀而其並不具備組織所要求的知識技能和能力，難以有效地完成組織的工作和任務，也就很難談得上創造力和創新。因而，在招聘選拔階段關注要求-能力的匹配是重要的。

需求-供給匹配對員工創造力並不具有直接顯著的正向影響，這說明給員工提供了好的工作條件、高的工資待遇並不會直接提高他的創造力，實際上，這與很多研究的研究結論是一致的：創造力來源於內在動機，來源於自主性動機（Amabile, 1979; Koestner, Ryan, Bernieri, Holt, 1984; Shin 和 Zhou, 2003; Zhang, 2010），外在動機有時候甚至會削弱創造力。

從金融服務業的實踐上來說，企業實際上非常重視要求-能力的匹配。比如，幾乎每一個企業在招聘的時候都會有這樣幾個指標：專業的要求（為了便於招到優秀的應聘者，很多金融服務業的組織對應屆畢業生是不設專業限制的）、學歷的要求、英語的要求，以及溝通表達、團隊協作等能力的要求，這個時候招聘單位對求職人員的選擇，就主要關注的是其能力與組織單位要求的匹配。

但是，在價值觀匹配這一塊，似乎有很多企業做得還不夠。一個很簡單的例子，有些單位會在招聘過程中會遇到一些「猛男猛女」，對組織來講，非常需要優秀的人才推動組織的發展，但是，對這一類人物，就尤其要考察其個人價值觀與組織文化的契合程度。因而這類人的外部可雇傭性非常高，一旦不是真正喜愛該行業或者該單位，那麼今后毀約、短期內跳槽的可能性非常大，對組織來講，無疑是資源的一種極大的浪費。因此，在招聘的時候，不僅僅要關注要求-能力的匹配，保證創新為有源之水，還要關注，尤其是組織的核心崗位招聘對於一致性匹配的考察。

如何考察員工價值觀與組織文化的匹配？根據「冰山」素質模型，我們知

道冰山上部分是可以很容易看到個人的知識和技能，下部分是個人的價值觀、目標等深層次的個性特徵，這部分是難以觀察到的。從人力資源招聘的經驗上來說，對這一部分深層次個性特徵的考察，最有效的方法就是「行為面試法」，建議組織在招聘重要崗位和核心人才的，採用「行為面試法」來考察冰山以下部分內容。

②分配任用階段：重點關注戰略性人崗匹配。組織招聘到的符合組織發展要求的人員進入組織之後，最重要的依據員工能力，實現人-崗匹配。雖則在本研究中並沒有著力討論人-崗匹配與員工創造力的關係，但是很顯然，在組織中人-崗的匹配是人力資源管理的重點之一。

Hay公司曾經研究了全球最成功的600名高績效主管來研究人崗匹配是如何影響組織的效能的，研究表明，儘管在組織中的崗位都要求任職者滿足某些共同的能力和素質要求，但是，這些共通的能力和組織是任職者邁入組織的一張門票，不同類別的崗位都有個性化的要求，因而，即使在招聘的初期階段注重了「匹配」，在后來的崗位安排過程中，一定要注意考察單個員工的特徵和優勢，把合適的人放在合適的崗位上，實現動態匹配。

同時，在一個組織中，人的素質能力會變化，崗位的要求會變化，人員的調動和晉升都有可能導致原有的平衡被打破，因此，有必要對人崗匹配進行動態、系統的管理。除了職位管理、人才測評系統的運用以及組織和工作再設計等方面的工具方法之外，其中心應當放在為員工和組織提供反饋上：首先從上級管理者、同事、客戶那裡獲得關於員工個人知識、能力素質品德等方面的反饋，第二要針對工作流程、方法、管理方式等工作情景因素提供反饋，這樣，才有助於加強對人的認知以及加強對「崗」的環境的改變。

③晉升激勵階段：重點關注員工需求與組織供給的契合。從研究的結論來看，需求-供給匹配雖然不是員工創造力的直接來源，卻可以通過和諧型工作激情影響員工創造力，它是和諧型工作激情的重要來源。

需求供給匹配表達的是組織提供物質和精神待遇與員工需求的一致，這種匹配是員工工作的重要目的之所在，如若能使組織的供給與員工的需求充分匹配，無疑可以更加有效地提升員工的工作激情。員工的需求不僅僅是高待遇、高薪酬的需求，還包括晉升、精神獎勵以及培訓以及對其職業生涯的規劃。

④重視對員工的培訓，提升員工的和諧工作激情和員工創造力。從研究的結論看，要求-能力匹配與員工和諧型工作激情和員工創造力都有顯著的正相關關係，這說明，在組織的動態人力資源管理過程中要非常重視員工要求-能力的匹配。要實現員工要求-能力的匹配，無疑，在金融服務業，培訓是極為

重要的一項活動。

在初期，進行招聘的時候，要求與能力的匹配主要來源於對應聘者的考察，而在員工進入組織之後，不論是員工的能力，還是崗位對能力的要求，都會隨時代的發展發生翻天覆地的變化，因而不斷的培訓是保持能力與崗位匹配的必要條件。

首先，應該按照企業的要求不斷提高員工的工作技能，深化員工對相關業務領域的認知。尤其是金融服務機構，新興的增值業務不斷湧現，新概念、新名詞層出不窮，在這樣的飛速發展日新月異的行業如果忽略對員工的培訓，其結果是可想而知的，不論是員工還是組織都會失去競爭力。目前，很多金融服務業的員工培訓已經拓展到了國際視野。

其次，要不斷對員工理念和思維模式進行培訓和校正，使員工理解組織的戰略和目標，體會組織對他們的期望。

總之，從人-組織匹配的角度制定人力資源管理策略，對員工進行多角度、全方位的培訓，可以使員工開闊眼界、提高技能，為提升員工創造力打下良好的基礎，以利於企業長遠發展。

從研究的結論看，基於以上分析，企業領導要瞭解創新的產生是源自內在動機。企業要提高員工的創新，可以從增強企業與員工之間的匹配度著手。首先，在招聘時，應根據個人價值觀是否符合企業價值觀為標準來決定是否錄用。其次，可以通過加強企業文化建設、強化企業價值觀，使員工認同企業，增強歸屬感。最後，增加對員工的培訓，使他們的能力滿足企業的要求。

在具體的培訓內容上，以銀行為例，可以安排新員工培訓，管理人員素質提升項目、公司、個人客戶經理培訓，專業技術人員培訓，優秀櫃員培訓以及風險管理、網點轉型、流程管理、投資管理等各種培訓。並可以通過開展讀書活動，營造「學習型組織」。在學習之餘，一定要有對相關培訓的評估和跟蹤，比如，最有效的跟蹤就業務技能競賽，這可以促使員工圍繞業務知識、產品創新等方面全面提升個人素質。還有些金融服務組織成立了「激情工作，快樂生活」的專門對員工進行心理管理和激情提升的一些培訓課程。

(3) 重視營造組織創新氛圍，從制度層面鼓勵創新，提升員工的創造力

從研究結論可以看出，組織創新支持感可以正向調節員工工作激情與員工創造力之間的關係，當組織創新支持感高時，會提升和諧型工作激情對員工創造力的影響。這表明，在組織中是否支持創新，是否願意對富有創造力的員工進行鼓勵和表彰，是促使員工工作激情轉化為創造力的一個重要調節變量。這對組織的啟示是，需要從制度上規範對於創新的鼓勵和肯定，並且從物質和精

神上進行肯定和表揚，促使員工真正將有用的點子和主意，轉化為創造力行為，提高組織的創新能力。

在金融服務組織中，建議開展各類金融創新活動，營造良好的創新氛圍。為了激發員工的創造力，某些銀行已經開展了「金點子」服務創意評選和案例徵集活動。這類活動的名稱有「金點激情，贏在創新」，還有「青年創新大賽」等激發員工創造力的系列活動，初次之外，還有「創新協會」「創新之家」等名目繁多的創新活動。關鍵是，很多「金點子」在實踐中得到了推廣和運用，極大地為員工提供創新平臺的同時企業也從中獲得了很大的收益。

6.2.3.2 個體角度優化人-組織匹配，提升工作激情和創造力

（1）個體進入組織前-工作搜尋、選擇與職業生涯規劃，選擇與自己匹配的行業和工作

首先，金融服務業員工在進入組織前，應該多方收集資料，瞭解該工作與組織。實際上，通過現今的網站和向相關親戚朋友打聽消息是不錯的途徑。比如：「酷評網」，上面就提供了金融服務業幾乎所有企業的招聘與薪酬待遇、組織文化等信息，這些信息都由組織所在內部員工分享，具有很高的參考價值。

除此之外，在進行工作搜尋的時候，無疑還有很多的信息可以幫助個體找到與之匹配的組織。如工作預覽、實地參觀或者短期實習等方法。通過這些方法，工作搜尋者應當充分注意收集工作和組織的信息，其中，組織文化、組織戰略、相關制度、發展歷史和規模、目前該企業經營狀況等是值得關注的主要問題。只有瞭解了這些，才能更好地實現與今後的工作單位的「匹配」。

從現實生活中也能觀察到，很多員工認為金融服務業是收入高、體面的職業，實際上，經瞭解，金融服務業基層員工大多數的壓力非常大，他們首先要完成每天的程序性的工作，這還在其次，關鍵是幾乎每名員工都有自己的營銷任務，這對於那些資源豐富的人來說並不是什麼難事，但是對於大部分並不具備資源性社會關係的員工來說，要花費大量的時間和精力來完成這些營銷任務，甚至根本完不成這些營銷任務，面臨被炒的風險。這部分人雖然拿的是相對於其他行業看似較高的收入，但其犧牲和付出卻可能是其他行業的很多倍。尤其是證券類和保險行業，可以說在工作初期的壓力非常大，很多人因為在初期承受不了這種壓力而跳槽。對於已經進入金融服務業的員工而言，要抓緊時間找到自己的定位，對自己的個性、能力和特徵是否與該行業匹配進行評估，以決定自己今後的發展方向。

從研究結果我們看出，實際上，創造力與職位是緊密相關的，在這樣的行

業，就具有更強的競爭性，作為員工來講，一定要樹立好心態，從進入該行業的第一天起，就要有迎接挑戰的準備。

（2）個體進入組織后-社會化策略

社會化指的是組織的新人學習和內化組織常規運作模式的過程（Gareth，2004）。個體社會化策略最有效的手段便是對組織文化的學習。

Chatman（1989）開發了「人-組織匹配模型」，他認為，人與組織的匹配主要是價值觀的匹配，員工與組織之間的價值觀匹配程度越高，就說明匹配度越高，而要達到這種高匹配度，有兩個途徑，第一是選拔，第二是社會化。如下圖6-4所示。

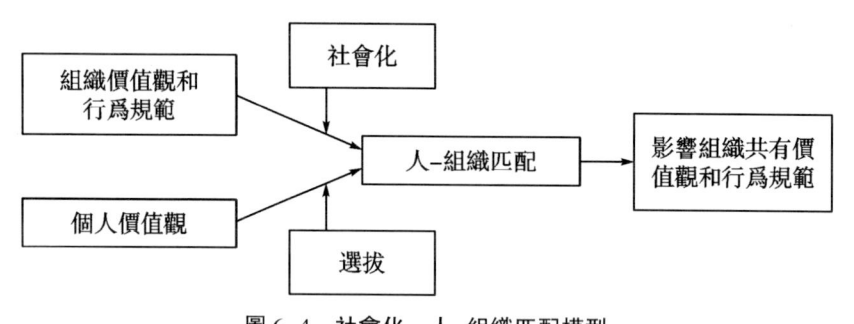

圖6-4 社會化、人-組織匹配模型

資料來源：根據 Chatman（1989）研究整理①

一般而言，金融服務業的新員工進入組織之後，組織都會提供相應的培訓，使員工盡快進入角色，而員工也應該積極學習與生產有關的基本知識和技能、組織規範以及社會角色，為自己與組織的匹配打下良好的基礎。

（3）個體可雇傭性的提升-終身學習

「不想當將軍的士兵不是好士兵」。任何一個員工都希望在職業上有新的起點和高度。在金融服務業，不同城市、級別、崗位，其所獲得收益差距是非常大的，因而，在該行業，作為員工，從組織要求來講需要不斷提升自己的知識、技能、才干（KSAs），以適應崗位和組織的不斷發展，從自身發展來講，也必然需要提高自己的內部和外部可雇傭性，增強人力資本累積，而要想達到這一點，就只有一條途徑：終身學習。只有不斷學習，才能不斷滿足動態發展的「人-組織匹配」的需要。從組織角度來看，也要創立「學習型組織」，營造學習氛圍，才能使員工和組織不斷進步。

---

① Chatman J A. Improving interactional organizational research: A model of person-organization fit [J]. Academy of management Review, 1989: 333-349.

如下圖6-5，Kristof等的模型揭示了社會化過程和學習在組織動態匹配中的重要作用，它表明感知匹配和實際匹配之間的距離隨社會化和學習過程的推進而逐漸減小。

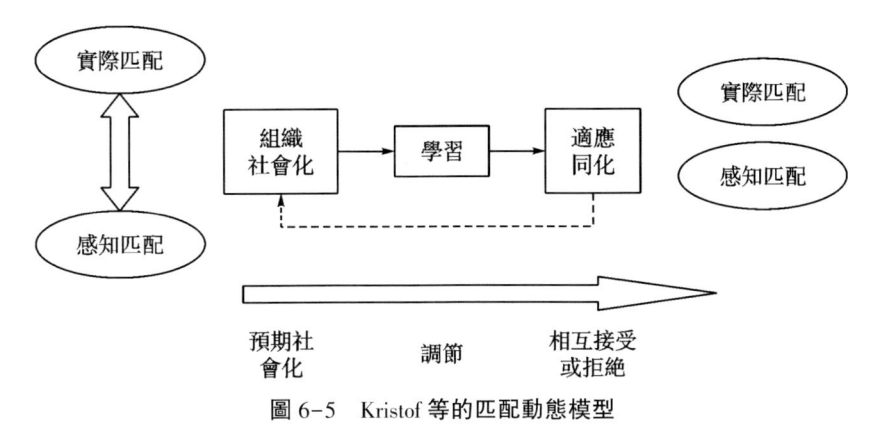

圖6-5 Kristof等的匹配動態模型

資料來源：根據Sekiguchi（2004）的研究整理①

6.3 研究局限和展望

6.3.1 研究局限性

6.3.1.1 所有變量均採用員工自我報告的方式

本研究由於獲得數據的途徑非常有限，因而對所有變量的測量均是採用員工自我報告的方式。人-組織匹配量表、員工創造力量表，實際上如果有條件的話最好應該採用不同主體作為評價來源，然而，由於研究條件有限，最後採用了簡便易行的自我報告法。雖然這種方法也對心理和行為的測量也比較有效，但是這種方法容易帶來數據同源偏差。因此，希望在以後的研究中對某些變量的測量可以採用主觀評價（員工自我評價）與客觀評價（如主管評價、同事評價）相結合的方法。

6.3.1.2 研究主要採用橫截面數據

受條件限制，本研究在驗證人-組織匹配與員工創造力之間的關係的時

---

① Sekiguchi T. Toward a dynamic perspective of person-environment fit [J]. Osaka keidai ronshu, 2004, 55 (1): 177-190.

候，主要根據自身資源採用了一個階段一期的數據，這實際上難以反映出較長時間跨度內人-組織匹配、和諧型工作激情影響員工創造力的動態過程。這也是目前很多研究存在的問題，因為缺乏條件對一個問題長時間進行跟蹤研究。在以後的研究中，可以考慮採用縱向研究方法，更深入地分析這三者之間的關係。

6.3.1.3 研究變量的關係設計可進一步深入和完善

由於研究經驗的缺乏，在選用變量的過程中，主要採用了一個單維的自主性動機變量作為仲介變量。在后續研究中，應當以對實際的更加深入的觀察為基礎，不斷拓展對仲介和調節的思考和研究。

6.3.2 研究展望

第一，基於自我決定論，將仲介變量擴展至其他自主性動機變量，研究自主性動機是否能在匹配與創造力之間起到橋樑作用，進一步拓展研究結論的普適性。從管理者、員工自身以及同事等不同角度來評價員工與組織的匹配程度、員工創造力等變量。

第二，希望有條件可以進一步擴大樣本量，優化樣本量的行業分佈，既可以在金融服務業的保險、證券、風險投資等不同業務類型企業中擴大樣本量，比較不同業務類別的差異。同時還可以將金融服務業與其他行業展開比較分析，探明兩者是否有顯著差異。

第三，在研究的過程中，希望能更多採用深度訪談、案例研究等方法來為變量及其關係的設計奠定更加堅實的基礎。同時，希望能從一個較為長久的時間段來關注組織的「動態匹配」及其對員工創造力的影響。

參考文獻

[1] Amabile T M, Conti R, Coon H, et al. Assessing the work environment for creativity [J]. Academy of management journal, 1996: 1154-1184.

[2] Amabile T M, Mueller J S. Studying creativity, its processes, and its antecedents: An exploration of the componential theory of creativity [J]. Handbook of organizational creativity, 2008: 33-64.

[3] Amabile T M. A model of creativity and innovation in organizations [J]. Research in Organizational Behavior. 1988, 10 (1): 123-167.

[4] Amabile T M. Stimulate creativity by fueling passion [J]. Handbook of principles of organizational behavior, 2000, 331: 341.

[5] Ambrose M L, Arnaud A, Schminke M. Individual moral development and ethical climate: The influence of person-organization fit on job attitudes [J]. Journal of Business Ethics, 2008, 77 (3): 323-333.

[6] Amiot C E, Vallerand R J, Blanchard C M. Passion and psychological adjustment: A test of the person-environment fit hypothesis [J]. Personality and Social Psychology Bulletin, 2006, 32 (2): 220-229.

[7] Anderson N. Work with passion: How to do what you love for a living [M]. San Francisco: New World Library, 2004.

[8] Arthur Jr W, Bell S T, Villado A J, et al. The use of person-organization fit in employment decision making: An assessment of its criterion-related validity [J]. Journal of Applied Psychology, 2006, 91 (4): 786.

[9] Baard P P, Deci E L, Ryan R M. Intrinsic Need Satisfaction: A Motivational Basis of Performance and Weil-Being in Two Work Settings1 [J]. Journal of Applied Social Psychology, 2004, 34 (10): 2045-2068.

[10] Baum J R, Locke E A, Kirkpatrick S A. A longitudinal study of the relation of vision and vision communication to venture growth in entrepreneurial firms

[J]. Journal of Applied Psychology, 1998, 83 (1): 43.

[11] Baum J R, Locke E A. The relationship of entrepreneurial traits, skill, and motivation to subsequent venture growth [J]. Journal of Applied Psychology, 2004, 89 (4): 587.

[12] Bert J. Vallerand et al. On the Role of Passion for Work in Burnout: A Process Model [J]. Journal of Personality, 2010, 78: 1.

[13] Binyamin G, Carmeli A. Does structuring of human resource management processes enhance employee creativity? The mediating role of psychological availability [J]. Human Resource Management, 2010, 49 (6): 999-1024.

[14] Blanchard C M, Amiot C E, Perreault S, et al. Cohesiveness, coach's interpersonal style and psychological needs: Their effects on self-determination and athletes' subjective well-being [J]. Psychology of Sport and Exercise, 2009, 10 (5): 545-551.

[15] Blau G J. Using a person-environment fit model to predict job involvement and organizational commitment [J]. Journal of Vocational Behavior, 1987, 30 (3): 240-257.

[16] Boon C, Den Hartog D N, Boselie P, et al. The relationship between perceptions of HR practices and employee outcomes: examining the role of person-organisation and person-job fit [J]. The International Journal of Human Resource Management, 2011, 22 (01): 138-162.

[17] Boverie P, Kroth M. Transforming work: The five keys to achieving trust, commitment, and passion in the workplace [M]. Basic Books, 2001.

[18] Boyatzis R, McKee A, Goleman D. Reawakening your passion for work [J]. Harvard Business Review, 2002, 80 (4): 86-96.

[19] Breugst N, Domurath A, Patzelt H, et al. Perceptions of entrepreneurial passion and employees' commitment to entrepreneurial ventures [J]. Entrepreneurship Theory and Practice, 2012.

[20] Bruch H, Ghoshal S. Unleashing organizational energy [J]. MIT Sloan Management Review, 2003, 45 (1): 45-51.

[21] Burke R J, Fiksenbaum L. Work Motivations, Satisfactions, and Health Among Managers Passion Versus Addiction [J]. Cross-Cultural Research, 2009, 43 (4): 349-365.

[22] Burke R J, Fiksenbaum L. Work motivations, work outcomes, and

health: Passion versus addiction [J]. Journal of business ethics, 2009, 84: 257-263.

[23] Cable D M, DeRue D S. The convergent and discriminant validity of subjective fit perceptions [J]. Journal of applied psychology, 2002, 87 (5): 875.

[24] Cable D M, Edwards J R. Complementary and supplementary fit: a theoretical and empirical integration [J]. Journal of Applied Psychology, 2004, 89 (5): 822.

[25] Caldwell S D, Herold D M, Fedor D B. Toward an understanding of the relationships among organizational change, individual differences, and changes in person-environment fit: a cross-level study [J]. Journal of Applied Psychology, 2004, 89 (5): 868.

[26] Caplan R D. Person-environment fit theory and organizations: Commensurate dimensions, time perspectives, and mechanisms [J]. Journal of Vocational Behavior, 1987, 31 (3): 248-267.

[27] Cardon M S, Wincent J, Singh J, et al. The nature and experience of entrepreneurial passion [J]. Academy of Management Review, 2009, 34 (3): 511-532.

[28] Cardon M S, Zietsma C, Saparito P, et al. A tale of passion: New insights into entrepreneurship from a parenthood metaphor [J]. Journal of Business Venturing, 2005, 20 (1): 23-45.

[29] Cardon M S. Is passion contagious? The transference of entrepreneurial passion to employees [J]. Human Resource Management Review, 2008, 18 (2): 77-86.

[30] Carless S A. Person-job fit versus person-organization fit as predictors of organizational attraction and job acceptance intentions: A longitudinal study [J]. Journal of Occupational and Organizational Psychology, 2005, 78 (3): 411-429.

[31] Caudroit J, Boiche J, Stephan Y, et al. Predictors of work/family interference and leisure-time physical activity among teachers: The role of passion towards work [J]. European Journal of Work and Organizational Psychology, 2011, 20 (3): 326-344.

[32] Chang H T, Chi N W, Chuang A. Exploring the Moderating Roles of Perceived Person-Job Fit and Person-Organisation Fit on the Relationship between Training Investment and Knowledge Workers' Turnover Intentions [J]. Applied Psy-

chology, 2010, 59 (4): 566-593.

[33] Chang R Y. The Passion Plan at Work: Building a Passion-driven Organization [M]. New York: Jossey-Bass, 2002.

[34] Chi N W, Pan S Y. A Multilevel Investigation of Missing Links Between Transformational Leadership and Task Performance: The Mediating Roles of Perceived Person-Job fit and Person-Organization Fit [J]. Journal of Business and Psychology, 2012, 27 (1): 43-56.

[35] Choi J N. Person-environment fit and creative behavior: Differential impacts of supplies-values and demands-abilities versions of fit [J]. Human Relations, 2004, 57 (5): 531-552.

[36] Coelho F, Augusto M, Lages L F. Contextual factors and the creativity of frontline employees: The mediating effects of role stress and intrinsic motivation [J]. Journal of Retailing, 2011, 87 (1): 31-45.

[37] Cohen-Meitar R, Carmeli A, Waldman D A. Linking meaningfulness in the workplace to employee creativity: The intervening role of organizational identification and positive psychological experiences [J]. Creativity Research Journal, 2009, 21 (4): 361-375.

[38] Cooper R B, Jayatilaka B. Group creativity: The effects of extrinsic, intrinsic, and obligation motivations [J]. Creativity Research Journal, 2006, 18 (2): 153-172.

[39] Csikszentmihalyi M. Flow: The psychology of optimal performance [J]. 1990.

[40] Da Silva N, Hutcheson J, Wahl G D. Organizational strategy and employee outcomes: A person-organization fit perspective [J]. The Journal of Psychology, 2010, 144 (2): 145-161.

[41] De Clercq S, Fontaine J R J, Anseel F. In Search of a Comprehensive Value Model for Assessing Supplementary Person—Organization Fit [J]. The Journal of Psychology: Interdisciplinary and Applied, 2008, 142 (3): 277-302.

[42] De Cooman R, Gieter S D, Pepermans R, et al. Person-organization fit: Testing socialization and attraction-selection-attrition hypotheses [J]. Journal of Vocational Behavior, 2009, 74 (1): 102-107.

[43] De Stobbeleir K E M, Ashford S J, Buyens D. Self-regulation of creativity at work: the role of feedback-seeking behavior in creative performance [J]. Acad-

emy of Management Journal, 2011, 54 (4): 811-831.

[44] Deci E L, Ryan R M, Gagné M, et al. Need satisfaction, motivation, and well-being in the work organizations of a former eastern bloc country: A cross-cultural study of self-determination [J]. Personality and Social Psychology Bulletin, 2001, 27 (8): 930-942.

[45] Deci E L, Ryan R M. Handbook of self-determination research [M]. UniversityRochester Press, 2004.

[46] Deci E L, Ryan R M. Intrinsic motivation and self-determination in human behavior [M]. Springer, 1985.

[47] Deci E L, Ryan R M. The「what」and「why」of goal pursuits: Human needs and the self-determination of behavior [J]. Psychological inquiry, 2000, 11 (4): 227-268.

[48] Deci E L, Ryan R M. The support of autonomy and the control of behavior [J]. Journal of Personality and Social Psychology, 1987, 53 (6): 1024-1037.

[49] Deci E L, Schwartz A J, Sheinman L, et al. An instrument to assess adults' orientations toward control versus autonomy with children: Reflections on intrinsic motivation and perceived competence [J]. Journal of Educational Psychology, 1981, 73 (2): 642-650.

[50] Deng H, Guan Y, Bond M H, et al. The Interplay Between Social Cynicism Beliefs and Person-Organization Fit on Work-Related Attitudes Among Chinese Employees [J]. Journal of Applied Social Psychology, 2011, 41 (1): 160-178.

[51] Dopico L G, Wilcox J A. Openness, profit opportunities and foreign banking [J]. Journal of International Financial Markets, Institutions and Money, 2002, 12 (4): 299-320.

[52] Drake S, Gulman M, Roberts S. Light Their Fire: Using internal marketing to ignite employee performance and wow your customers [M]. Kaplan Publishing, 2005.

[53] Drew, Accelerating innovation infinancial service [J]. Log Range Planning, 1995, 28 (4): 11-21.

[54] Dul J, Ceylan C. Work environments for employee creativity [J]. Ergonomics, 2010: 1-25.

[55] Edwards I R, Shipp A I. The Relationship Between Person-Environment

fit and Outcomes: An Integrative [J]. Perspectives on organizational fit, 2007: 209.

[56] Edwards J R, Cable D M, Williamson I O, et al. The phenomenology of fit: linking the person and environment to the subjective experience of person–environment fit [J]. Journal of Applied Psychology, 2006, 91 (4): 802.

[57] Edwards J R. 4 Person-Environment Fit in Organizations: An Assessment of Theoretical Progress [J]. The Academy of Management Annals, 2008, 2 (1): 167-230.

[58] Edwards J R. Person-job fit: A conceptual integration, literature review, and methodological critique [M]. John Wiley & Sons, 1991.

[59] Erez M, Nouri R. Creativity: The influence of cultural, social, and work contexts [J]. Management and Organization Review, 2010, 6 (3): 351-370.

[60] Farmer S M, Tierney P, Kung-McIntyre K. Employee Creativity inTaiwan: An Application of Role Identity Theory [J]. Academy of Management Journal, 2003, 46 (5): 618-630.

[61] Feng-Hui Lee, Wann-Yih Wu. The relationships between person-organization fit, psychological climate adjustment, personality traits, and innovative climate: Evidence from Taiwanese high–tech expatriate managers in Asian countries [J]. African Journal of Business Management, 2011, 5 (15): 6415-6428.

[62] Finley J. An Exploratory Model of Conditions That Activate Passion [D]. Chicago: Benedictine University, 2012.

[63] Forest J, Mageau G A, Sarrazin C, et al.「Work is my passion」: The different affective, behavioural, and cognitive consequences of harmonious and obsessive passion toward work [J]. Canadian Journal of Administrative Sciences/Revue Canadienne des Sciences de l'Administration, 2011, 28 (1): 27-40.

[64] Gagné M, Deci E L. Self-determination theory and work motivation [J]. Journal of Organizational behavior, 2005, 26 (4): 331-362.

[65] Gagné M. Autonomy support and need satisfaction in the motivation and well-being of gymnasts [J]. Journal of Applied Sport Psychology, 2003, 15 (4): 372-390.

[66] Gagné M. The role of autonomy support and autonomy orientation in prosocial behavior engagement [J]. Motivation and Emotion, 2003, 27 (3): 199-223.

[67] George J M. Dual tuning in a supportive context: Joint contributions of positive mood, negative mood, and supervisory behaviors to employee creativity [J].

Academy of Management Journal, 2007, 50 (3): 605-622.

[68] Gilson L L, Mathieu J E, Shalley C E, et al. Creativity and standardization: complementary or conflicting drivers of team effectiveness? [J]. Academy of Management Journal, 2005, 48 (3): 521-531.

[69] Goldberg C. The Interpersonal Aim of Creative Endeavor [J]. The Journal of Creative Behavior, 1986, 20 (1): 35-48.

[70] Gong Y, Huang J C, Farh J L. Employee learning orientation, transformational leadership, and employee creativity: The mediating role of employee creative self-efficacy [J]. Academy of Management Journal, 2009, 52 (4): 765-778.

[71] Grant A M, Berry J W. The necessity of others is the mother of invention: Intrinsic and prosocial motivations, perspective taking, and creativity [J]. Academy of Management Journal, 2011, 54 (1): 73-96.

[72] Greguras G J, Diefendorff J M. Different fits satisfy different needs: Linking person-environment fit to employee commitment and performance using self-determination theory [J]. Journal of Applied Psychology, 2009, 94 (2): 465.

[73] Grolnick W S, Ryan R M. Parent styles associated with children's self-regulation and competence in school [J]. Journal of educational psychology, 1989, 81 (2): 143-154.

[74] Gubman E. From engagement to passion for work: The search for the missing person [J]. Human resource planning, 2004, 27 (3): 42-46.

[75] Gumusluoglu L, Ilsev A. Transformational leadership, creativity, and organizational innovation [J]. Journal of Business Research, 2009, 62 (4): 461-473.

[76] Harris S G, Mossholder K W. The affective implications of perceived congruence with culture dimensions during organizational transformation [J]. Journal of management, 1996, 22 (4): 527-547.

[77] Hauser C, Tappeiner G, Walde J. The learning region: the impact of social capital and weak ties on innovation [J]. Regional Studies, 2007, 41 (1): 75-88.

[78] Hipp C, Grupp H. Innovation in the service sector: The demand for service-specific innovation measurement concepts and typologies [J]. Research policy, 2005, 34 (4): 517-535.

[79] Hirst G, Van Knippenberg D, Chen C, et al. How Does Bureaucracy

Impact Individual Creativity? A Cross-Level Investigation of Team Contextual Influences on Goal Orientation-Creativity Relationships [J]. Academy of Management Journal, 2011, 54 (3): 624-641.

[80] Hirst G, Van Knippenberg D, Zhou J. A cross-level perspective on employee creativity: Goal orientation, team learning behavior, and individual creativity [J]. Academy of Management Journal, 2009, 52 (2): 280-293.

[81] Ho V T, Wong S S, Lee C H. A tale of passion: Linking job passion and cognitive engagement to employee work performance [J]. Journal of Management Studies, 2011, 48 (1): 26-47.

[82] Hoffman B J, Woehr D J. A quantitative review of the relationship between person-organization fit and behavioral outcomes [J]. Journal of Vocational Behavior, 2006, 68 (3): 389-399.

[83] Hon A H Y, Leung A S M. Employee creativity and motivation in the Chinese context: The moderating role of organizational culture [J]. Cornell Hospitality Quarterly, 2011, 52 (2): 125-134.

[84] Hon A H Y. Shaping Environments Conductive to Creativity [J]. Cornell Hospitality Quarterly, 2012, 53 (1): 53-64.

[85] Huang M P, Cheng B S, Chou L F. Fitting in organizational values: The mediating role of person-organization fit between CEO charismatic leadership and employee outcomes [J]. International Journal of Manpower, 2005, 26 (1): 35-49.

[86] Hult C. Organizational commitment and person-environment fit in six western countries [J]. Organization studies, 2005, 26 (2): 249-270.

[87] James L R, Jones A P. Organizational climate: A review of theory and research [J]. Psychological bulletin, 1974, 81 (12): 1096.

[88] Joussemet M, Landry R, Koestner R. A self-determination theory perspective on parenting [J]. Canadian Psychology/Psychologie canadienne, 2008, 49 (3): 194.

[89] Khazanchi S, Masterson S S. Who and what is fair matters: A multi-foci social exchange model of creativity [J]. Journal of Organizational Behavior, 2011, 32 (1): 86-106.

[90] Kim T Y, Cable D M, Kim S P. Socialization tactics, employee proactivity, and person-organization fit [J]. Journal of Applied Psychology, 2005, 90 (2): 232.

[91] Kim T Y, Hon A H Y, Crant J M. Proactive personality, employee creativity, and newcomer outcomes: A longitudinal study [J]. Journal of Business and Psychology, 2009, 24 (1): 93-103.

[92] Kim T Y, Hon A H Y, Lee D R. Proactive personality and employee creativity: The effects of job creativity requirement and supervisor support for creativity [J]. Creativity Research Journal, 2010, 22 (1): 37-45.

[93] Klapmeier A. Passion [J]. Harvard Business Review, 2007, 85: 22-24.

[94] Kristof A L. Person-organization fit: An integrative review of its conceptualizations, measurement, and implications [J]. Personnel psychology, 1996, 49 (1): 1-49.

[95] Lafrenière M A K, Jowett S, Vallerand R J, et al. Passion for coaching and the quality of the coach-athlete relationship: The mediating role of coaching behaviors [J]. Psychology of Sport and Exercise, 2011, 12 (2): 144-152.

[96] Lam C F, Gurland S T. Self-determined work motivation predicts job outcomes, but what predicts self-determined work motivation? [J]. Journal of Research in Personality, 2008, 42 (4): 1109-1115.

[97] Lavigne G L, Forest J, Crevier-Braud L. Passion at work and burnout: A two-study test of the mediating role of flow experiences [J]. European Journal of Work and Organizational Psychology, 2012, 21 (4): 518-546.

[98] Lee F H, Wu W Y. The relationships between person-organization fit, psychological climate adjustment, personality traits, and innovative climate: Evidence from Taiwanese high-tech expatriate managers in Asian countries [J]. African Journal of Business Management, 2011, 5 (15): 6415-6428.

[99] Liao H, Liu D, Loi R. Looking at both sides of the social exchange coin: A social cognitive perspective on the joint effects of relationship quality and differentiation on creativity [J]. Academy of Management Journal, 2010, 53 (5): 1090-1109.

[100] Liu B, Liu J, Hu J. Person-organization fit, job satisfaction, and turnover intention: An empirical study in the Chinese public sector [J]. Social Behavior and Personality: an international journal, 2010, 38 (5): 615-625.

[101] Liu D, Chen X P, Yao X. From autonomy to creativity: A multilevel investigation of the mediating role of harmonious passion [J]. Journal of Applied Psy-

chology, 2011, 96 (2): 294.

[102] Liu D, Fu P P. Motivating learning in the organization: Effects of autonomy support and autonomy orientation [C]. Academy of Management Annual Meeting Proceedings: Best Papers Proceedings. 2007.

[103] Lyons H Z, O'Brien K M. The role of person-environment fit in the job satisfaction and tenure intentions of African American employees [J]. Journal of Counseling Psychology, 2006, 53 (4): 387.

[104] MacKinnon D P, Lockwood C M, Hoffman J M, et al. A comparison of methods to test mediation and other intervening variable effects [J]. Psychological methods, 2002, 7 (1): 83.

[105] Madjar N, Oldham G R, Pratt M G. There's no place like home? The contributions of work and nonwork creativity support to employees'creative performance [J]. Academy of Management Journal, 2002, 45 (4): 757-767.

[106] Madjar N. Emotional and informational support from different sources and employee creativity [J]. Journal of Occupational and Organizational Psychology, 2008, 81 (1): 83-100.

[107] Mageau G A, Vallerand R J, Charest J, et al. On the development of harmonious and obsessive passion: The role of autonomy support, activity specialization, and identification with the activity [J]. Journal of Personality, 2009, 77 (3): 601-646.

[108] Mageau G A, Vallerand R J. The coach-athlete relationship: A motivational model [J]. Journal of sports science, 2003, 21 (11): 883-904.

[109] Mageau G A, Vallerand R J. The moderating effect of passion on the relation between activity engagement and positive affect [J]. Motivation and Emotion, 2007, 31 (4): 312-321.

[110] Meyer J P, Hecht T D, Gill H, et al. Person-organization (culture) fit and employee commitment under conditions of organizational change: a longitudinal study [J]. Journal of Vocational Behavior, 2010, 76 (3): 458-473.

[111] Miles I, Andersen B, Boden M, et al. Service production and intellectual property [J]. International Journal of Technology Management, 2000, 20 (1): 95-115.

[112] Moynihan D P, Pandey S K. The ties that bind: Social networks, person-organization value fit, and turnover intention [J]. Journal of Public Administra-

tion Research and Theory, 2008, 18 (2): 205-227.

[113] Ng E S W, Burke R J. Person-organization fit and the war for talent: does diversity management make a difference? [J]. The International Journal of Human Resource Management, 2005, 16 (7): 1195-1210.

[114] Nimon K, Zigarmi D, Houson D, et al. The work cognition inventory: Initial evidence of construct validity [J]. Human Resource Development Quarterly, 2011, 22 (1): 7-35.

[115] Nunnally, J. C. On choosing a test statistic in multivariate analysis of variance. [J] Psychological Bulletin. 83 (4), 579-586.

[116] Nyambegera S, Daniels K, Sparrow P. Why fit doesn't always matter: The impact of HRM and cultural fit on job involvement of Kenyan employees [J]. Applied Psychology, 2001, 50 (1): 109-140.

[117] Ohly S, Fritz C. Work characteristics, challenge appraisal, creativity, and proactive behavior: A multi-level study [J]. Journal of Organizational Behavior, 2009, 31 (4): 543-565.

[118] Oldham G R, Cummings A. Employee creativity: Personal and contextual factors at work [J]. Academy of management journal, 1996, 39 (3): 607-634.

[119] O'Reilly C A, Chatman J, Caldwell D F. People and organizational culture: A profile comparison approach to assessing person-organization fit [J]. Academy of management journal, 1991, 34 (3): 487-516.

[120] Ostroff C, Rothausen T J. The moderating effect of tenure in person-environment fit: A field study in educational organizations [J]. Journal of Occupational and Organizational Psychology, 2011, 70 (2): 173-188.

[121] Ostroff C, Shin Y, Kinicki A J. Multiple perspectives of congruence: Relationships between value congruence and employee attitudes [J]. Journal of Organizational Behavior, 2005, 26 (6): 591-623.

[122] Pérez-Luño A, Cabello Medina C, Carmona Lavado A, et al. How social capital and knowledge affect innovation [J]. Journal of Business Research, 2011, 64 (12): 1369-1376.

[123] Perry-Smith J E. Social Yet Creative: The role of social relationships in facilitating individual creativity [J]. Academy of Management Journal, 2006, 49 (1): 85-101.

[124] Perttula K H. The Pow factor: Understanding and igniting passion for

one's work [D]. Los Angeles: University of Southern California, 2004.

[125] Philip S. Identifying adults' paths to discovering career passion [M]. Los Angeles: Pepperdine University, 2011.

[126] Philippe F L, Vallerand R J, Houlfort N, et al. Passion for an activity and quality of interpersonal relationships: The mediating role of emotions [J]. Journal of Personality and Social Psychology, 2010, 98 (6): 917.

[127] Pirola-Merlo A, Mann L. The relationship between individual creativity and team creativity: Aggregating across people and time [J]. Journal of Organizational Behavior, 2004, 25 (2): 235-257.

[128] Puccio G J, Talbot R J, Joniak A J. Examining Creative Performance in the Workplace through a Person-Environment Fit Model [J]. The Journal of Creative Behavior, 2000, 34 (4): 227-247.

[129] Quinn R E, Hildebrandt H W, Rogers P S, et al. A competing values framework for analyzing presentational communication in management contexts [J]. Journal of Business Communication, 1991, 28 (3): 213-232.

[130] Quinn R E, Kimberly J R. Paradox, planning, and perseverance: Guidelines for managerial practice [J]. Managing organizational transitions, 1984, 295: 313.

[131] Quinn R E, Rohrbaugh J. A competing values approach to organizational effectiveness [J]. Public Productivity Review, 1981: 122-140.

[132] Quinn R E, Rohrbaugh J. A spatial model of effectiveness criteria: Towards a competing values approach to organizational analysis [J]. Management science, 1983, 29 (3): 363-377.

[133] Quinn R E, Spreitzer G M. The psychometrics of the competing values culture instrument and an analysis of the impact of organizational culture on quality of life [J]. Research in organizational change and development, 1991, 5 (1).

[134] Quinn R E. Beyond rational management: Mastering the paradoxes and competing demands of high performance [M]. New York: Jossey-Bass, 1988.

[135] Ravlin E C, Meglino B M. Effect of values on perception and decision making: A study of alternative work values measures [J]. Journal of Applied Psychology, 1987, 72 (4): 666.

[136] Ravlin E C, Ritchie C M. Perceived and actual organizational fit: Multiple influences on attitudes [J]. Journal of Managerial Issues, 2006: 175-192.

[137] Reeve J, Bolt E, Cai Y. Autonomy-supportive teachers: How they teach and motivate students [J]. Journal of Educational Psychology, 1999, 91 (3): 537-548.

[138] Resick C J, Baltes B B, Shantz C W. Person-organization fit and work-related attitudes and decisions: Examining interactive effects with job fit and conscientiousness [J]. Journal of Applied Psychology, 2007, 92 (5): 1446.

[139] Rice G. Individual values, organizational context, and self-perceptions of employee creativity: Evidence from Egyptian organizations [J]. Journal of Business Research, 2006, 59 (2): 233-241.

[140] Rich B L, Lepine J A, Crawford E R. Job engagement: Antecedents and effects on job performance [J]. Academy of Management Journal, 2010, 53 (3): 617-635.

[141] Rosing K, Frese M, Bausch A. Explaining the heterogeneity of the leadership-innovation relationship: Ambidextrous leadership [J]. The Leadership Quarterly, 2011, 22 (5): 956-974.

[142] Ryan R M, Deci E L. Self-determination theory and the facilitation of intrinsic motivation, social development, and well-being [J]. American psychologist, 2000, 55 (1): 68-78.

[143] Saks A M, Ashforth B E. A longitudinal investigation of the relationships between job information sources, applicant perceptions of fit, and work outcomes [J]. Personnel Psychology, 1997, 50 (2): 395-426.

[144] Schneider B, Goldstiein H W, Smith D B. The ASA framework: An update [J]. Personnel Psychology, 1995, 48 (4): 747-773.

[145] Schneider B, Smith D B, Taylor S, et al. Personality and organizations: A test of the homogeneity of personality hypothesis [J]. Journal of Applied Psychology, 1998, 83 (3): 462.

[146] Schneider B. Fits about fit [J]. Applied Psychology, 2001, 50 (1): 141-152.

[147] Schneider B. The people make the place [J]. Personnel psychology, 2006, 40 (3): 437-453.

[148] Scott S G, Bruce R A. Determinants of innovative behavior: A path model of individual innovation in the workplace [J]. Academy of management journal, 1994: 580-607.

[149] Sekiguchi T. Toward a dynamic perspective of person-environment fit [J]. Osaka keidai ronshu, 2004, 55 (1): 177-190.

[150] Seligman M E P, Csikszentmihalyi M. Positive psychology: an introduction [J]. American Psychologist; American Psychologist, 2000, 55 (1): 5.

[151] Shalley C E, Gilson L L, Blum T C. Interactive effects of growth need strength, work context, and job complexity on self-reported creative performance [J]. Academy of Management Journal, 2009, 52 (3): 489-505.

[152] Shalley C E, Perry-Smith J E. Effects of social-psychological factors on creative performance: The role of informational and controlling expected evaluation and modeling experience [J]. Organizational behavior and human decision processes, 2001, 84 (1): 1-22.

[153] Shalley C E, Zhou J, Oldham G R. The effects of personal and contextual characteristics on creativity: where should we go from here? [J]. Journal of management, 2004, 30 (6): 933-958.

[154] Shalley C E. Effects of productivity goals, creativity goals, and personal discretion on individual creativity [J]. Journal of Applied psychology, 1991, 76 (2): 179.

[155] Shin S J, Zhou J. Transformational leadership, conservation, and creativity: Evidence fromKorea [J]. Academy of Management Journal, 2003, 46 (6): 703-714.

[156] Shin Y. A person-environment fit model for virtual organizations [J]. Journal of Management, 2004, 30 (5): 725-743.

[157] Smith K G, Baum J R, Locke E A. A Multidimensional Model of Venture Growth [J]. Academy of management journal, 2001, 44 (2): 292-303.

[158] Spreitzer G M. Psychological, Empowerment in the workplace: Dimensions, Measurement and validation [J]. Academy of management Journal, 1995, 38 (5): 1442-1465.

[159] Stenseng F. The two faces of leisure activity engagement: Harmonious and obsessive passion in relation to intrapersonal conflict and life domain outcomes [J]. Leisure Sciences, 2008, 30 (5): 465-481.

[160] Tierney P, Farmer S M, Graen G B. An examination of leadership and employee creativity: The relevance of traits and relationships [J]. Personnel Psychology, 2006, 52 (3): 591-620.

[161] Tierney P, Farmer S M, Graen G B. An examination of leadership and employee creativity: The relevance of traits and relationships [J]. Personnel Psychology, 1999, 52 (3): 591-620.

[162] Tierney P, Farmer S M. Creative self-efficacy: Its potential antecedents and relationship to creative performance [J]. Academy of Management Journal, 2002, 45 (6): 1137-1148.

[163] Tierney P, Farmer S M. The Pygmalion process and employee creativity [J]. Journal of Management, 2004, 30 (3): 413-432.

[164] Utman C H. Performance effects of motivational state: A meta-analysis [J]. Personality and Social Psychology Review, 1997, 1 (2): 170-182.

[165] Vallerand R J, Blanchard C, Mageau G A, et al. Les passions de l'ame: on obsessive and harmonious passion [J]. Journal of personality and social psychology, 2003, 85 (4): 756.

[166] Vallerand R J, Blssonnette R. Intrinsic, extrinsic, and amotivational styles as predictors of behavior: A prospective study [J]. Journal of Personality, 1992, 60 (3): 599-620.

[167] Vallerand R J, Houlfort N. Passion At Work [J]. Stephen W. Gilliland, Dirk D. Steiner, and Daniel, Emerging Perspectives on Values in Organizations, 2003: 175-204.

[168] Vallerand R J, Lalande D R. The Mpic Model: The Perspective of the Hierarchical Model of Intrinsic and Extrinsic Motivation [J]. Psychological Inquiry, 2011, 22 (1): 45-51.

[169] Vallerand R J, Paquet Y, Philippe F L, et al. On the role of passion for work in burnout: A process model [J]. Journal of personality, 2010, 78 (1): 289-312.

[170] Vallerand R J, Rousseau F L, Grouzet F M E, et al. Passion in sport: A look at determinants and affective experiences [J]. Journal of Sport and Exercise Psychology, 2006, 28 (4): 454.

[171] Vallerand R J. Deci and Ryan's self-determination theory: A view from the hierarchical model of intrinsic and extrinsic motivation [J]. Psychological Inquiry, 2000, 11 (4): 312-318.

[172] Vallerand R J. From motivation to passion: In search of the motivational processes involved in a meaningful life [J]. Canadian Psychology/Psychologie cana-

dienne, 2012, 53 (1): 42.

[173] Vallerand R J. On the psychology of passion: In search of what makes people's lives most worth living [J]. Canadian Psychology/Psychologie canadienne, 2008, 49 (1): 1.

[174] Vallerand, R. J., &Miquelon, P.. Passion for sport in athletes [J]. Social psychology in sport, 2007: 249-263.

[175] van Vianen A E M, Shen C T, Chuang A. Person-organization and person-supervisor fits: Employee commitments in a Chinese context [J]. Journal of Organizational Behavior, 2011, 32 (6): 906-926.

[176] van Vuuren M, Veldkamp B P, de Jong M D T, et al. The congruence of actual and perceived person-organization fit [J]. The International Journal of Human Resource Management, 2007, 18 (10): 1736-1747.

[177] Verquer M L, Beehr T A, Wagner S H. A meta-analysis of relations between person-organization fit and work attitudes [J]. Journal of Vocational Behavior, 2003, 63 (3): 473-489.

[178] Vilela B B, González J A V, Ferrín P F. Person-organization fit, OCB and performance appraisal: Evidence from matched supervisor-salesperson data set in a Spanish context [J]. Industrial Marketing Management, 2008, 37 (8): 1005-1019.

[179] Vivian Chen C H, Lee H M, Yvonne Yeh Y J. The Antecedent and Consequence of Person-Organization Fit: Ingratiation, similarity, hiring recommendations and job offer [J]. International journal of selection and assessment, 2008, 16 (3): 210-219.

[180] Wang A C, Cheng B S. When does benevolent leadership lead to creativity? The moderating role of creative role identity and job autonomy [J]. Journal of Organizational Behavior, 2010, 31 (1): 106-121.

[181] Wang C C, Chu Y S. Harmonious passion and obsessive passion in playing online games [J]. Social Behavior and Personality: an international journal, 2007, 35 (7): 997-1006.

[182] Wang P, Rode J C. Transformational leadership and follower creativity: The moderating effects of identification with leader and organizational climate [J]. Human Relations, 2010, 63 (8): 1105-1128.

[183] Westerman J W, Cyr L A. An integrative analysis of person-organization

fit theories [J]. International Journal of Selection and Assessment, 2004, 12 (3): 252-261.

[184] Wingreen S C, Blanton J E. A social cognitive interpretation of person-organization fitting: The maintenance and development of professional technical competency [J]. Human Resource Management, 2007, 46 (4): 631-650.

[185] Woodman R W, Sawyer J E, Griffin R W. Toward a theory of organizational creativity [J]. Academy of Management Review. 1993, 18 (2): 293-321.

[186] Wright P M, Gardner T M, Moynihan L M, et al. The relationship between HR practices and firm performance: Examining causal order [J]. Personnel Psychology, 2005, 58 (2): 409-446.

[187] Yuan F, Woodman R W. Innovative behavior in the workplace: The role of performance and image outcome expectations [J]. Academy of Management Journal, 2010, 53 (2): 323-342.

[188] Zhang A Y, Tsui A S, Wang D X. Leadership behaviors and group creativity in Chinese organizations: The role of group processes [J]. The Leadership Quarterly, 2011, 22 (5): 851-862.

[189] Zhang X, Bartol K M. Linking empowering leadership and employee creativity: The influence of psychological empowerment, intrinsic motivation, and creative process engagement [J]. Academy of Management Journal, 2010, 53 (1): 107-128.

[190] Zheng W. A social capital perspective of innovation from individuals to nations: Where is empirical literature directing us? [J]. International Journal of Management Reviews, 2008, 12 (2): 151-183.

[191] Zhou J, George J M. When job dissatisfaction leads to creativity: Encouraging the expression of voice [J]. Academy of Management Journal, 2001, 44 (4): 682-696.

[192] Zhou J, Shalley C E. Research on employee creativity: A critical review and directions for future research [J]. Research in personnel and human resources management, 2003, 22: 165-217.

[193] Zhou J, Shin S J, Brass D J, et al. Social networks, personal values, and creativity: Evidence for curvilinear and interaction effects [J]. Journal of Applied Psychology, 2009, 94 (6): 1544.

[194] Zhou J. When the presence of creative coworkers is related to creativity:

role of supervisor close monitoring, developmental feedback, and creative personality [J]. Journal of Applied Psychology, 2003, 88 (3): 413.

[195] Zigarmi D, Nimon K, Houson D, et al. A preliminary field test of an employee work passion model [J]. Human Resource Development Quarterly, 2011, 22 (2): 195-221.

[196] Zigarmi D, Nimon K, Houson D, et al. Beyond engagement: Toward a framework and operational definition for employee work passion [J]. Human Resource Development Review, 2009, 8 (3): 300-326.

[197] 蔡翔, 郭冠妍, 張光萍. 國外關於人-組織匹配理論的研究綜述 [J]. 工業技術經濟, 2007 (109): 142-145.

[198] 蔡玉華. 「鴉片還是維他命?」——工作熱情與工作狂傾向之關係與影響性研究 [D]. 臺中: 靜宜大學, 2009.

[199] 陳威豪. 創造與創新氛圍主要測量工具述評 [J]. 中國軟科學, 2006 (7): 86-95.

[200] 陳衛旗, 王重鳴. 人-職務匹配、人-組織匹配對員工工作態度的效應機制研究 [J]. 心理科學, 2007, (04): 979-981.

[201] 陳衛旗. 任務特徵對人-組織匹配與員工績效關係的調節作用 [J]. 廣州大學學報 (社會科學版), 2012, 109: 52-58.

[202] 陳衛旗. 組織與個體的社會化策略對人——組織價值匹配的影響 [J]. 管理世界, 2009, (03): 99-110.

[203] 陳芳倩. 員工工作熱情之研究——以金融業為例 [D]. 高雄: 臺灣「中山大學」, 2005.

[204] 陳建偉, 季力康. 休閒網球運動者的運動熱情與運動依賴之相關研究. 大專體育學刊, 2007, 9 (3): 57-65.

[205] 杜旌, 王丹妮. 匹配對創造性的影響: 集體主義的調節作用 [J]. 心理學報, 2009, 41 (10): 980-988.

[206] 馮旭, 魯若愚, 彭蕾. 服務企業員工個人創新行為與工作動機、自我效能感關係研究 [J]. 研究與發展管理, 2009, (03): 42-49.

[207] 符健春, 潘陸山, 彭燕飛. 人-組織匹配與離職意向: 組織承諾的仲介效應研究 [J]. 技術經濟, 2008, (04): 122-128.

[208] 顧遠東, 彭紀生. 組織創新氛圍對員工創新行為的影響: 創新自我效能感的仲介作用 [J]. 南開管理評論, 2010: 30-41.

[209] 郭桂梅, 段興民. 自我決定理論及其在組織行為領域的應用分析

[J].經濟管理,2008,(06):24-29.

[210] 韓曉路.工作投入的內涵及提升策略——基於自我決定理論的視角[J].中國人力資源開發,2011(3):52-55.

[211] 郝豔琴.管理人員個人-組織匹配、工作滿意度和離職傾向的關係研究[D].昆明:雲南財經大學,2011.

[212] 何德旭,王朝陽.金融服務與經濟增長:美國的經驗及啟示[J].國際經濟評論,2005,02:33-37.

[213] 胡宜婷.個人組織適合度與個人工作適合度對工作態度之影響——以臺灣電力公司為例[D].高雄:臺灣中山大學,2005.

[214] 黃心怡.研發人員工作熱情之研究[D].高雄:臺灣「中山大學」,2005.

[215] 黃羽淳.大專院校啦啦隊員運動熱情與涉入關聯性研究[D].高雄:國立體育學院,2007.

[216] 金玲玲.個人—組織匹配、情感承諾和組織公民行為的關係研究[D].蘇州:蘇州大學,2012.

[217] 金楊華,王重鳴.人與組織匹配研究進展及其意義[J].人類工效學,2001,02:36-39.

[218] 李剛,陳利軍.民營企業員工個人價值觀、組織環境及員工創新行為之實證分析[J].中央財經大學學報,2010(4):53-58.

[219] 李濟仲.父母的運動熱情對子女運動參與信念和行為的影響——以父母社會化模式為基礎[D].臺中:臺灣體育大學,2006.

[220] 李金星.個人-組織匹配對員工敬業度的影響研究[D].桂林:廣西師範大學,2011.

[221] 李炯煌,季力康,等.熱情量表之建構效度[J].體育學報,2007,40(3):77-88.

[222] 林樺.自我決定理論研究[D].長沙:湖南師範大學,2008.

[223] 林惠彥,陸洛,佘思科.工作價值落差與工作態度之關聯[J].彰化師大教育學報,2011(19):15-32.

[224] 林惠彥.個人與環境適配對工作態度及行為之影響[D].臺北:臺灣科技大學,2005,0501(05): .

[225] 劉玲.人與組織匹配:理論、測量與應用[J].中南財經政法大學研究生學報,2010:98-103.

[226] 劉效廣,王豔平,李倩.創新氛圍對員工創造力影響的多水平分析

[J]. 管理評論, 2010: 84-89.

[227] 劉雲, 石金濤. 組織創新氛圍對員工創新行為的影響過程研究——基於心理授權的仲介效應分析 [J]. 中國軟科學, 2010: 133-144.

[228] 盧小君, 張國梁. 工作動機對個人創新行為的影響研究 [J]. 軟科學, 2007: 124-127.

[229] 丘燕燕. 職業匹配與工作滿意度關係之研究-人-組織匹配、人-工作匹配之文獻回顧 [J]. 經營管理者, 2012, 08: 13-14.

[230] 邱皓政, 林碧芳. 結構方程模型的原理與應用 [M]. 北京: 中國輕工業出版社, 2009: 88.

[231] 宋典, 袁勇志, 張偉煒. 戰略人力資源管理、創新氛圍與員工創新行為的跨層次研究 [J]. 科學學與科學技術管理, 2011: 172-179.

[232] 孫健敏, 王震. 人-組織匹配研究述評: 範疇、測量及應用 [J]. 首都經濟貿易大學學報, 2009: 16-22.

[233] 孫嵐, 秦啓文, 張永紅. 工作動機理論新進展——自我決定理論 [J]. 西南交通大學學報 (社會科學版), 2008: 75-80.

[234] 譚小宏, 秦啓文, 劉永芳. 基於價值觀的個人與組織匹配研究述評 [J]. 西南大學學報 (社會科學版), 2011.

[235] 唐源鴻, 盧謝峰, 李珂. 個人-組織匹配的概念, 測量策略及應用: 基於互動性與靈活性的反思 [J]. 心理科學進展, 2010, 18 (11): 1762-1770.

[236] 陶顏. 金融服務模塊化創新: 過程機理與創新績效 [D]. 杭州: 浙江大學, 2011.

[237] 王端旭, 洪雁. 領導支持行為促進員工創造力的機理研究 [J]. 南開管理評論, 2010: 109-114.

[238] 王萍. 人與組織匹配的理論與方法的研究 [D]. 武漢: 武漢理工大學, 2008.

[239] 王豔子, 羅瑾璉. 目標取向對員工創新行為的影響研究——基於知識共享的仲介效應 [J]. 科學學與科學技術管理, 2011: 164-169.

[240] 王雁飛, 朱瑜. 組織社會化與員工行為績效——基於個人-組織匹配視角的縱向實證研究 [J]. 管理世界, 2012: 109-124.

[241] 王占玲, 談謙. 人與組織匹配的研究 [J]. 電子科技大學學報 (社科版), 2007: 22-25.

[242] 王震, 孫健敏. 人-組織匹配與個體創新行為的關係——三元匹配模式的視角 [J]. 經濟管理, 2010: 74-79.

［243］王震，王萍.人-組織匹配：三維模型的驗證及其與個體結果變量的關係［J］.科技與管理，2009：67-70.

［244］王忠，張琳.個人-組織匹配、工作滿意度與員工離職意向關係的實證研究［J］.管理學報，2010：379-385.

［245］魏鈞，張德.中國傳統文化影響下的個人與組織契合度研究［J］.管理科學學報，2006：87-96.

［246］溫瑶，甘怡群.主動性人格與工作績效：個體—組織匹配的調節作用［J］.應用心理學，2008：118-128.

［247］溫忠麟，侯杰泰，張雷.調節效應與仲介效應的比較和應用［J］.心理學報，2005，（02）：268-274.

［248］溫忠麟，劉紅雲，侯杰泰.調節效應和仲介效應分析［M］.北京市：教育科學出版社.2011：76.

［249］溫忠麟，張雷，侯杰泰.有仲介的調節變量和有調節的仲介變量［J］.心理學報，2006：448-452.

［250］吳明隆.結果方程模型——AMOS的操作與應用［M］.重慶：重慶大學出版社.2008.

［251］吳治國.變革型領導、組織創新氣氛與組織創新績效關聯模型研究［D］.上海交通大學，2008：78-79.

［252］奚玉芹，戴昌鈞，徐波.人-組織匹配研究方法綜述［J］.科技管理研究，2009.

［253］奚玉芹，戴昌鈞.人—組織匹配研究綜述［J］.經濟管理，2009：180-186.

［254］奚玉芹.基於人-組織匹配的新員工社會化研究［J］.中小企業管理與科技（下旬刊），2012：8-9.

［255］謝荷鋒，馬慶國.組織氛圍對員工非正式知識分享的影響［J］.科學學研究，2007，25（2）：306-311.

［256］謝瓊慧.高科技產業研發人員專業熱情之探討［D］.高雄：國立中山大學，2005.

［257］徐本華.傳承與發展：人-崗匹配與人-組織匹配關係探討［J］.河南大學學報（社會科學版），2007：74-77.

［258］徐靜雯.大學生人境適配度和創造行為之相關研究［D］.臺北：國立臺灣師範大學，2009.

［259］薛靖，任子平.從社會網路角度探討個人外部關係資源與創新行為

關係的實證研究 [J]. 管理世界, 2006.

[260] 楊倚奇, 孫劍平. 組織視角的組織——人匹配模式及其管理價值探析 [J]. 當代經濟管理, 2009: 22-24.

[261] 楊英. 人-組織匹配、心理授權與員工創新行為關係研究 [D]. 長春: 吉林大學, 2011.

[262] 葉澤川. 人-組織匹配研究述評 [J]. 重慶大學學報 (社會科學版), 1999: 111-113.

[263] 遊茹琴. 熱情因子對員工工作熱情及工作績效之影響研究 [D]. 彰化: 國立彰化師範大學, 2007.

[264] 張國梁, 盧小君. 組織的學習型文化對個體創新行為的影響——動機的仲介作用分析 [J]. 研究與發展管理, 2010: 16-23.

[265] 張劍, 張建兵, 李躍, Edward L. Deci. 促進工作動機的有效路徑: 自我決定理論的觀點 [J]. 心理科學進展, 2010: 752-759.

[266] 張劍, 張微, 馮儉. 領導者的自主支持與員工創造性績效的關係 [J]. 中國軟科學, 2010: 62-69.

[267] 張劍, 張微, 宋亞輝. 自我決定理論的發展及研究進展評述 [J]. 北京科技大學學報 (社會科學版), 2011: 131-137.

[268] 張莉, 林與川. 實驗研究中的調節變量和仲介變量 [J]. 管理科學, 2011: 108-116.

[269] 張興貴, 羅中正, 嚴標賓. 個人-環境 (組織) 匹配視角的員工幸福感 [J]. 心理科學進展, 2012: 935-943.

[270] 張興國, 許百華. 人-組織匹配研究的新進展 [J]. 心理科學, 2005, 04: 1004-1006.

[271] 張燕君. 組織情境下人-組織匹配對個體績效的影響研究 [D]. 長沙: 中南大學, 2011.

[272] 張翼, 樊耘, 邵芳, 等. 論人與組織匹配的內涵, 類型與改進 [J]. 管理學報, 2009, 6 (10).

[273] 章震宇. 人力資源理論與實踐-人-組織匹配的心理學研究 [D]. 上海: 華東師範大學, 2008.

[274] 趙慧娟, 龍立榮. 個人-組織匹配的研究現狀與展望 [J]. 心理科學進展, 2004, 01: 111-118.

[275] 趙勁築.「讓我歡喜, 讓我憂」——兩岸華人工作熱情前因與影響之比較性研究 [D]. 臺中: 靜宜大學, 2010.

［276］鄭建君，全盛華，馬國義.組織創新氣氛的測量及其在員工創新能力與創新績效關係中的調節效應［J］.心理學報，2009，41（12）：1203-1214.

［277］鄭伯壎.熱情.商業周刊［J］.2004：106-114.

［278］鄭呈皇.讓員工熱起來的262法則.商業周刊［J］.2004，882，120-122.

［279］周勁波，杜麗婷.招聘偏好、人與組織匹配與績效關係理論研究——以創業企業為例［J］.北京工業大學學報（社會科學版），2010：17-21.

［280］朱蘇麗，龍立榮.員工創新工作行為的研究述評與展望［J］.武漢理工大學學報：信息與管理工程版，2009，31（6）：1028-1032.

［281］莊璦嘉、林惠彥.個人與環境適配對工作態度與行為之影響［J］.臺灣管理學刊，2005，5（1）：123-148.

附　錄

附錄1　訪談提綱

（一）訪談目的：1. 討論模型中涉及變量的可理解性和合理性。2. 修改問卷的語義表述。

（二）訪談對象：金融服務業各個層次的員工。

（三）訪談人數：20人。

（四）訪談形式：一對一結構化面談，每人持續時間30分鐘左右。

（五）訪談問題：1. 個人基本情況。主要包括年齡、學歷、所在具體行業、本行業從業年限，職位級別。

2. 您從事的工作需要您具有創造力嗎？是您的工作本身需要具有創造力才能完成還是您所在的單位提倡員工要具有創造力？

3. 您理解「工作激情」這個概念嗎？能談談您是如何理解的嗎？

4. 您聽說過「和諧型工作激情」和「強迫型工作激情」嗎？您是如何理解的？

5. 您聽說過「匹配」「人-組織匹配」嗎？您如何理解「人-組織匹配」的？在選擇這份工作的時候您考慮過「匹配」嗎？您覺得您跟現在的組織「匹配」嗎？

6. 您覺得「匹配」可以給您帶來「和諧型工作激情」嗎？為什麼？您覺得還有什麼因素會給您帶來「和諧型工作激情」？

7. 您覺得「和諧型工作激情」會對創造力產生影響嗎？為什麼？

8. 您理解「主管自主支持」這個概念嗎？您覺得這種自主感會影響您的工作激情嗎？

9. 您理解「組織創新支持感」這個概念嗎？您覺得這會影響您的創造

力嗎?

　　10. 您覺得促進或者阻礙員工創造力的因素還有哪些? 哪些是最重要的(舉三點)?

附錄2　調查問卷

尊敬的女士/先生：

感謝您在百忙中填寫此問卷。這是一份旨在瞭解金融服務業人-組織匹配、和諧型工作激情與員工創造力方面的研究問卷，您寶貴的意見將協助我們進行研究。問卷的內容不涉及您所在公司或部門的商業機密，請您依照個人的實際情況和真實想法來回答各問題，答案無對錯和優劣之分，問卷的調查結果僅用於科研統計分析。本問卷採用不記名方式，統計資料將不對外公開，請放心填寫。謝謝您的合作！

第一部分　背景資料

請根據您的實際情況，選擇相應的數字。

1. 您的性別：
□男　□女

2. 您的年齡是：
□25歲以下　□26~30歲　□31~35歲　□36~40歲　□41~50歲　□51歲及以上

3. 您的學歷：
□高中及以下　□大專　□本科　□碩士及其以上

4. 您的職位是或相當於：
□一般員工　□基層管理者　□中層管理者　□高層管理者

5. 您在本公司服務年限已經有：
□3年以下　□3~5年　□6~10年　□11~15年　□15年以上

第二部分　工作情況調查

一、對下面的描述（見表1），請您在最符合的數字後選擇（只選擇一項）
1=完全不符合；2=比較不符合；3=有點不符合；4=說不準；5=有點符合；6=比較符合；7=完全符合

表 1 　　　　　　　　　　工作情況調查表

題項	內容	完全不符合	比較不符合	有點不符合	說不準	有點符合	比較符合	完全符合
人–組織匹配
A11	我個人的價值觀和本單位的價值觀非常相似	1☐	2☐	3☐	4☐	5☐	6☐	7☐
A12	我個人的價值觀與本單位的價值觀及企業文化能夠匹配	1☐	2☐	3☐	4☐	5☐	6☐	7☐
A13	本單位的價值觀與我個人在生活中的價值觀相符合	1☐	2☐	3☐	4☐	5☐	6☐	7☐
A21	我的工作能夠滿足我的精神與物質需求，是一份理想的工作	1☐	2☐	3☐	4☐	5☐	6☐	7☐
A22	目前的工作正是我想要的工作	1☐	2☐	3☐	4☐	5☐	6☐	7☐
A23	我目前所從事的工作，幾乎能給予我想要從工作當中得到的一切	1☐	2☐	3☐	4☐	5☐	6☐	7☐
A31	工作要求與我個人所具有的技能能夠很好地匹配	1☐	2☐	3☐	4☐	5☐	6☐	7☐
A32	我的能力和所受的訓練非常適合工作對我的要求	1☐	2☐	3☐	4☐	5☐	6☐	7☐
A33	我個人的能力及所受的教育能與工作要求相匹配	1☐	2☐	3☐	4☐	5☐	6☐	7☐

題項	內容	完全不符合	比較不符合	有點不符合	說不準	有點符合	比較符合	完全符合
員工創造力
B1	我經常提出新的方法來實現工作目標	1☐	2☐	3☐	4☐	5☐	6☐	7☐
B2	我會提出新的實用的方法來改進工作績效	1☐	2☐	3☐	4☐	5☐	6☐	7☐
B3	我尋求新的服務方式、金融技術或者產品創意	1☐	2☐	3☐	4☐	5☐	6☐	7☐
B4	我會提出新方法來提高工作效率	1☐	2☐	3☐	4☐	5☐	6☐	7☐
B5	我本人是一個很有創新性想法的人	1☐	2☐	3☐	4☐	5☐	6☐	7☐
B6	我願意承擔風險	1☐	2☐	3☐	4☐	5☐	6☐	7☐

表1(續)

題項	內容	1	2	3	4	5	6	7
B7	我會鼓勵並支持別人新的想法	1☐	2☐	3☐	4☐	5☐	6☐	7☐
B8	我在工作中有機會就會展示自己的創造力	1☐	2☐	3☐	4☐	5☐	6☐	7☐
B9	我會為了實現新計劃制定的詳細的計劃和進度表	1☐	2☐	3☐	4☐	5☐	6☐	7☐
B10	我經常有解決問題的新方法	1☐	2☐	3☐	4☐	5☐	6☐	7☐
B11	我會向別人推薦採用新的方法來完成工作任務	1☐	2☐	3☐	4☐	5☐	6☐	7☐

和諧型工作激情

題項	內容	完全不符合	比較不符合	有點不符合	說不準	有點符合	比較符合	完全符合
C11	我的工作讓我體驗各種經歷	1☐	2☐	3☐	4☐	5☐	6☐	7☐
C12	在工作中發現的新知識讓我更加珍惜我的工作	1☐	2☐	3☐	4☐	5☐	6☐	7☐
C13	我的工作帶給我許多難忘的經歷	1☐	2☐	3☐	4☐	5☐	6☐	7☐
C14	我的工作能體現我自己的品位	1☐	2☐	3☐	4☐	5☐	6☐	7☐
C15	我的工作與我生活中的其他活動相協調	1☐	2☐	3☐	4☐	5☐	6☐	7☐
C16	對我來說，我對工作的激情是我能掌控的	1☐	2☐	3☐	4☐	5☐	6☐	7☐
C17	我的心完全被我喜歡的這份工作所占據	1☐	2☐	3☐	4☐	5☐	6☐	7☐

組織創新支持感

題項	內容	完全不符合	比較不符合	有點不符合	說不準	有點符合	比較符合	完全符合
D1	我們公司不鼓勵創新	1☐	2☐	3☐	4☐	5☐	6☐	7☐
D2	我們的領導尊重我們的創造力	1☐	2☐	3☐	4☐	5☐	6☐	7☐
D3	我們公司的獎勵制度鼓勵創造力	1☐	2☐	3☐	4☐	5☐	6☐	7☐
D4	我們公司公開表彰那些富有創造力的人	1☐	2☐	3☐	4☐	5☐	6☐	7☐

表（續）

題項	內容	完全不符合	比較不符合	有點不符合	說不準	有點符合	比較符合	完全符合
\multicolumn{9}{c}{主管自主支持感}
E1	我感覺主管給我提供了許多工作自主權	1☐	2☐	3☐	4☐	5☐	6☐	7☐
E2	我感覺主管不瞭解我	1☐	2☐	3☐	4☐	5☐	6☐	7☐
E3	我的主管信任我的能力及工作表現	1☐	2☐	3☐	4☐	5☐	6☐	7☐
E4	我的主管鼓勵我提出工作中的問題	1☐	2☐	3☐	4☐	5☐	6☐	7☐
E5	我的主管願意理解我做事（工作）的方式	1☐	2☐	3☐	4☐	5☐	6☐	7☐
E6	我的主管在提出工作建議前會先弄清我的看法	1☐	2☐	3☐	4☐	5☐	6☐	7☐

衷心感謝您在百忙之中填寫問卷，祝您幸福！

國家圖書館出版品預行編目(CIP)資料

人-組織匹配對金融服務業員工創造力影響研究：以和諧型工作激情為中介變量 / 楊仕元、岳龍華 著. -- 第一版.
-- 臺北市：崧燁文化, 2018.08
　面；　公分

ISBN 978-957-681-498-3(平裝)

1. 組織管理

494.2　　　　107013271

書　　名：人-組織匹配對金融服務業員工創造力影響研究：以和諧型工作激情為中介變量
作　　者：楊仕元 岳龍華 著
發行人：黃振庭
出版者：崧燁文化事業有限公司
發行者：崧燁文化事業有限公司
E-mail：sonbookservice@gmail.com
粉絲頁　　　　　　網　址：
地　　址：台北市中正區重慶南路一段六十一號八樓 815 室
8F.-815, No.61, Sec. 1, Chongqing S. Rd., Zhongzheng
Dist., Taipei City 100, Taiwan (R.O.C.)
電　　話：(02)2370-3310　傳　真：(02) 2370-3210
總經銷：紅螞蟻圖書有限公司
地　　址：台北市內湖區舊宗路二段 121 巷 19 號
電　　話：02-2795-3656　傳真：02-2795-4100　網址：
印　　刷：京峯彩色印刷有限公司（京峰數位）
　本書版權為西南財經大學出版社所有授權崧燁文化事業有限公司獨家發行
　電子書繁體字版。若有其他相關權利及授權需求請與本公司聯繫。

定價：400 元

發行日期：2018 年 8 月第一版

◎ 本書以POD印製發行